网络AI+

2030后的
未来网络

鞠卫国 梁雪梅 张云帆 乔爱锋 李 新 卢林林 等◎编著

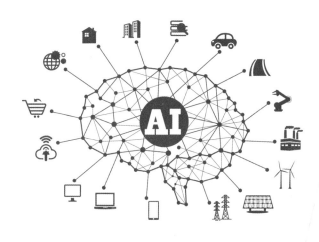

人民邮电出版社

北京

图书在版编目（CIP）数据

网络AI+：2030后的未来网络 / 鞠卫国等编著. --
北京：人民邮电出版社，2022.5
ISBN 978-7-115-58776-3

Ⅰ. ①网… Ⅱ. ①鞠… Ⅲ. ①人工智能 Ⅳ.
①TP18

中国版本图书馆CIP数据核字(2022)第036554号

内 容 提 要

未来网络是什么样子？构建未来网络的关键技术有哪些？如果你在思考这些问题，请你一定要阅读本书。AI助力通信网络的发展构建了"网络AI"，在此基础上叠加云网融合、B5G/6G、网络5.0、算力网络、区块链、数字孪生、量子通信、网络安全等最新关键技术，共同打造"2030后的未来网络"。本书通过讲解和剖析上述关键技术，多维度地阐述了未来网络发展的愿景和演进路径，可让读者全面系统地学习与思考。

本书的主要读者对象为电信运营商、电信设备提供商、电信咨询行业的从业人员和从事通信科研的高校师生，以及关注通信行业技术发展的相关人士。

♦ 编　　著　鞠卫国　梁雪梅　张云帆　乔爱锋　李　新
　　　　　　　卢林林　等

　　责任编辑　刘亚珍
　　责任印制　马振武

♦ 人民邮电出版社出版发行　　丰台区成寿寺路 11 号
　　邮编　100164　　电子邮件　315@ptpress.com.cn
　　网址　https://www.ptpress.com.cn
　　北京隆昌伟业印刷有限公司印刷

♦ 开本：800×1000　1/16
　　印张：20.25　　　　　　　　　　2022 年 5 月第 1 版
　　字数：380 千字　　　　　　　　2022 年 5 月北京第 1 次印刷

定价：129.80 元

读者服务热线：(010)81055493　印装质量热线：(010)81055316
反盗版热线：(010)81055315

广告经营许可证：京东市监广登字20170147号

策划委员会

殷　鹏　朱　强　陈　铭　郁建生

袁　源　朱晨鸣　袁　钦　倪晓炜

编审委员会

石启良　魏贤虎　王　强　梁雪梅

张洪良　鞠卫国　王小鹏　周　旭

前言

PREFACE

自18世纪第一次工业革命至今，人类经历了三次工业革命。历次工业革命都深刻改变了生产力和生产关系，在提升人类生活水平的同时，也带来了全球产业的大转移和国际格局的大调整。中国已经建立了完整的工业体系，并在移动互联网时代实现了产业能力的突破。当前，以人工智能技术为核心的第四次工业革命已拉开帷幕。这是一次数字化、智能化与网络化深度融合的技术革命，关键就是先进的网络技术与实体经济深度融合。

业界普遍认为未来网络的发展将极大地融合人工智能、区块链等新兴技术，到2030年将能够提供终端数量万亿级、确定性时延微秒级的泛在智能连接与服务。同时，量子通信、算力网络、网络5.0、数字孪生等新技术将被应用到未来网络技术体系中，提供高确定性、高可信度、高灵活性、高安全性的应用服务。目前，学术界、产业界已经开展了面向2030年的新型网络关键技术研究，重点聚焦"空-天-地-海"一体化网络、高精准确定性网络、泛在连接、云网融合等技术方向。

本书以未来网络愿景为起点，详细介绍了构建未来网络的九大关键技术。这九大关键技术分别为网络AI、云网融合、后5G时代（Beyond Fifth Generation，B5G）/第六代移动通信技术（The 6th Generation，6G）、网络5.0、算力网络、区块链、数字孪生、量子通信和网络安全。本书对未来网络的形态进行了展望，比较适合相关行业的管理者、工程师，以及期待了解未来网络发展趋势的读者阅读。

希望这本书能够为读者在思考"未来网络是什么样子？构建未来网络的关键技术有哪些？"等问题时提供一定的借鉴和思路。

本书共分为10章，第1章总结阐述了未来网络发展的驱动力、需求及愿景，并对2030年后未来网络研究的业界现状进行了介绍说明；第2章在简析人工智能发展的基础上，介绍了网络人工智能的概念、业界进展、应用案例及标准制定情况；第3章介绍了云网融合的概念、架构、关键技术与实践案例；第4章对 B5G/6G 技术发展及演进情况进行了系统性的介绍与分析；第5章围绕网络5.0的理念，对网络5.0的体系架构、关键技术及产业推进情况进行了说明；第6章对算力网络的产生背景、标准与生态、概念与架构、关键技术与应用情况进行了多方面解读；第7章介绍了区块链技术的概念、关键技术及行业应用情况；第8章介绍了数字孪生技术的内涵，并阐述了未来网络中数字孪生技术的应用；第9章介绍了量子通信的定义、发展情况、关键技术及产业化进展情况；第10章对网络安全未来发展中较为关键的9个技术进行了阐述。

本书由鞠卫国策划，梁雪梅、李新、张云帆、乔爱锋、卢林林等人参与了全书内容的编写和审校工作。第1章、第2章、第7章及第8章由鞠卫国编写；第3章由乔爱锋编写；第4章由李新编写；第5章由张云帆编写；第6章与第10章由梁雪梅编写；第9章由卢林林编写。王小鹏、叶增炜、刘超凡、姚波、刘源等人对于本书的编写亦有贡献，本书的编写还得到了朱晨鸣、石启良、王强等专家的悉心指导，在此深表感谢！

网络就像一个复杂、浩瀚而又生机勃勃的小宇宙，本书列举的技术只是未来网络拼图中的一块，加之作者水平有限，在本书内容的编写上难免有疏漏或表达不当之处，欢迎读者不吝赐教。

编著者

2021 年 12 月于南京

目录
CONTENTS

第 1 章　2030 网络愿景 ················· 1

1.1　引言 ······································· 1

1.2　驱动力 ··································· 2

1.3　需求分析 ······························· 3

1.4　未来愿景 ······························· 4

1.5　研究进展 ······························· 8

1.6　总结与展望 ··························· 9

参考文献 ······································· 9

第 2 章　网络 AI ························· 11

2.1　人工智能发展简析 ················· 11

2.2　网络人工智能概念 ················· 20

2.3　通信行业应用 ······················· 26

2.4　网络人工智能应用案例 ··········· 35

2.5　网络人工智能标准化进展 ········ 46

2.6　总结与展望 ··························· 51

参考文献 ····································· 51

第 3 章　云网融合 ····················· 55

3.1　云网融合发展概述 ················· 55

3.2　云网融合发展愿景 ················· 60

3.3　云网融合体系架构 ················· 63

3.4　云网融合的关键技术 ············· 66

3.5　电信运营商的云网融合实践 ······ 82

3.6　总结与展望 ··························· 88

参考文献 ····································· 88

第 4 章　B5G/6G ······················ 91

4.1　3GPP 标准化计划 ················· 91

4.2　R16 特征 ······························ 92

4.3　R17 展望 ······························ 94

4.4　6G 愿景目标 ························· 98

4.5　6G 研究进展 ······················ 103

4.6　6G 应用场景 ······················ 108

4.7　6G 网络的特征 ··················· 111

4.8　6G 组网架构 ······················ 113

4.9　6G 关键技术 ······················ 114

4.10　总结与展望 ······················ 120

参考文献 ··································· 121

第 5 章　网络 5.0 ···················· 123

5.1　万物智联催生网络 5.0 ·········· 123

5.2　未来典型场景对网络的需求 ······ 127

5.3　网络 5.0 体系架构 ··············· 135

5.4　网络 5.0 关键技术 ··············· 139

5.5　标准及产业推进 ·················· 157

5.6　总结与展望 ····················· 162

参考文献 ························· 163

第 6 章　算力网络 ·················· 165

6.1　产业发展催生算力时代 ·········· 165

6.2　算力网络标准与生态 ············ 172

6.3　算力网络概念 ·················· 173

6.4　算力网络架构 ·················· 181

6.5　算力网络关键技术 ·············· 185

6.6　算力网络典型应用场景 ·········· 190

6.7　算力网络推进工作 ·············· 191

6.8　总结与展望 ···················· 191

参考文献 ························· 193

第 7 章　区块链 ··················· 197

7.1　区块链技术概述 ················ 197

7.2　区块链核心技术 ················ 204

7.3　区块链技术架构 ················ 211

7.4　区块链产业进展 ················ 214

7.5　区块链与通信技术的结合 ········ 220

7.6　电信运营商区块链技术的发展 ···· 228

7.7　总结与展望 ···················· 234

参考文献 ························· 236

第 8 章　数字孪生 ················· 239

8.1　数字孪生概论 ·················· 239

8.2　数字孪生技术架构 ·············· 245

8.3　数字孪生行业应用 ·············· 250

8.4　数字孪生网络 ·················· 255

8.5　数字孪生通信网络应用 ·········· 261

8.6　面临的挑战与发展趋势 ·········· 269

8.7　总结与展望 ···················· 272

参考文献 ························· 272

第 9 章　量子通信 ················· 275

9.1　量子通信概述 ·················· 275

9.2　量子通信的关键技术 ············ 276

9.3　全球量子通信的发展情况 ········ 281

9.4　量子通信标准化进展 ············ 285

9.5　量子通信应用及产业化进展 ······ 288

9.6　总结与展望 ···················· 292

参考文献 ························· 294

第 10 章　网络安全 ················ 295

10.1　零信任 ······················· 295

10.2　软件定义安全 ················· 297

10.3　拟态防御 ····················· 297

10.4　内生安全 ····················· 299

10.5　可信计算 ····················· 299

10.6　隐私计算 ····················· 300

10.7　数据安全 ····················· 303

10.8　云原生安全 ··················· 304

10.9　智慧城市安全 ················· 304

10.10　总结与展望 ·················· 305

参考文献 ························· 305

缩略语 ·························· 307

第1章 2030网络愿景

1.1 引言

第一次工业革命（18世纪60年代～19世纪中期）是以蒸汽机为标志的机械化革命。人们用蒸汽动力驱动机器取代人力，从此手工业从农业中分离出来，正式进化为工业。第二次工业革命（19世纪后期～20世纪初期）是以电能为核心的大规模生产革命。随着电能和传送装置的普遍应用，工厂大规模生产变得更加节能、效率更高。科学技术开始深刻影响工业，大规模生产技术得到了改善和应用、第三次工业革命（20世纪后期至今）是以计算机和互联网为核心的信息技术革命。这一时期，分析处理信息的能力变得十分重要。通过社交网络，信息的传播与分享更加方便和快捷。

第四次工业革命也称为第二次信息技术革命（21世纪初期开始），是以人工智能、大数据、量子通信、机器人及物联网等技术为主的全新技术革命。其中，人工智能被定义为第四次工业革命的基石。四次工业革命的演变路线如图1-1所示。

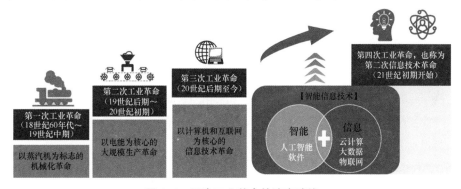

图 1-1 四次工业革命的演变路线

1

工业革命所到之处，形成巨大"代差"，推动着经济快速发展，为世界格局的变动埋下伏笔。每次工业革命都伴随着全球产业的大转移和国际格局的大调整。在第四次工业革命中，各项颠覆性技术的发展速度以指数级展开，大量的新型科技成果进入人们的日常工作和生活中，深刻影响着人们的思想、文化、生活和对外交流模式，进而深度影响到政治、经济、科技、外交、社会等层面。总之，技术进步把人类社会推向第四次工业革命的起点，随着技术与产业革命的发展，历史将走上一个新的拐点。

网络作为第四次工业革命重要的基础性技术，预计在 2030 年将支撑万亿级、人-机-物、全时空、安全、智能的连接与服务，并且随着车联网、物联网、工业互联网、空间网络等新业务类型和需求的出现，未来网络正呈现一种泛在化的趋势，未来网络将成为构建未来智慧社会的核心基础。

1.2 驱动力

未来，随着社会需求的进一步提升、面向 2030 年的全新应用场景的出现，以及通信技术与新技术的不断融合，必将衍生出对网络能力更高层次的新需求，驱动下一代网络的发展。

1. 社会需求驱动

未来社会将面临一系列的问题，例如，人口老龄化将造成人力资本流失和社会成本增高，城市化的加速发展将会给教育和医疗资源、道路交通、就业、居住等带来极大的挑战，以及引发的社会公共安全、疫情防控等问题。

为了缓解这些社会问题，未来社会需要实现教育和医疗等社会资源的相对公平，提高生产安全，建立更加完善的疾病预防和治疗机制，从而提高生活质量，提升社会生产和管理的效率，这些都将需要下一代网络的助力。

2. 业务和场景驱动

目前的网络是以个人为中心、以日常生活为主要应用场景的应用形式，是满足消费者在互联网中的消费需求为主的消费互联网。人口红利结束之后，消费互联网已经呈现饱和状态，网络正在逐渐由消费向产业发展。在未来相当长的时间里，网络会与实体经济逐步融合，产业互联网的应用规模会逐步提高，各类新技术将助推产业互联网和消费互联网的结合，用产业互联网提升产业的效率。

面向 2030 年，自动驾驶、全息交互、"空-天-地-海"一体化、触觉通信等新的业务与场景出现，生产制造业务对网络能力需求的不断提高，仅依靠现有的网络能力和某一单独技术是难以实现的，必将激发网络的更新换代。

3. 技术发展驱动

从技术创新来看，通信、计算、存储、传输技术的不断进步，新材料、新工艺、新器件等的快速发展，量子通信、数字孪生、云计算、大数据、区块链、人工智能等新技术与通信技术的不断融合将促使网络代际更替。特别是随着人工智能的发展与普及，网络将进一步与人工智能融合发展，实现新型的自动驾驶网络，网络智能化水平得到显著提高。

1.3 需求分析

1. 工业和机器人自动化需求

智能制造的核心能力是机器对机器通信（Machine to Machine，M2M），这类通信的控制信令需要精确定时，不仅时延不能超过限定值，而且也不能传送得太快，即时延需要在一定范围内是确定的。这是因为工业控制需要非常精确的同步、遥测流与控制数据的间隔，以保证多维度机器人的精确操作，因此，需要高可靠性和高精度的分组传递时延。

2. 全息通信和其他多媒体通信技术需求

全息图、触觉和其他感官数据将提供沉浸式和"真实"的用户体验。对下一代网络的要求即是超高数据带宽、多种媒体间的控制和时延的协同，结合不同环境形成多种策略，不同展现方式所需的网络传输规格见表1-1。全息多媒体通信将需要大带宽、精确时延控制的及时传递，以及多方通信。远程"触觉"操控机器需要精确时延的"触觉"反馈，那么时延不再越短越好，而应该更加稳定和精确。

表1-1 不同展现方式所需的网络传输规格

	4K/8K 高清影像	虚拟现实/增强现实	全息影像
网络吞吐量	35Mbit/s～149Mbit/s	25Mbit/s～5Gbit/s	4Tbit/s～10Tbit/s
传输时延	15～35 ms	5～7 ms	亚毫秒
并行的业务流数量	视频/音频	多个显示流	数千个流

3. 自动化和关键基础设施需求

网络提供的关键应用（例如，自动驾驶、无人机、自动交通控制系统等）均需要与环境进行通信。该通信能力要求高可靠和故障恢复能力，并能够应对意外事件的发生，具备快速倒换或恢复的能力。该类应用的需求是防止篡改，并确保可信和安全。如果达不到以上目的，这类应用将导致安全灾难；同时该类应用对自动化和分组传递的时延保障也有较高的要求。

4. 应用多样性化需求

新应用可能会爆炸式增长，其中，许多依赖于大量数据反馈并由人工智能驱动的应用涉及人、机器和互联网技术系统间的相互通信，例如，通信系统需要保证数据流之间的相互依赖关系。为保证有效通信服务的传达，各数据流需要依据各自的服务等级、吞吐量需求、可靠性要求和到达时间的时延需求而权衡传送策略。这需要动态调整网络服务能力和策略，并实现通信数据的按需送达。

1.4　未来愿景

2030年后的网络到底是什么样呢？目前，业界还没有完全达成共识，在此我们总结了业界趋同的4个愿景，即泛在连接、网络融合、确定性网络及"空-天-地-海"一体化网络，以此掀开未来网络的冰山一角。

1.4.1　泛在连接

网络将持续融合多种异构网络互联，包括网络向"空-天-地-海"一体化演进、下一代智慧光承载和接入网、B5G/6G 等；而随着物联网的深入发展，未来网络需要支持更大范围、更高数量级的万物互联物联网（Internet of Things，IoT），从而实现智慧家庭、智慧城市等数字化社会的目标。

6G 的网络架构将以地面蜂窝移动网络为基础，通过深度融合空间站、卫星、无人机、热气球等多种接入方式，提供全球、全域立体覆盖，实现真正面向全场景的"泛在连接"万物互联网络。从工业互联网等垂直行业的多种边缘异构异质网络无缝连接到以网际互联协议（Internet Protocol，IP）为核心的未来网络互联体系，从面向几十亿终端的接入到万亿级的终端接入。

1.4.2　网络融合

一是云网融合。云网融合是通信技术和信息技术深度融合带来的信息基础设施的深刻变革，其目标是让传统上相对独立的云计算资源和网络设施融合形成一体化供给、一体化运营、一体化服务的体系。其中，一体化供给是指网络资源和云资源统一定义、封装和编排，形成统一、敏捷、弹性的资源供给体系；一体化运营是指从云和网各自独立的运营体系，转向全域资源感知、一致质量保障、一体化的规划和运维管理；一体化服务是指面向用户实现云网业务的统一受理、统一交付、统一呈现，实现云业务和网络业务的深度融合。

二是算网融合。 算力资源从中心云的集中模式，逐渐向"云-边-端"的分布模式转变，因此，如何将全网的算力资源与网络的精准传输能力更好地结合起来，实现"云-边-端"三级算力的分配和协同，是算力网络需要完成的使命。算力网络需要根据不同的业务需求，并结合网络实时状况、计算资源实时状况，将业务导入最合适的计算节点来执行计算任务，以服务的形式为用户提供算力，实现用户体验最优、计算资源利用率最优、网络效率最优，进一步通过动态优化连接的特性，例如，带宽、时延等特性，为计算资源的动态利用提供更好的网络连接服务质量（Quality of Service，QoS），从而实现计算和网络的深度融合。在算网一体化架构下，网络感知算力，实现"云-网-边-端-业"协同，以更加灵活、弹性、可靠的能力为最终商业服务。

1.4.3　确定性网络

确定性网络应用主要包含三大类场景：一是面向未来沉浸式交互体验的新型业务，例如，交互式增强现实（Augmented Reality，AR）/虚拟现实（Virtual Reality，VR）、全息通信等，需要保障网络的带宽使用率和实时性；二是面向工业互联网场景的应用，例如，工业自动化、远程工控等，主要对网络的时延抖动提出更严苛的要求；三是具备快速移动的实时交互场景，例如，车联网、自动驾驶、车路协同等，主要对网络的时延、抖动、丢包率等方面提出多维指标的要求。

确定性网络的核心是为应用提供确定性的服务保障能力，根据需求（包括带宽、时延、抖动、丢包率等多个指标）可以从时间敏感及可靠通信两个角度进行分析。其中，时间敏感的确定性需求包括确定性时延需求（端到端时延上限确定，即端到端网络的通信时延低于期望的最大值）、确定性时延变化需求（端到端时延变化确定，即端到端网络的时延变化或称为抖动低于期望的最大值）；可靠通信的需求主要是确定性低丢包率需求（丢包率低于期望的最大值）。

1.4.4　"空-天-地-海"一体化网络

"空-天-地-海"一体化网络是未来网络的重要研究部分，它可将卫星通信系统与地面互联网和移动通信网连接起来，满足更广泛、随时随地的连接需求，实现全地形、全空间的立体覆盖连接，从广度上扩展现有连接网络的体系架构。未来，"空-天-地-海"一体化网络有着较广泛的应用前景，在全地形覆盖、应急通信、远洋物资追踪等 IoT 服务、低速广播服务等应用场景上将发挥重要的作用。"空-天-地-海"一体化网络是超大规模、高复杂度的立体通信网络，如何在保证卫星网络、海洋网络等内部网络正常运转的情况下，充分发挥各类网络的优势，为未来的新应用提供高效、经济、实时的服务是"空-天-地-海"一体化网络面临的严峻挑战。

1.4.5　其他趋势

除了支持上述愿景，面向 2030 年后的未来网络还有以下 3 个方面的技术发展趋势。

1. 网络+人工智能

随着信息通信技术和人工智能技术的发展，人类社会正快速向信息化、智能化的方向迈进。人工智能技术为人类社会的持续创新提供了强大的驱动力，开辟了广阔的应用空间。在计算机网络领域，人们普遍认为人工智能技术与网络结合的前景是无限的。

机器学习和深度学习的快速发展为网络研究注入新活力，种类繁多且不断增加的网络协议、拓扑和接入方式使网络的复杂性不断增加，采取传统方式对网络进行监控、建模、整体控制变得愈加困难，可以将人工智能技术应用到网络中来实现故障定位、网络故障自修复、网络模式预测、网络覆盖与容量优化、智能网络管理等一系列传统网络中很难实现的功能。

智能化网络已经成为未来网络发展的趋势，网络运营和运维模式将发生根本性变革，网络将由当前以人驱动为主的管理模式，逐步向以网络自我驱动为主的自治模式转变。当然，面对大规模网络的管理需求，还有待突破网络+人工智能方面的核心算法和理论，需要研究如何训练大规模的复杂网络、如何协作不同层级的人工智能技术等关键技术。

2. 网络+区块链

区块链可以定义为一种融合多种现有技术的分布式计算和存储系统，它利用分布式共识算法生成和更新数据，利用对等网络进行节点间的数据传输，利用密码学方式保证数据传输和存储的安全性。大多数节点认可的数据可以记录在区块链上，由于这些数据不易篡改，所以人们可以基于这些数据实现价值转移及其他的可信活动。

从历史发展的角度来看，蒸汽机释放了人类的生产力，电力解决了人类的基本生活需求，互联网改变了信息传递的方式，而区块链作为构造信任的机器，具备"去中心化"、公开、透明及安全等特性，能够以低成本的方式充当"信任中介"并证明价值。因此，区块链技术被认为是继蒸汽机、电力、互联网之后，下一代颠覆性的核心技术，可能会改变人类社会价值传递的方式。

随着云计算、边缘计算、5G的发展，在传统的基础设施即服务（Infrastructure as a Service，IaaS）、平台即服务（Platform as a Service，PaaS）、软件即服务（Software as a Service，SaaS）的基础上，又出现了功能即服务（Function as a Service，FaaS）、连接即服务（Link as a Service，LaaS）、网络即服务（Network as a Service，NaaS），各类信息通信技术（Information and Communications Technology，ICT）能力以一切皆服务（X as a Service，XaaS）的形态出现，在技术上极大地弱化了电信运营商的概念，跨电信运营商的多网、多云、多边间的ICT能力协同将成为未来网络的重要发展趋势。区块链/智能合约在技术层面所提供的绝对可信性，有利于形成多中心化、甚至于"去中心化"的云网基础设施，从而实现真正的分布式网格。

3. 网络+数字孪生

2030年后，随着信息和感官的泛在化，整个世界将基于物理世界生成一个数字化的孪生虚拟世界，物理世界的人和人、人和物、物和物之间可通过数字化世界来传递信息。孪生虚拟世界则是物理世界的数字化模拟，它精确地反映和预测物理世界的每个智能体乃至整个世界的真实状态，并提前预测未来的发展趋势，提出和验证对物理世界的运行进行提前干预的必要措施，降低物理世界个体或群体的灾害风险和事故发生率，帮助人类进一步地解放自我，提高生命和生活的质量，提升整个社会生产和治理的效率，实现"重塑世界"的美好愿景。因此，数字孪生不仅在工业领域发挥作用，也将在通信、智慧城市运营、家居生活、人体机能和器官的监控与管理等方面大有可为。

随着"智慧泛在、数字孪生"的6G 愿景成为业界共识，数字孪生技术也将在未来网络的演进中发挥重要作用。数字孪生网络是实现未来自治网络的重要支撑，有望改变现有网络规划、建设、运维、优化的既定规则，成为6G"重塑世界"的关键技术。同时，数字孪生网络可通过能力开放和孪生体复制，按需帮助用户清晰地感知网络的状态、高效挖掘有价值的网络信息，以更友好的沉浸交互界面探索网络的创新应用。

1.5 研究进展

国际电信联盟（International Telecommunication Union，ITU）SG13 于 2018 年设立了 FG Network 2030 焦点组（以下简称"焦点组"），以确定 2030 年后 ICT 行业网络不断提出的需求和 IMT-2020（5G）系统的预期发展，旨在指导全球 ICT 界制定未来"网络 2030（Network 2030）"愿景。

焦点组聚焦未来网络的需求和场景，对未来网络的能力和关键技术架构进行研究，探索面向2030年及以后的网络技术发展，包括新的媒体数据传输技术、新的网络服务和应用及其使能技术、新的网络架构及其演进。焦点组对"网络 2030"的定位是"从连接人，到连接组织，到连接社会"，下一代网络的定位是成为连接新通信业务和新基础设施及未来社会的纽带。

依照移动通信十年一代的演进趋势，6G 网络将于2030年左右得到应用。2021年，工业和信息化部 IMT-2030（6G）推进组正式发布了《6G 总体愿景与潜在关键技术白皮书》。该白皮书梳理了6G的总体愿景和八大业务应用场景及相应的指标需求，提出了十大潜在关键技术，并阐述了对6G发展中面临的若干关键问题的观点。6G移动通信系统将面向2030年及未来，构建"人-机-物"智慧互联、智能体高效互通，驱动人类社会进入智能化时代。相应地，该白皮书对6G的一些关键技术指标提出了更高的要求，包括系统峰值传输速率将达到 Tbit/s 量级、用户体验速率达到10Gbit/s、时延低至百毫秒量级，同时可靠度达到99.99999%等。

网络5.0概念引入移动通信领域的代际式发展与有限责任演进的思路，通过分代研究来真正推进数据网络的发展。以模拟通信系统为网络1.0时代、数字通信系统为网络2.0时代、异步传输模式（Asynchronous Transfer Mode，ATM）为网络3.0时代、IP 为网络4.0时代。因此，网络5.0瞄准的是未来8～10年内新应用对数据网络能力的需求。目前，网络5.0的主要工作包括梳理其应用需求、定义愿景、设计架构与协议、研究关键技术（例如，服务质量、移动性、安全等）、实现及验证，提出以智能化、确定性、柔性、易用性、内生安全（Intelligent Deterministic Elastic Accessible Secured，IDEAS）为核心的5个设计理念，推进网络架构的变革。

另外，我国发布的"科技创新2030重大项目"包含了量子通信与量子计算机、国家网络安全空间，以及"天-地"一体化信息网络、大数据、新一代人工智能等。这些重大项目的确立和实施，提升了我国在相关网络技术方面的创新能力，也为2030年后未来网络的建设提供了坚实的技术后盾。

1.6　总结与展望

面向未来5～10年，互联网会逐渐从上半场走向下半场，从消费互联网走向产业互联网。VR/AR 会变得更普及，更绚丽、更直接的全息媒体将真正打破距离的界限，让人虽然相隔万里，却依然可以感受到对方的微笑和温度。依照业界的时间进度，6G 将会在 2030 年商用，会有更广泛的物联网、更快更强的移动通信网络出现在人们的生活中。到2030年，在广阔的大海中、在茫茫的沙漠中、在幽深的森林里，人们都能随心所愿地通信，网络就像一个新的大气层，环绕着我们的地球，"空-天-地-海"一体化的网络终将建成。精准会让通信服务的质量再上一个新台阶，可以为自动驾驶、工业制造和行业服务提供可信任的通信能力，国民生活与生产制造的自动化水平也将取得质的提升。

另外，人工智能、量子通信、数字孪生、网络安全等技术会让2030年的未来网络更加智能与高效，并且必然会在此基础上衍生出难以置信的新的服务内容与业务形态。让我们一起拥抱未来，一起期待 2030 年后的未来网络。

参考文献

1. 黄韬，刘江，汪硕，等.未来网络技术与发展趋势综述[J].通信学报，2021，42(1):130-150.

2. 肖子玉.面向2030的未来网络关键技术综述——Beyond 5G[J].电信科学，2020，36(9):114-121.

3. 王江龙，雷波，杨明川.面向 2030 年泛在超融合未来网络更智能[J].通信世界，2020(25):38-40.

4. 周钰哲.网络 2030 新服务和新能力[J].互联网经济，2020(8):96-102.

5. 中国移动通信有限公司研究院.2030+愿景与需求白皮书（第二版）[R]. 2020.

6. 中国移动通信有限公司研究院.2030+网络架构展望（2020 年）[R]. 2020.

7. 中国移动通信有限公司研究院.2030+技术趋势白皮书[R]. 2020.

8. 中国联合网络通信有限公司研究院.中国联通 CUBE-Net 3.0 网络创新体系白皮书

[R]. 2021.

9. 中国电信集团公司.中国电信云网融合 2030 技术白皮书[R]. 2020.

10. IMT-2030(6G)推进组. 6G 总体愿景与潜在关键技术白皮书[R]. 2021.

11. 中兴通讯. IP 网络未来演进技术白皮书[R]. 2021.

12. 中共中央关于制定国民经济和社会发展第十四个五年规划和二〇三五年远景目标的建议[N].人民日报，2020.11.4（1）.

13. 华为技术有限公司. 通信网络2030[R]. 2021.

14. 华为技术有限公司. 智能世界30[R]. 2021.

第2章 网络AI

2.1 人工智能发展简析

人工智能（Artificial Intelligence，AI）已经成为人类社会经济和社会发展的重要支撑技术，成为推动人类进入智能时代的决定性力量，是引领新一轮科技革命、产业和社会变革的战略性技术。让机器能够像人一样思考、感受和认识世界，是人工智能科学家们孜孜以求的终极目标。算法、算力、数据规模的迅速提升，让面向特定任务的人工智能技术迎来爆发式发展。目标检测与识别、人机对弈、无人驾驶等技术实现了前所未有的突破，在局部智能水平的单项测试中甚至超越人类。

2.1.1 人工智能现状

人工智能是研究人类智能行为规律（例如，学习、计算、推理、思考、规划等），构造具有一定智慧能力的人工系统，以完成往常需要人类的智慧才能胜任的工作。这是人工智能领域的先驱、麻省理工学院计算机科学家帕特里克·亨利·温斯顿（Patrick Henry Winston）教授在《人工智能》一书中对人工智能的定义。"人工智能"一词虽然在近些年来得到了社会各界的广泛关注，但不是一个新的术语，而是经过数十年起起落落发展的研究领域。

人工智能发展简史示意如图2-1所示。图2-1从多个维度展示了人工智能发展的历史。当前，全球人工智能正处于第三次发展浪潮之中，得益于硬件水平发展的支撑，以及机器学习和深度学习方面取得的新突破，人工智能重新崛起。

2016年，AlphaGo（阿尔法狗）战胜围棋世界冠军李世石，这一次的人机对弈让人工智能正式被世人熟知，整个人工智能市场也像是被引燃了导火线，开始新一轮爆发。在此之后，人工智能取得了诸多引人瞩目的、显著的、突破性的成就。2017年，谷歌 DeepMind 团队的新成果 AlphaZero 在没有学习过任何棋谱的情况下，只是靠给定的围棋规则，通过自身的深度学习，推演出高明的走法，以100∶0的成绩完胜 AlphaGo。如果说，AlphaGo 是计算智能阶段的标志，即证明在计算智能领域，机器能完全战胜人类，那么 AlphaZero 标志着人工智能已经迈上了历史的新阶段——认知智能。

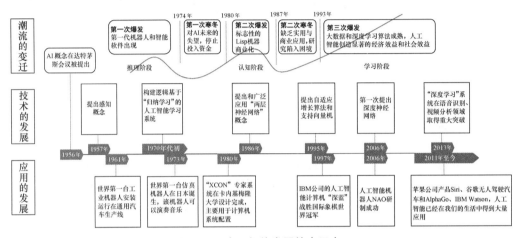

图 2-1 人工智能发展简史示意

2020 年 5 月，人工智能实验室 OpenAI 发布了迄今为止全球规模最大的预训练语言模型——第三代通用预训练转换器（General Pre-trained Transformer-3，GPT-3）。GPT-3 具有 1750 亿个参数，训练所用的数据量达到 45TB。对于所有任务，应用 GPT-3 无须任何梯度的更新或微调，仅需要与模型文本交互，为其指定任务和展示少量演示即可使其完成任务。GPT-3 在许多自然语言处理数据集上具有出色的性能，包括翻译、问答和文本填空任务，还包括一些需要即时推理或领域自适应的任务等，已在很多实际任务中大幅接近人类水平。

2020 年 11 月，DeepMind 公司的 AlphaFold2 人工智能系统在第 14 届国际蛋白质结构预测竞赛中取得桂冠。AlphaFold2 能够精确地基于氨基酸序列，预测蛋白质的三维结构，其准确性可以与使用冷冻电子显微镜、核磁共振或 X 射线晶体学等实验技术解析的蛋白质的三维结构相媲美，有史以来首次把蛋白质结构预测任务做到了基本接近实用的水平。

近年来，人工智能的繁荣得益于3个主要驱动力。第一，特征降维、人工神经网络（Artificial Neural Network，ANN）、概率图形模型、强化学习和元学习等方面的新理论和新技术层出不穷，在学术和工业领域都取得了较大突破。第二，计算能力的进步使许多计

算资源消耗型机器学习算法可以大规模普及。第三，在大数据时代，海量数据资源可以让机器学习模型泛化能力更强。尤其是深度学习技术可以使我们能够从更多的数据中构建合理的人工智能模型，让机器发挥更大的潜力，也让各种任务取得更好的结果。深度学习极大地改变了人们的生活，并重塑了传统的人工智能技术，人工智能理论建模、技术创新、软硬件发展等方面要素整体推进。

通过分析挖掘，《麻省理工科技评论》评选出"十大突破性技术"。其中，2013—2020年重大人工智能技术创新汇总见表 2-1。

表 2-1　2013—2020 年重大人工智能技术创新汇总

时间	中文名称	英文名称	简介	应用成果
2020 年	人工智能发现分子	AI-discovered Molecules	利用深度学习和生成模型相关的技术，成功确定了具有理想特性的新分子进行药物合成和测试	DeepMind公司的AlphaFold2人工智能系统精确地基于氨基酸序列，预测蛋白质的三维结构
	微型人工智能	Tiny AI	在不丧失能力的情况下，缩小现有的深度学习模型，设备不需要与云端交互就能实现智能化操作	语音助手、自动更正和数码相机等应用将变得更好、更快，不必每次都需要连接云端才能运行深度学习模型
2019 年	灵巧机器人	Robot Dexterity	能自我学习并学会	波士顿动力公司的机器狗 Spot 和双足人形机器人 Atlas；意大利理工学院研发的仿生手 Hannes；亚马逊的仓库机器人 Pegasus
	流利对话的AI 助手	Smooth-talking AI Assistant	可以执行基于对话的任务	阿里巴巴的阿里小蜜（AliMe）可以通过电话协调包裹递送，还可以与顾客"讨价还价"
2018 年	给所有人的人工智能	AI for Everyone	将机器学习工具搬上云端，有助于 AI 更广泛地传播	打破以往那些大公司对人工智能技术的垄断，真正让人工智能变成一项可以被广泛传播和使用的"接地气"技术
	对抗性神经网络	Dueling Neural Networks	两个AI系统可以通过相互对抗来创造超级真实的原创图像或声音，给机器带来一种类似想象力的能力	通过两个AI系统的竞争对抗，极大加速机器学习的过程，以后机器人不会再那么依赖人类

续表

时间	中文名称	英文名称	简介	应用成果
2017 年	强化学习	Reinforcement Learning	一种能使计算机在没有明确指导的情况下像人类一样自主学习的人工智能方法	谷歌的 AlphaZero 在没有学习过任何棋谱的情况下，只靠给定的围棋规则，通过自身的深度学习，推演出高明的走法，以 100：0 的成绩完胜 AlphaGo
	自动驾驶货车	Self-Driving Trucks	可以在高速路上自动驾驶的长途货车	研究自动驾驶系统的 Otto Group 公司，以及沃尔沃、戴勒姆等汽车公司
	刷脸支付	Paying with Your Face	一种安全方便的支付方式，但存在泄露隐私的问题	对于提升用户移动支付体验、改善商户经营效率、带动经济社会智能化发展具有重要价值
	僵尸物联网	Botnets of Things	可以感染并控制摄像头、监视器及其他消费电子产品的恶意软件，可造成大规模网络瘫痪	
2016 年	语音接口	Conversational Interfaces	将语音识别和自然语言理解相结合	百度的深度语音识别系统（Deep Speech 2）在口语识别的准确度方面十分惊人
	知识分享型机器人	Robots That Teach Each Other	可以学习任务，并将知识传送到云端，以供其他机器人学习	研究世界各地的机器人，了解它们如何发现处理从碗到香蕉这类简单的物品，然后在学习完成后将数据上传到云端，并允许其他机器人分析和使用这些信息
	特斯拉自动驾驶仪	Tesla Autopilot	汽车可以在各种环境下安全自驾	加速自动驾驶技术的成熟
2015 年	虚拟现实设备	Magic Leap	让虚拟物品出现在真实场景中的设备	
	苹果支付	Apple Pay	让手机成为钱包，能够在日常场景下使用方便	拓展的移动支付场景
2014 年	虚拟现实头盔	Oculus Rift	视觉沉浸式的娱乐方式和交际手段	

续表

时间	中文名称	英文名称	简介	应用成果
2014 年	超私密智能手机	Ultraprivate Smartphones	传输个人信息较少的手机	
	神经形态芯片	Neuromorphic Chips	配置更像人类大脑，能使计算机更快、更敏锐地感知周围环境	高通神经形态芯片（Zeroth）可以模仿人类的大脑和神经系统，使终端拥有大脑模拟计算驱动的嵌入式认知
	智能风能和太阳能	Smart Wind and Solar Power	极准确的风能和太阳能预报	
2013 年	深度学习	Deep Learning	借助大量算力，机器可以识别对象并实时翻译语音	深度学习的出现，让图像、语音等感知类问题取得了真正意义上的突破，距离实际应用已如此之近，将人工智能推进到一个新时代
	蓝领机器人	Baxter: The Blue-Collar Robot Baxter	能够取代制造业的蓝领工人	机器人可以代替人类做越来越多的工作
	智能手表	Watches	简单和易用，从概念到量产	

当前，人工智能的发展仍处于"弱"人工智能阶段，只具备在特定领域模拟人类的能力，"工具性"仍是该阶段的主要特点，与全面模拟或者超越人类能力的强人工智能、超人工智能差距巨大。Gartner 公司发布的人工智能技术成熟度曲线如图 2-2 所示。目前，已成熟应用的 AI 技术主要是语音识别，下一代即将步入生产成熟的 AI 技术是机器学习、计算机视觉、深度神经网络及其专用芯片、决策智能和增强智能。强化学习、自然语言处理、知识图谱、智能机器人、数字伦理等 AI 技术还处于研究发展中，距离生产成熟至少还需要 5~10 年。距离生产成熟还很遥远的技术是通用人工智能、无人驾驶汽车。通用人工智能也被称为"强人工智能"。无人驾驶虽然已经处于公开路测阶段，但是该技术的成熟应用受制于传感器技术成本高、计算能力难以应对复杂多变的现实路况等因素，可能在 10年后规模成熟应用。

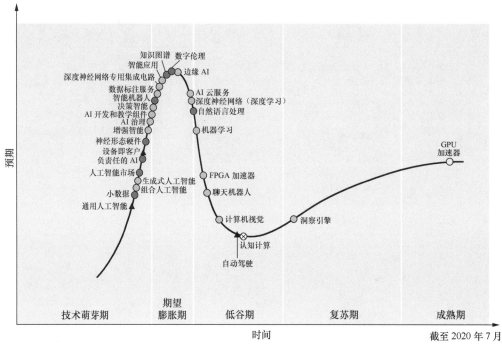

图 2-2　Gartner 公司发布的人工智能技术成熟度曲线

2.1.2　人工智能生态

目前，人工智能的产业链愈发成熟与丰富。人工智能的产业生态是典型的分层结构，一般分为基础层、技术层和应用层。人工智能产业链示意如图 2-3 所示。

1. 基础层

基础层主要涉及数据的收集与运算，包括 AI 芯片、智能传感器、大数据与云计算等。其中，智能传感器和大数据主要负责收集数据，AI 芯片和云计算负责数据的运算。

芯片作为算力基础设施，是推动人工智能产业发展的动力源泉。随着人工智能算法的发展，视频图像解析、语音识别等细分领域的算力需求呈爆发式增长，通用芯片已经无法满足需求。而针对不同领域推出的专用芯片，既能够提供充足的算力，也可以满足低功耗和高可靠性要求。例如，华为、寒武纪、中星微等企业推出的推理芯片产品，可用于智能终端、智能安防、自动驾驶等领域，可以加速大规模计算，从而满足更高的算力需求。

应用层	解决方案	安防	金融	交通	其他
	开放软件平台	综合类	视觉类	语音类	机器人类
	人工智能产品	视觉产品	语音助手	自动驾驶	机器人
技术层	人工智能技术	计算机视觉	语音识别	自然语言处理	知识图谱
	AI软件框架	TensorFlow	Caffe	PyTorch	国产平台
	深度学习算法	卷积神经网络	递归神经网络	深度神经网络	其他
基础层	大数据	语音数据	图像数据	文本数据	大数据服务
	AI基础设施	通用服务器	AI服务器	云计算	移动终端
	AI芯片	GPU	FPGA	ASICs	芯片IP

图 2-3　人工智能产业链示意

2. 技术层

技术层主要智能处理数据的挖掘、学习，是连接基础层与应用层的桥梁，是人工智能行业发展的核心。技术层包括机器学习、类脑智能计算、计算机视觉、自然语言处理、智能语音、生物特征识别等。

人工智能深度学习框架实现了对算法的封装。随着人工智能的发展，各种深度学习框架不断涌现。谷歌、微软、亚马逊和 Meta（Facebook 公司自 2021 年 10 月 28 日起使用的新名称，本书为了方便读者阅读，后文继续使用 Facebook）等头部公司，推出了 TensorFlow、CNTK、MXNet、PyTorch 和 Caffe2 等深度学习框架，并广泛应用。此外，谷歌、OpenAI Lab、Facebook 还推出了 TensorFlowLite、Tengine 和 QNNPACK 等轻量级深度学习框架。

近年来，国内也涌现出多个深度学习框架。百度、华为推出了 PaddlePaddle（飞桨）、MindSpore，中科院计算所、复旦大学研制了 Seetaface、FudanNLP。小米、腾讯、百度、阿里推出了 MACE、NCNN、Paddle Lite、MNN 等轻量级深度学习框架。虽然国内深度学习框架在全球占据了一席之地，但是美国的 TensorFlow 和 PyTorch 仍是主流。

3. 应用层

应用层是建立在基础层与技术层的基础上，将人工智能技术进行商业化应用，实现技术与行业融合发展，以及不同场景的应用。人工智能与传统产业的融合不仅提高了产业发展的效率，还实现产业的升级换代，形成新业态，构建新的创新生态圈，催生新的经济增长点。人工智能在智能制造、智能家居、智能交通、智能医疗、教育、金融等领域的应用，呈现全方位爆发态势。但是在应用层面发展结构性失衡问题仍然突出。受行业监管和盈利条件的限制，人工智能的行业应用程度和发展前景存在显著差异。

我国人工智能市场潜力巨大，应用空间广阔，尤其是在数据规模和产品创新能力等方面占据优势。另外，5G 商用后，人工智能与行业深度融合并逐步深入复杂场景，推动更多行业进入智能化阶段。

2.1.3　人工智能发展

1. 政策层面

为了在新一轮国际科技竞争中掌握主导权，我国加快人工智能行业布局与规划，先后出台了《新一代人工智能发展规划》《促进新一代人工智能产业发展三年行动计划（2018—2020 年）》《关于促进人工智能和实体经济深度融合的指导意见》《关于"双一流"建设高校促进学科融合加快人工智能领域研究生培养的若干意见》等重要文件，以加强人工智能领域标准化顶层设计，推动人工智能产业技术研发和标准制定，促进产业健康可持续发展。2020 年 7 月，国家标准化管理委员会、中共中央网络安全和信息化委员会、国家发展和改革委员会、科学技术部、工业和信息化部联合印发《国家新一代人工智能标准体系建设指南》，形成标准引领人工智能产业发展的新格局。近年来，中国人工智能发展重要支持政策如图 2-4 所示。

- 写入《中华人民共和国国民经济和社会发展第十三个五年规划纲要》
- 《"互联网+"人工智能三年行动实施方案》
- 《"十三五"国家科技创新规划》
- 《"十三五"国家战略性新兴产业发展规划》

- 再次列入《政府工作报告》
- 《高等学校人工智能创新行动计划》
- 《新一代人工智能产业创新重点任务揭榜工作方案》

- 人工智能成为"新基建"重要一项
- 《关于"双一流"建设高校促进学科融合加快人工智能领域研究生培养的若干意见》
- 《国家新一代人工智能标准体系建设指南》

2016 年　　2017 年　　2018 年　　2019 年　　2020 年

- 首次写入《政府工作报告》，写入党的十九大报告
- 《国务院关于印发新一代人工智能发展规划的通知》
- 《促进新一代人工智能产业发展三年行动计划（2018—2020 年）》

- 将人工智能升级为"智能+"
- 《关于促进人工智能和实体经济深度融合的指导意见》
- 《新一代人工智能治理原则——发展负责任的人工智能》
- 《国家新一代人工智能创新发展试验区建设工作指引》

图 2-4　中国人工智能发展重要支持政策

美国在全球人工智能领域率先布局，以《为未来人工智能做好准备》《美国人工智能研究与发展策略规划》《人工智能、自动化及经济》与《美国人工智能倡议》四大政策文件为基础，形成从技术、经济、伦理、政策等多个维度指导行业发展的完整体系。2021年1月，美国国家标准协会发布《美国标准化战略2020》，进一步关注人工智能标准。

欧盟委员会于2018年发布了《欧盟人工智能战略》，推动欧盟人工智能领域的技术研发、道德规范制定，以及投资规划。2021年2月，欧洲标准化委员会和欧洲电工标准化委员会发布《欧洲标准化战略2030》提出制定人工智能领域的先进创新标准。2021年4月，欧盟委员会联合研究中心发布《人工智能标准化格局——进展情况及与人工智能监管框架提案的关系》，通过制定国际、欧洲标准来支撑人工智能监管。

2. 技术发展

结合人工智能的发展现状，人工智能下一个10年重点发展的方向包括强化学习、神经形态硬件、知识图谱、智能机器人、可解释人工智能、数字伦理、自然语言处理等技术。这些技术处于期望膨胀期，表明人们对 AI 最大的期待，达到稳定期需要 5～10 年，是人工智能未来 10 年的重点发展方向。

强化学习（Reinforement Learning）：主要用于描述和解决智能体在与环境的交互过程中通过学习策略以达成回报最大化或实现特定目标的问题。

神经形态硬件（Neuromorphic Hardware）：旨在用与传统硬件完全不同的方式处理信息，通过模仿人脑构造来大幅提高计算机的思维能力与反应能力。

知识图谱（Knowledge Graphics）：要实现真正的类人智能，机器还需要掌握大量的常识性知识，以人的思维模式和知识结构来进行语言理解、视觉场景解析和决策分析。

智能机器人（Intelligent Robot）：智能机器人需要具备 3 个基本要素，即感觉要素、思考要素和反应要素。感觉要素是利用传感器感受内部和外部信息，例如，视觉、听觉、触觉等；思考要素是根据感觉要素所得到的信息，思考采用什么样的动作；反应要素是对外界做出反应性动作。

可解释人工智能（Explainable AI）：虽然深度学习算法在语音识别、计算机视觉、自然语言处理等领域取得令人印象深刻的性能，但是它们在透明度和可解释性方面仍存在局限性。

数字伦理（Digital Ethics）：作为新一轮科技革命和产业变革的重要驱动力，人工智能已上升为国家战略，人工智能将会在未来几十年对人类社会产生巨大影响。

自然语言处理(Nature Language Processing):对自然语言的深度理解需要从字面意义跃迁到言外之意,建立知识获取与语言处理双向驱动的方法体系,实现真正的语言与知识智能理解。

3. 面临挑战

人工智能的发展面临诸多安全和伦理方面的挑战。安全挑战主要包括 3 个方面:一是人工智能可以替代体力劳动和脑力劳动,相应的岗位替代作用影响着人类的就业安全;二是建立在大数据和深度学习基础上的人工智能技术需要海量数据来学习训练算法,容易带来数据盗用、信息泄露和个人隐私被侵害的风险,如果许多个人信息被非法利用,则会构成对个人隐私权的侵犯;三是人工智能具有强大的数据收集、分析及信息生成能力,可以生成和仿造很多东西,甚至包括人类自身。随之而生的虚假信息、欺诈信息不仅会侵蚀社会的诚信体系,还会对国家的政治安全、经济安全和社会稳定带来负面影响。

人工智能领域应用最广泛的算法是机器学习和深度学习。从宏观来看,算法是人工智能的重要组成部分,而深度学习是近年来发展最快速的机器学习算法,因其在计算机视觉、自然语言处理等领域中的优异表现,大幅加快人工智能应用的落地速度,催生了很多相关工具和平台。然而,机器学习和深度学习算法虽然在人工智能领域取得了显著成绩,但是受限于底层算法,人工智能技术目前已经触及天花板。尤其是深度学习计算所需的数据量巨大,对算力要求极高,在已经固化的硬件加速器上无法得到很好的支持,需要解决性能和灵活度之间的平衡问题。

2.2　网络人工智能概念

利用人工智能提供的强大分析、预测与策略优化等能力来赋能网元、网络和业务系统,可实现电信网络的智能规建、智能运维、智能优化管控与业务能力提升,已经成为当前国内外电信行业的发展重点。随着电信行业人工智能应用不断在现网部署并释放价值,人工智能将贯穿电信网络端到端全生命周期的运营与演进,实现网络的泛在智能能力,帮助电信运营商实现数字化、智能化转型,带动整个电信产业的网络智能升级。

2.2.1　网络人工智能背景

1. 人工智能是网络建设一直的追求

电信运营商对"智能"一词并不陌生,一直以来,"智能"伴随着各个阶段电信业务的发展。早在 1992 年，国际电信联盟电信标准分局（ITU-Telecommunication Standardization Sector，ITU-T）公布了 Q.1200 系列建议，提出了第一代智能网体系结构、业务和通信协议的建议文本，正式命名了"智能网（Intelligent Network）"。1999 年，在无线射频系统场景的规范中，第三代合作伙伴计划（3rd Generation Partnership Project，3GPP）正式纳入 COST Walfish-Ikegami 等信道模型，数学算法第一次进入移动通信国际标准中。

2000 年前后，业界提出固网智能化与软交换，以实现智能业务触发、提升网络控制与承载的灵活性，后续还有智能管道、自动交互光网络（Automatically Switched Optical Network，ASON）等概念。当时这些"智能"的概念主要体现行业对网络架构和业务能力的美好愿景，受算法、算力、需求等方面的影响，并没有真正引入人工智能算法或者机制。

从 2008 年开始，3GPP 在移动通信标准中定义了一个新的概念：自组织网络（Self-Organizing Networks，SON）。简单来说，通信网络可实现自组织、自配置、自优化、自治愈。移动通信行业已经逐渐认识到人工智能对移动通信网络的价值，但第四代移动通信技术（The 4th Generation of Mobile Communication Technology，4G）在实际的商用过程中，这一认识始终未能转化为产业落地，而以威尔森公司（Verizon）和美国电话电报公司（American Telephone & Telegraph Company，AT&T）为代表的 SON 试水，也都未取得理想成果。

近年来，伴随着软件定义网络（Software Defined Networking，SDN）、网络功能虚拟化（Network Functions Virtualization，NFV）、云计算等技术的兴起与发展，以及软件技术和通信标准发展到一定水平，网络即服务、"零接触"网络、按需网络等新的网络运营模式被提出，旨在让用户可以根据需要来选择服务和应用，甚至自配置、自维护网络，然后供应商再根据定制需求来实现应用。

直到 5G 阶段，拐点终于到来。2017 年 2 月，3GPP SA2 正式定义了网络人工智能网元——网络数据分析功能（Network Data Analytics Function，NWDAF），这是第一次在核心网络架构中定义标准化，并要求部署网络人工智能网元。这标志着移动通信网络从底层结构开始，就已经按照自动化、智能化的理念，面向人工智能重新设计。2020 年 7 月，R16 被正式冻结之后，3GPP 也针对 R17 版本，继续推进人工智能相关的 NWDAF、管理数据分析功能（Management Data Analytics Function，MDAF）、体验质量（Quality of Experience，QoE）等标准化课题研究。这些动作意味着，从 5G 开始，通信网络与人工智能的融合已经真正成为新的发展方向。

2. 网络人工智能是网络演进的新阶段

设备、连接和流量呈几何级增长，虚拟化、云化、SDN、NFV 等新技术引入，新老系统共存以及用户需求多样性，让网络变得更加灵活和强大的同时也更加复杂。网络架构重构带来大量新的复杂多维性，给依靠大量人工操作的传统网络部署、运营维护带来新的挑战，这在一定程度上抵消了网络重构带来的诸多好处。

例如，5G 网络在传输速率、传输时延、连接规模等关键性能指标上有了质的飞跃，从而可以支撑更加丰富的业务场景和应用，但同时也给电信运营商带来资本性支出（Capital Expenditure，CAPEX）和运营成本（Operating Expense，OPEX）不断攀升的挑战。一方面，每一代移动通信技术都带来了 OPEX 在总体拥有成本中占比10%的增长，4G 时代甚至超过了70%，这也意味着单纯降低设备成本已经无法改善电信运营商的成本结构。另一方面，多制式并存以及业务复杂度的提高，对网络运维管理提出了较高的要求。另外，服务的智能化和多元化对网络运营的自动化也和智能化也提出更高的要求。

引入人工智能，是网络重构的必然趋势，网络人工智能是网络重构的新阶段。一切基于软件的复杂多维性问题都可以借助于 AI，例如，复杂的多层、多域、多协议、多接口、多参数、多厂家的网络和业务问题。人工智能技术的成熟开拓了网络智能化建设与运营的视角，成为网络系统化重构征程中重要的技术力量。

人工智能技术可以应用于电信网络，实现智能部署，例如，智能网络参数配置和智能资源配置；实现智能运维，例如，故障归因分析和网络异常检测；实现智能优化，包括保障服务等级协议（Service Level Agreement，SLA）稳定和智能设备节能等；实现智能管理，例如，智能网络切片和智能负载均衡等。庞大的电信网络也为人工智能的应用提供了优势。在数据层面，电信网络、终端和业务系统产生大量数据，为 AI 挖掘分析提供了数据基础；在算力层面，电信运营商拥有丰富的数据中心、云计算、边缘计算等 AI 所需的算力资源；在算法层面，深度学习不依赖高度技巧性的特征提取技术，可以通过通用的学习过程建立模型，大大方便了 AI 在电信行业的应用。

目前，国内外的标准化组织、电信运营商和服务商积极探索电信网络智能化的需求、架构、算法和应用场景，人工智能在网络中的应用正逐步由概念验证进入落地阶段。

2.2.2 网络人工智能内涵

1. 网络人工智能定义

参照 SDN/NFV/AI 标准与产业推进委员会于 2019 年 9 月发布的《网络人工智能应用白皮书》，网络人工智能是指"将人工智能技术应用在电信运营商网络中，通过提高网络的智能化水平或引入智能子系统替代或优化目前依靠人工进行的工作，使电信运营商能够更加便捷、高效地提供优质的网络服务"。从既有的行业应用来看，网络人工智能包括两个方向：一是电信运营商在网络规划、建设、运维、优化、运营等全生命周期中引入的人工智能，本书重点探讨这一方向；二是电信运营商在人工智能与垂直领域的布局与应用，例如，智能客服、智慧城市、智慧医疗、智能交通、智慧教育等多个领域。

2. 自动驾驶网络分级

考虑到当前网络发展的现状和 AI 技术发展的水平，网络的智能化必然需要经过一个长期的发展过程，逐步达到最终理想的智能化水平。因此，借鉴自动驾驶领域分级演进的方法，电信运营商与厂家提出了"自动驾驶网络（Autonomous Networks，AN）"的概念，一方面可以在行业内就智能化形成统一的认识和理解，另一方面有助于行业内各参与方在技术引入、产品规划方面提供一个参考依据。

"自动驾驶网络"建设的愿景是通过应用多种智能技术，降低电信运营商 OPEX，发挥融合优势驱动电信行业从数字化转为智能化，为各行业企业赋能，为技术人员开放底层算法，为用户创造精简化、自动化网络环境。

2019年5月，电信管理论坛（Telecommunications Management Forum，TMF）成立了 Autonomous Networks 项目，发布了业界第一部自动驾驶网络白皮书——《AN 1.0白皮书》。该白皮书阐述了自动驾驶网络框架，定义了自动驾驶网络 L1到 L5的高阶分级标准、方法和应用场景示例等，为产业的逐级递进提供了高阶参考。2019年10月，全球移动通信系统协会（Global System for Mobile Communications Association，GSMA）发布《AI in Network 智能自治网络案例报告》。该报告阐述了智能自治网络3层架构和5个阶段的划分。2019年11月，欧洲电信标准化协会（European Telecommunications Standards Institute，ETSI）在其发布的报告中描述了基于 AI 的网络自治5级分类定义。GSMA/ETSI/TMF 定义的网络智能化分级标准见表2-2。除上述机构，ITU-T、3GPP 与中国通信标准化协会（China Communications Standards Association，CCSA）等标准化组织已展开对电信网络智能化能力分级相关的研究工作。

表 2-2　GSMA/ETSI/TMF 定义的网络智能化分级标准

等级	GSMA	ETSI	TMF
L0	系统提供辅助监控功能 动态任务手动执行	完全手工	手工运维
L1	根据现有规则执行子任务	网络管理系统生成批量的设备配置脚本	辅助运维

续表

等级	GSMA	ETSI	TMF
L2	为某些单元启用闭环运维	实现部分自治	部分自治网络
L3	基于 L2 功能感知实时环境变化	有条件的自治	有条件自治网络
L3	在某些领域中优化并调整自身以适应外部环境	在服务生命周期的某些阶段实现自动化管理	有条件自治网络
L4	基于 L3 功能在更复杂的跨域环境中实现对服务和用户体验驱动网络的预测	高度自治	高度自治网络
L4	主动闭环管理	实现业务感知、主动运维、基于 SLA 的自愈、业务驱动的自治网络	高度自治网络
L5	拥有跨服务、跨域和整个生命周期闭环自动化功能	完全自治管理	完全自治网络
L5	完全的自治网络	完全自治管理	完全自治网络

相对于自动驾驶以驾驶员为核心的单一场景，电信网络的智能化分级评估要复杂得多，难以通过单一场景或维度来衡量，需要既充分考虑通信网络的规划设计、安装部署、运维优化、业务运营等不同的工作流程，又要考虑从网元到整网的端到端网络子系统。因此，需要对网络的智能化水平进行多维度综合衡量。

中国人工智能产业发展联盟于2021年3月发布的《电信行业人工智能应用白皮书》中对电信网络智能化能力分级评估方法进行了较为详细的描述，通过结合电信网络智能化需求及特点，从网络智能化的通用实现过程中抽象出具备广泛适用性的智能化能力分级的6个等级来进行评估。电信网络智能化能力分级评估方法见表2-3。

表 2-3 电信网络智能化能力分级评估方法

等级/名称		关键特征	分级评估维度					
			执行	感知	分析	决策	需求映射	智能化场景
L0	人工运营网络	全人工操作	人工	人工	人工	人工	人工	无

续表

等级/名称		关键特征	分级评估维度					
			执行	感知	分析	决策	需求映射	智能化场景
L1	辅助运营网络	工具辅助数据采集 人工分析决策	系统为主	人工和系统	人工	人工	人工	部分场景
L2	初级智能化网络	部分场景基于静态策略自动分析人工决策	系统	系统为主	人工和系统	人工	人工	部分场景
L3	中级智能化网络	特定场景实现动态策略自动分析预先设计场景系统，辅助人工决策	系统	系统	系统为主	人工和系统	人工	部分场景
L4	高级智能化网络	系统实现动态策略完整闭环 预先设计场景系统自动完成需求映射	系统	系统	系统	系统为主	人工和系统	部分场景
L5	完全智能化网络	全部场景系统完成全部闭环 系统自动完成需求映射	系统	系统	系统	系统	系统	全场景
备注说明			所有等级的决策执行都支持人工介入执行过程，人工审核结论及执行指令具有最高权限					

L0级别：从需求映射、数据感知、分析、决策到执行的网络运营全流程均通过人工操作方式完成，没有任何场景实现智能化。

L1级别：执行过程基本由系统自动完成，少数场景需要人工参与；在预先设计的部分场景下依据人工定义的规则由工具辅助自动完成数据收集和监测过程；分析、决策和需求映射全部由人工完成。整体来看，仅在少数场景通过工具实现辅助数据感知和执行流程的智能化，不支持完整流程的智能化闭环。

L2级别：执行过程全部由系统自动完成；大部分场景下，系统依据人工定义的规则自动收集和监测数据；在预先设计的部分场景下，系统根据静态策略/模型完成自动分析过程；人工完成其他过程。整体来看，部分场景下可实现从数据感知、分析和执行的智能化，决策和需求映射仍需要依赖人工，不支持完整流程的智能化闭环。

L3级别：执行和数据感知过程全部由系统自动完成，其中，部分场景下系统自定义数据收集规则；大部分场景下系统自动完成分析过程；特定场景下分析策略/模型由系统自动迭代更新，形成动态策略；在预先设计的场景下，系统可辅助人工自动完成决策过程；人工完成其他过程。整体来看，部分场景下除了需求映射仍需要依赖人工，其他流程可实现智能化，系统在人工辅助下接近形成完整流程的智能化闭环。

L4级别：执行、数据感知和分析过程全部由系统自动完成，其中，收集规则由系统自定义，分析策略/模型由系统自动迭代更新，形成动态策略；大部分场景下，系统自动完成决策过程；在预先设计的部分场景下，系统可自动完成需求映射。整体来看，部分场景下，系统已经形成完整流程的智能化闭环，部分场景仅需要人工参与需求映射并辅助决策。

L5级别：在全部场景下，由系统完成需求映射、数据感知、分析、决策和执行完整流程的智能化闭环，实现全场景完全智能化。

当前，网络的智能化水平大致处于 L1~L2，大部分场景处于 L1，局部场景具备 L2 水平。不同的网络架构也会对智能化水平产生制约，与传统网络相比，云化网络更容易实现高级别的智能化。因此，5G 网络可以参考 L2 水平来建设，并逐步向 L3/L4 演进；而传统网络只能做局部智能化增强，最多也只能达到 L2，难以实现更高等级的智能化。

2.3 通信行业应用

目前，全球领先的几家电信运营商将人工智能列为重点战略之一。国内电信运营商方面，中国电信发布《中国电信人工智能发展白皮书1.0》，明确从"随选网络"向"随愿网络"的智能化转型，"CTNet2025"从 1.0 走向 2.0；中国移动发布"统一 AI 研发云平台"，致力于网络、市场、服务、安全、管理五大领域的规模化 AI 应用，实施"5G+AICDE[1] 计划"，打造以 5G 为核心的泛在智能基础设施；中国联通引入 AI 等新技术，打造智能、敏捷、集约、开放的"CUBE-Net 3.0"网络，构建统一网络 AI 能力平台，研发网络规划、设计、建设、维护和优化模型，支撑网络运营业务。国外电信运营商方面，美国 AT&T、西班牙电信、日本 NTT Docomo 等也积极布局网络人工智能的工作。

2.3.1 国内电信运营商

1. 中国电信

（1）发展策略

为了顺应智能化时代发展的世界大趋势，中国电信于2016年正式发布转型升级战略（即"转型3.0"）和CTNet2025网络架构重构计划。在网络人工智能方面，中国电信积极参

---

1 AICDE 是指人工智能（AI）、物联网（IoT）、云计算（Cloud Computing）、大数据（Big Data）、边缘计算（Edge Computing）。

与欧洲电信标准化协会体验网络智能工作组（Experiential Networked Intelligence，ENI）等国际标准组织，牵头产业界共同编制发布《网络人工智能应用白皮书》。

在 2019 世界移动大会上，中国电信发布了人工智能战略文件《中国电信人工智能发展白皮书 1.0》，明确将建设全面融智的"随愿网络"，提供以用户为中心的随心业务。中国电信初期以云网融合为切入，为公众及政企用户提供快速开通、定制化、自动化、多层面的智能业务，未来逐步向智慧化、端到端的 DICT[1] 解决方案和服务扩展。中国电信人工智能发展总体布局如图 2-5 所示。

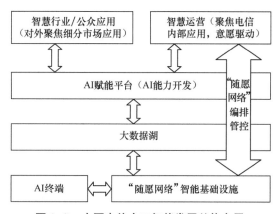

图 2-5　中国电信人工智能发展总体布局

① "随愿网络"智能基础设施：在现有智能化网络的基础上，进一步实现对内外部 AI 应用部署的支持能力，支持标准化网络数据采集、支持业务意愿到网络配置的智能映射、支持智能策略驱动、支持网络故障自愈的闭环自动化网络操作。与 AI 终端协同，提供端到端 AI 业务应用，通过"随愿网络"编排管控通道枢纽实现智慧运营。

② 大数据湖：可实现数据统一采集、统一存储，通过逐步积累建立数据库，授权开放，提升全网数据可用性。

③ AI 赋能平台：可提供通用的 AI 架构和通用的组件，包括 AI 算力、算法框架、自然语言处理、机器视觉等能力和技术支撑服务。

④ 智慧行业/公众应用：对外聚焦细分市场应用，通过场景驱动，侧重 AI 技术的应用和解决方案的集成。

⑤ 智慧运营：对内聚焦电信自身网络业务运营，引入大数据和 AI 技术，实现意愿驱动，进一步深入推动智慧运营，实现精准营销、智慧客服、精确管理，降本增效。

1　DICT（Data Technology、Information Technology and Communication Technology，大数据技术，信息技术和通信技术）。

　　中国电信"随愿网络"的构建遵循中国电信人工智能发展的总体布局，"随愿网络"目标架构如图 2-6 所示。所谓的"随愿网络"是指应用层只要简单地用自然语言表达希望网络完成什么，网络就能将上述意愿转换成具体策略，并自动地根据相应策略在复杂和异构环境下完成跨域、跨网的网络配置，实现应用层的商业目的。

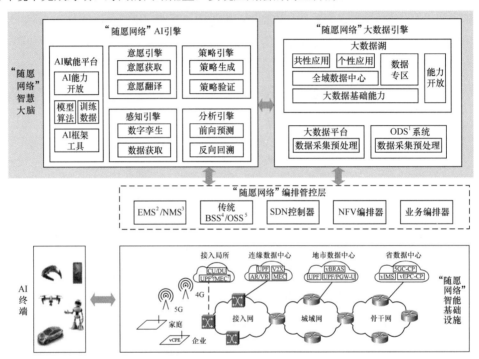

1. ODS：Operational Data Store，操作型数据存储系统。
2. EMS：Element Management System，网元管理系统。
3. NMS：Network Management System，网络管理系统。
4. BSS：Business Support System，业务支撑系统。
5. OSS：Operation Support System，运营支撑系统。
6. UPF：User Plane Function，用户面功能。
7. MEC：Multi-Access Edge Computing，多接入边缘计算。

图 2-6　"随愿网络"目标架构

（2）行业应用

　　中国电信以全面融智的"随愿网络"为目标，基于人工智能总体策略，提出从面向用户与网络运营两大领域发展人工智能。

　　在网络运营方面，以 5G 网络的部署与运维的 AI 化为切入点，逐步实现网络基础设施和电信运营商支撑的智能化，目前，中国电信已在移动基站节能、运维智能化及物联网等

方面部署了人工智能应用。通过对5G基站和数据中心服务器进行适时的休眠和唤醒操作，实现动态节能；通过构建基站节能分析引擎、节能智慧决策引擎及相关模型算法，完成从4G节能分析手动执行到4G节能分级策略半自动实施，再到4G/5G协同的自动节能。中国电信2020年累计节电2.61亿千瓦时，节约电费约1.96亿元。

在中国电信主导的"海牛——基于运维大数据的智能精准预孵化器"项目中，从2018年开始尝试利用人工智能算法替代专家人工识别，实现关键性能指标（Key Performance Indicator，KPI）无监督算法异常诊断、单指标有监督算法异常诊断，到目前已经实现基于多指标无监督算法的小区异常诊断并利用专家规则进行研发迭代。

在中国电信的物联网业务保障项目中，基于大数据聚合分析手段，建立分厂家的企业特征指纹库，结合终端历史行为构造单用户行为画像，利用"标准值+偏移量"的方法搭建动态的质差感知体系，适配多种复杂情况，已经完成多场景、多厂家的终端质差识别，上线推广应用可得到较高的准确率。

在面向市场用户方面，通过"5G+AI"的创新技术以及云网融合的资源优势，中国电信在智慧城市、智慧教育、智慧医疗、智慧金融等多个领域，打造了智慧城域、智能视频云、"5G+智慧体测""5G+智慧课堂"、AI智能语音及质检等多个成熟的AI产品和解决方案，以AI赋能产业。

2021年，中国电信成立大数据与AI中心，先后研发了"诸葛AI"、智能视频云等通用能力平台，打造图像识别、语音识别、自然语言处理三大人工智能能力，在平安城市/雪亮工程、12345市民服务热线等重大项目得到广泛应用。目前，"诸葛AI"集群规模接近2万台服务器，可用性达到99.99%。"诸葛AI"平台目前汇聚200多个资源算法，130多个基础算子，300多个专题模型，以及350个行业模型。

2. 中国移动

（1）发展策略

中国移动在人工智能的标准化、基础平台和应用实践等方面均有所推进。在标准化方面，中国移动先后在8个标准化和行业组织积极推动网络智能化水平分级框架和评估方法标准化工作；在平台方面，发布了人工智能平台"九天"，全线孵化系列AI能力和应用服务能力；在应用方面，智能客服、网络故障端到端智能运维和业务质量智能感知等均已在网络运营中得到部署，并取得显著成效。中国移动构建的AI生态体系，对内服务网络、市场、安全、管理等领域，对外赋能各大垂直行业，带动AI产业发展。

中国移动"九天"人工智能平台于2014年启动研发，2019世界人工智能大会期间正式对外发布。"九天"人工智能平台架构如图2-7所示。"九天"人工智能平台，一是面向内部，即提升网络、市场、服务、安全、管理等领域的运营效率；二是对外赋能各大垂直行业，带动电信运营商 AI 产业的发展。"九天"人工智能平台包括深度学习平台、AI 能力平台与管理平台三大模块。其中，深度学习平台集成了业界30多种主流算法框架，50多种预训练模型，100多种 AI 能力，为模型训练、服务部署提供"一站式"服务。AI 能力平台，可提供开放的"AI as a Service"服务，赋能各行各业人工智能规模化应用。"九天"人工智能平台已在智能客服、网络故障运维、反诈骗、防骚扰电话，以及业务质量感知等领域部署，调用量超过13700亿次，赋能超过1万个数字化应用场景。

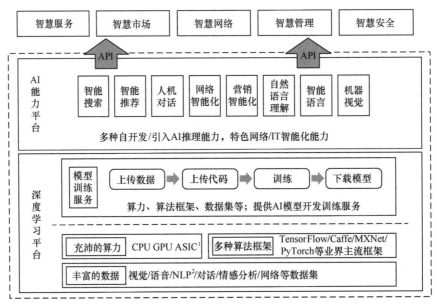

1. ASIC：Application Specific Integrated Circuit，专用集成电路。

2. NLP：Natural Language Processing，自然语言处理。

图 2-7　"九天"人工智能平台架构

中国移动自主研发的"九天"人工智能平台，不仅能够为 AI 开发者提供从模型训练到模型部署发布的"一站式"研发服务，更能通过与5G 网络、移动云的结合，满足多种行业智能化场景需求，为产业提供智能化引擎。

在2021年7月的世界人工智能大会上，中国移动发布了"智慧网络"人工智能开放创新平台。"智慧网络"是指将 AI 技术与通信网络的硬件、软件、系统、流程等深度融合，利用 AI 技术助力通信网络运营流程智能化，实现提质、增效、降本，使能业务敏捷创新，推动构建内生网络。"智慧网络"人工智能开放创新平台是中国移动为加速网络智能化技术创新、解决产业在网络智能化技术与应用研发所面临的诸多共性难题而打造的新型产业开放创新平台。中国移动网络智能化创新平台架构如图2-8所示。该平台将为通信与人工智能的跨界创新与深度融合提供研发之地、试验之地、资源共享之地，加速网络智能化关键技术突破与自主掌控，助力网络智能化算法优化和应用研发，开放多样化智慧网络能力，赋能行业数智化转型发展。

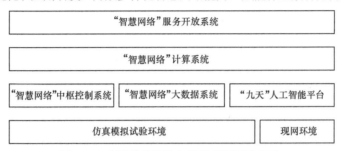

图 2-8　中国移动网络智能化创新平台架构

（2）行业应用

中国移动目前聚焦于人工智能在网络、安全、管理、服务和市场五大领域的应用。在网络方面，推出"家宽装维"智能质检系统、基于 LTE 的语音业务（Voice over Long Term Evolution，VoLTE）质量评估系统，以及网络自服务机器人，显著降低了人工成本，提升了服务质量；在安全方面，推出反欺诈系统，平均每月拦截诈骗电话1400万次左右；在管理方面，推出了基于深度学习的覆盖优化系统、智能参数优化系统、智能集中网络运维系统，提升与优化无线网络性能；在服务方面，推出智能客服"移娃"，日交互量达到80万条，识别能力超过90%；在市场方面，中国移动推出智能稽核与智能升级服务，实现市场服务降本增效。

中国移动大力推动"5G+人工智能"规模化应用及价值创新。由于 AI 典型应用和 5G 典型应用接近 80%重叠，这也意味着，5G 很大一部分支撑的也是 AI 应用大规模落地。目前，中国移动通过"5G+AI"赋能数字化生活、数字化生产与数字化治理，聚焦垂直领域，打造过百项行业应用和解决方案。

3. 中国联通

（1）发展策略

中国联通提出"以智慧网络做基础设施建设的提供者、以智慧应用做新业务新业态的推动者、以智慧技术做技术创新的引领者"的目标，通过引入 AI 等新技术，打造智能、敏捷、集约、开放的"CUBE-Net3.0"网络，给出从网络云化到网络自动化，最终走向网络智能化的演进路径。同时，中国联通结合混改转型，引入互联网公司等战略合作方，成立了多个智能化技术联合实验室。

2019 年 6 月，中国联通发布《中国联通网络人工智能应用白皮书》，推出网络智能化发展引擎 CubeAI 智立方平台；2019 年，中国联通成立"网络 AI 论坛"，推进人工智能技术与产品在电信运营商网络与业务中的应用，并与华为、百度、科大讯飞、烽火等企业均有 AI 项目合作，实现电信运营商网络与业务智能化。

CubeAI 智立方平台是由中国联通开发的集 AI 模型开发、模型共享和能力开放等功能于一体的开源网络 AI 平台。CubeAI 智立方平台整体架构如图 2-9 所示。CubeAI 智立方平台可发挥中国联通在通信领域和人工智能方向的技术积累和优势，与产业链合作伙伴共同打造"AI+5G"研发与应用生态圈。

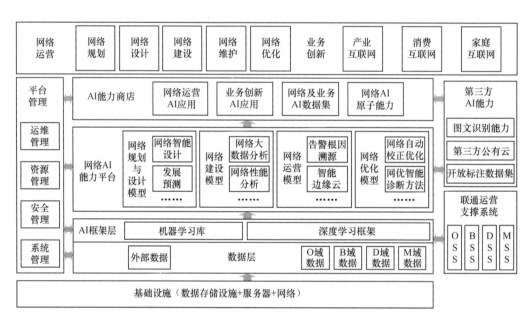

1. DSS（Decision Support System，决策支撑系统）。
2. MSS（Management Support System，管理支撑系统）。

图 2-9 CubeAI 智立方平台整体架构

CubeAI 智立方平台的三大功能分别为：提供技术服务，支撑网络运营和业务创新，提供网络 AI 算法、模型应用等方面的技术服务；开展产业合作，构建网络 AI 产业合作生态，发挥产业链各方优势，共同推动网络 AI 创新和应用；加强交流共享，面向内外部开展技术交流、开源合作、标准制定、试验验证、应用示范和经验分享。

CubeAI 模型共享与能力开放实验床如图 2-10 所示，该实验床是 CubeAI 智立方平台

的重要组成。该实验床参考 Linux 基金会 AI 开源项目"Acumos"的设计理念，由中国联通完全自主开发，支持模型管理、模型共享、模型微服务化部署的全栈开源网络 AI 平台，源代码已经发布到 GitHub 开源社区。

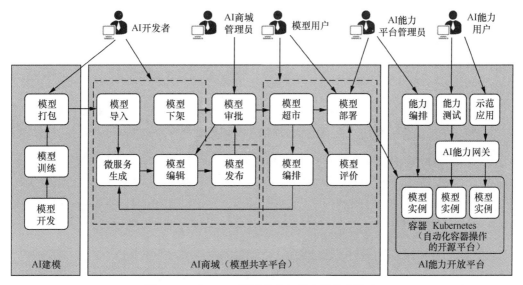

图 2-10　CubeAI 模型共享与能力开放实验床

CubeAI 智立方平台目前提供 AI 模型打包、模型导入、容器化封装、模型编排、模型发布、模型搜索、模型部署、AI 能力开放、能力编排、能力演示等功能，支持 AI 模型的 Docker 容器化封装和微服务化部署。

CubeAI 智立方平台致力于在 AI 模型开发者和模型的实际使用者之间架设一条互通的桥梁。模型开发者无须关心具体的部署环境，最终使用者不需要了解 AI 算法的具体实现细节，开发者和使用者能够专注于各自最擅长的领域进行创新，从而加速 AI 创新和应用进程，促进 AI 算法从设计、开发直到部署、应用整个生命周期的快速迭代和演进。

（2）行业应用

2020 年 4 月，中国联通发布《中国联通自动驾驶网络白皮书 1.0》，提出自动驾驶网络的"分级评价系统"，该系统根据网络全生命周期活动，定义分级评价规范、分级评价办法，明确了自动驾驶网络的演进方向，辅导并牵引自动驾驶网络水平迭代提高。在《TMF自动驾驶网络白皮书 2.0》中，中国联通分享了分级评价规范/办法和优异实践。

中国联通网络人工智能方案在无线领域有诸多落地应用，例如，基于 AI 的核心网 KPI 异常检测、基于 AI 的无线网络自排障、基于 AI 的无线多载波吞吐量参数优化等。另外，

在无线接入网 IP 化（IP Radio Access Network，IP RAN）的智能事件管理、基于 AI 的弱无源光网络（Passive Optical Network，PON）信号检测也有成功示范。

2.3.2 国外电信运营商

全球电信运营商根据自身优势布局人工智能通信网络，多家公司将 AI 上升到公司战略高度，并通过多种方式介入人工智能领域。

1. 美国 AT&T

AT&T 公司提出了"Network3.0 Indigo"下一代网络转型计划，构建数据社区，积极打造智能化的产业生态系统，将 AI 技术应用在网络故障预警、移动网络现状分析上，将电信运营商内部大量常规操作流程转向过程自动化。美国 AT&T 公司成立了第一个由电信运营商牵头的 AI 开源项目——Acumos，并且计划通过 Acumos 和开放网络自动化平台（Open Network Automation Platform，ONAP）协同，建设智能化网络，提供各类智能业务应用。

2. 西班牙电信

西班牙电信公司（Telefonica）在阿根廷、智利、德国服务运营中心采用人工智能分析技术分析移动网络用户数据，并通过机器学习、推理能力预测潜在问题区域分布情况。人工智能分析技术嵌入通信网络助力 Telefonica 获取关于网络用户体验的实时数据，有助于服务质量的提升和商务拓展。

3. 日本 NTT

日本电报电话公司（Nippon Telegraph & Telephone，NTT）将内部网络与人工智能相关技术进行整合，于原有云平台、大数据平台的基础上推出具备交互、感情、环境、网络四大功能的 CoRevo 人工智能平台。该平台通过人工智能数据分析技术为用户提供生产、生活各类信息服务。日本 NTT 公司于 2020 年 1 月发布了《5G Evolution and 6G 白皮书》。该白皮书提出将利用 AI 实现移动网络的泛在智能。

4. 其他

此外，软银、德国电信、沃达丰等国际领先电信运营商都提出了智能化转型计划，在网络运维优化、业务运营等多个领域积极引入 AI 技术。2019 年 5 月，法国电信运营商 Orange 联合华为共同完成基于 AI 的光网智能运维测试；联合智能边缘物联网软件提供商 Octonion 推出了专门为 LTE-Machine to Machine 网络设计的物联网设备，以此来实现边缘人工智能与网络安全。

2.4　网络人工智能应用案例

本节在概述人工智能在网络规划、建设、运维、优化、运营各个环节的应用之后，整理并介绍了多个较为成熟的网络人工智能应用案例。

2.4.1　应用分析

1.　网络规划

通信网络规划是指对通信网络中的目标和实现步骤进行决策，找到最优的解决方案，达到收益和投入的最优比。换句话说，网络规划就是为了满足预期的需求和服务等级，在恰当的地点、恰当的时间，以恰当的费用提供恰当的设备。通过将人工智能技术引入网络规划，自动预处理规划数据，优化规划流程，辅助制定规划指标，确定网络目标结构，提升网络规划效率。尤其对于涉及大规模节点、大带宽链路、大容量存储和多样化业务灵活应用复杂网络的规划需求，借助人工智能进行关联分析、学习训练、智能推理，将有效指导网络规划。

2.　网络建设

网络建设是用人工智能技术结合网络历史数据，将专家经验知识数字化，通过对网络性能进行预测和自动化操作配置，有望实现移动站点智能规划、基站业务快速开通、智能路径规划和光传送网自动化部署等应用。特别是在无线领域，大规模多输入多输出（Multiple-Input Multiple-Output，MIMO）天线、毫米波、太赫兹、"空-天-地-海"一体化组网等新技术的引用，使无线信道传播模型空前复杂，给底层信号的处理带来巨大困难。当前，机器学习算法在自适应调制编码、波束赋形、大规模 MIMO 预编码、智能纠错编码、信号检测、预测、非线性信道模型参数估计、均衡等方面的应用研究取得了较大进展。

3.　网络运维

智能运维是目前人工智能应用于电信行业后落地实践最多的应用类型之一。人工智能在网络运维中的应用主要包括故障预判、故障的精准定位，以及网络状态动态巡检。通过数据中心对网络数据进行收集和分析，输出结果可为运维人员提供网络运维和管理参考，不直接影响网络执行。通过对故障的预判和精准定位，能够为相关运维人员提供充足的准备时间，进一步提高运维工作的可靠性和效率。动态巡检不仅能够进一步完善经验库、数据库等信息资源，而且还有助于相关信息和数据的深度挖掘，进而实现相应模型的进一步

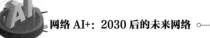

优化，提高网络运维的可靠性和智能化水平。

利用人工智能技术基于网络历史数据对网络进行预测，动态且自适应地对网络进行资源管理和参数调整，可以应用的典型场景包括网络切片、网络绿色节能、边缘计算负载均衡、智能路由、自适应传输功率控制与传输质量管理等。

4. 网络优化

网络优化主要包括流量优化、能耗优化、无线网络覆盖和容量优化 3 个方面。通过在SDN 控制器上引入人工智能技术，可实现网络流量智能优化。智能 SDN 控制器根据大带宽短路径算法，可重新计算所有隧道路径，实现网络流量优化。对流量过载的路径进行全局优化，可实现全网负载均衡。对拥塞数据进行分类和分析，可识别拥塞网络特征和用户模式，提高智能流量优化的调整效率和准确性。网络覆盖和容量优化需要根据业务负荷、位置情况、无线环境自适应调节导频功率、天线下倾角、天线方向、Massive MIMO 模式参数，引入机器学习算法，分析当前网络状态与覆盖和容量之间的关系模型，再对网络进行分析，可指导调整无线参数的配置。

由于网络的忙闲状态与人们的作息有着较强的相关性，所以网络能耗也有较大的优化空间。引入人工智能技术对网络覆盖、用户分布、业务特点进行综合分析，借助流量预测技术，精准预测热点小区，智能设置休眠和唤醒设备的时间，可为用户提供良好的体验效果，提高区域网络资源利用率，有效降低区域网络能耗。

5. 业务运营

电信运营商在网络资源云化进程中，依托大数据资源和数据挖掘能力进行业务创新，提升用户体验效果，是电信运营商提升运营能力、向智慧经营转型的手段。数据记录的采集和分析处理，可以更加精准地对用户轨迹和偏好进行分析预测。分析的结果除了进行智能业务经营，还可以作为网络规划优化的输入，以及用于更加广泛的公益类及行业类大数据应用。

依托于人工智能的语音识别、自然语言处理、人脸识别等技术，在业务服务与内容提供方面，可以在电信行业实现精准营销、满意度智能提升、内容智能推荐、智能客服与语音交互等应用。

2.4.2 "AI+5G"

5G 网络在未来国民经济中实现万物互联的作用愈加凸显，伴随5G 网络三大应用场景的不断完善和成熟，海量设备管控的复杂度、超高网络负载的性能调节、复杂网络环境的运维模式识别等问题也为网络运维与优化带来了巨大挑战。人工智能技术在图像/语音识

别、自动驾驶、大数据处理等方面展现出极强的自适应能力与高超的计算能力。因此，人工智能技术在降低5G网络系统复杂度、优化网络性能、识别未知模式等方面能够提供超越传统解决方案的效果。5G通过与 AI 的深度融合，5G 通信可以实现"三自"，即参数自配置、性能自优化、故障自"治愈"。本节通过一组5G 通信与 AI 技术的融合应用，展示 AI 技术在5G 通信生态系统里各个领域的发展。

1. 网络优化中的应用

5G无线网络优化方向是趋于精细化、场景化、业务化、自动化的。精细化需要达到栅格化的覆盖处理粒度，由二维（2 Dimension，2D）向三维（3 Dimension，3D）转变，时间维度细化。场景化仍以无线综合覆盖方案优化为主，设备与场景结合，深入挖掘设备功能，满足场景动态和突发需求，形成有预期变化的全时应对方案。业务化需要做到不同业务的指标分离，制定不同业务关键指标的定义和标准。自动化即引入大数据分析和人工智能算法，将数据分析和优化方案结合对接，做到优化方案的流程化实施和评估反馈，最终实现人工实施向自动化实施演进。

（1）Massive MIMO 波束管理优化

Massive MIMO 是5G 的关键技术之一，通过利用大规模阵列天线和三维波束赋形，可有效提升复杂场景下立体纵深覆盖和系统容量。相比传统天线，Massive MIMO 大规模阵列天线具有更多参数调整维度，包括水平波瓣宽度、垂直波瓣宽度、方位角、下倾角和波束数量，每个维度都可以设置合理步长进行精细化调整，一个小区理论上可能的天线参数权值就达上万种，在实际网络中，依靠人工根据场景/业务变化进行多小区协同优化调整，几乎是不可能完成的任务。

通过引入 AI 的多维分析、预测判断等手段，智能 Massive MIMO 方案可以实现智能化的 Massive MIMO 权值自适应。5G 基站从用户终端（User Equipment，UE）采集位置信息并发送至网管系统后，通过 AI 计算 UE 的分布情况，根据设定的参考信号接收功率（Reference Signal Receiving Power，RSRP）/信号与干扰加噪声比（Signal to Interference plus Noise Ratio，SINR）分布目标，多轮迭代后找到天线权值设置的最优解，大幅降低优化解搜索时间，在实现最优覆盖的同时，兼顾话务量和频谱效率，以最大化利用系统容量和保障用户体验。

例如，针对体育馆场景，系统可根据体育馆内用户分布情况进行场景识别；针对比赛场景，用户分布在四周看台；针对演唱会场景，用户分布在全场，并根据每场用户上座率及位置分布情况，给出最佳的 Massive MIMO 覆盖对应的权值配置。

（2）参数配置优化

小区的参数配置需要考虑周边无线环境及周边小区配置协同来保障网络质量。传统覆盖问题的分析优化需要通过路测、人工经验判断来解决，人力、物力消耗大，且优化效果因人而异，无法做到全面考量、精准把控。利用大数据和 AI 技术进行参数配置优化，通过对历史网络数据学习进行模型训练，可以输出无线参数规划和调优建议。

首先，进行网络数据的采集和预处理。通过数据处理单元对多维度原始数据进行收集、存储和预处理，包括 KPI、性能管理、配置管理、工程参数、测量报告、呼叫跟踪、深度报文检测等在内的综合性历史数据。

其次，人工智能平台训练和模型输出。利用预处理后的高质量数据训练生成优化模型，并预测出最优参数配置输出调整建议，例如，天线俯仰角调整建议、功率参数建议、切换相关参数建议等。

最后，根据输出的调整建议，自动化优化实施，自动执行参数下发或人工手动调整俯仰角、方位角、天线挂高等。

2. 核心网中的应用

3GPP SA2 在 2017 年 2 月定义了网络人工智能网元 NWDAF，这是移动通信第一次在核心网络架构里定义标准化并要求部署网络人工智能网元。该网元旨在利用人工智能算法与通信技术协议相融合，对 5G 核心网络的移动性管理、网络服务质量 QoS 及 5G 核心网其他网元［例如，用户面功能（UPF）］等进行智能化管理、优化，并提升网络质量与体验效果。目前，电信运营商正在对 NWDAF 在 5G SA 的商用进行功能测试。

3. 无线网中的应用

在物理层面，典型的AI应用包括利用深度学习或强化学习算法来评估与预测信道质量、正交频分复用（Orthogonal Frequency Division Multiplexing，OFDM）符号在接收端的检测、信道编解码、动态频谱随机接入等功能。信道质量评估利用［例如，深度神经网络（Deep Neural Network，DNN）］算法对有限导频信号进行分析，帮助 Massive MIMO 系统推测出完整、准确的信道状态信息（Channel State Information，CSI）。

OFDM 符号在接收端的检测通常依赖于接收器利用最大似然估计进行评估，但该方法对 CSI 误差和模型本身的准确性非常敏感。在 5G 信道编解码中，数据信道使用低密度奇偶校验（Low Density Parity Check，LDPC）码，控制信道使用 Polar 码。DNN 算法的引入，结果表明超越了传统的 MIMO 符号检测方法。

综上所述，目前，越来越多的应用场景使用 AI 技术处理 5G 技术问题。然而在实际场景中，设备功耗、计算能力、应用场景等多种因素使 AI 算法在 5G 系统中真正部署起来有一定困难，尤其是通信网络人工智能相关的网元，极少在 5G 网络中商用。由于传统算法在面对多变复杂且数据量大的问题上有明显的缺陷，但是 AI 技术仍然具有巨大的发展空间和潜力。

2.4.3　"AI+边缘计算"

1. 技术理念

边缘计算是指在靠近物或数据源头的网络边缘侧，融合了网络、计算、存储及应用处理能力的分布式平台，就近提供智能服务，在实际应用中，它可以分析和过滤传感器侧的数据，只将相关的数据发送到云，从而实现聚焦局部、实时及短周期的数据处理操作。基于此，也可以将边缘计算理解为云计算的一种延伸，它能够进一步将云计算的计算能力下沉到网络边缘侧。边缘计算是一种场景众多且高度差异化的计算模式。除了计算发生的位置，与设备的距离、用途、环境都对边缘计算的架构体系有着不同的要求。要高效处理多样化的数据，并将相应数据存储在边缘的不同位置，需要效能更高的计算、存储和连接。

随着机器学习、神经网络训练等网络架构和工具不断适配、兼容到嵌入式系统，越来越多的 AI 应用也可以直接在边缘设备运行。边缘 AI（也被称为边缘智能、边缘人工智能）是将人工智能引入边缘场景的新技术，是一种融合网络、计算、存储、应用的核心能力，使边缘设备执行智能算法，提供智能服务并满足时延率低、能耗量小、精确度高和安全可靠的关键需求的新兴技术。边缘计算可以在云上靠深度学习生成数据，而在数据原点，即设备本身（边缘）执行模型的推断和预测。边缘 AI 因其流量占有少、时延低、隐私性强等特征，在各行各业具有广泛的应用前景。边缘 AI 也可以在没有网络连接的情况下处理数据，这意味着可以在不需要流式传输或在云端数据存储的情况下进行数据创建等操作。边缘计算利用人工智能的技术和方法可以更大规模地释放其潜力，而人工智能借助边缘计算的场景和平台可以拓展更多的应用和技术。

2018 年，Gartner 公司将边缘智能写入人工智能技术成熟度曲线。目前，国际上尚未建立边缘智能的标准架构和统一算法，但各大厂商已经开始在相关领域进行探索。谷歌、亚马逊和微软等传统云服务提供商推出了边缘人工智能服务平台，通过在终端设备本地运行预先训练好的模型进行机器学习推断，将智能服务推向边缘。另外，市场上已经出现多种边缘人工智能芯片，例如，地平线旭日 3、谷歌 edge TPU、英特尔 Nervana NNP、华为 Ascend 910 和 Ascend 310 等。

2. 学术研究

对于边缘智能，当前学术界的 4 个主要研究方向包括模型优化、任务资源分配、边缘联邦智能、"云-边-端"协同。模型优化和任务资源分配主要解决了计算精确性与实时性、能量消耗之间的矛盾，不同点在于前者是从边缘赋能智能的角度出发，后者则是智能赋能边缘的重要方向。边缘联邦智能的主要目的在于解决服务质量与隐私保护之间的问题，"云-边-端"协同则在协同架构的角度上综合性地解决了三大矛盾与挑战。边缘智能的主要研究内容如图 2-11 所示。

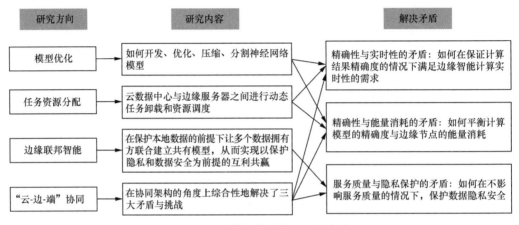

图 2-11　边缘智能的主要研究内容

3. 应用场景

电信运营商在推进 5G 赋能产业互联网的过程中，发现采集来的数据需要在边缘完成相应的处理，边缘计算显得尤为重要，因此，需要引入边缘智能，而边缘智能相对轻量化，利于开发，使人工智能更容易实现。

边缘计算是 5G 和人工智能相互赋能的核心点。一方面，边缘计算轻量化的特性能够加速"5G+AI"应用的形成；另一方面，边缘侧生成的海量数据，为 AI 提供天然的数据池，也能实现数据的快速采集，优化 AI 模型。以 5G 高能耗为例，通过采集基站的实时数据，再通过 AI 算法，实现基站的智慧节能，中国电信 2020 年累计节电 2.61 亿千瓦时，节约电费约为 1.96 亿元，助力实现"碳达峰、碳中和"目标，当然这也是 AI 促进 5G 健康发展的一个典型案例。

车路协同是一个典型的边缘 AI 场景。传统的云端管理平台无法保障对于交通的精确化、实时化管理。交通路口等车辆工作环境包含大量高传输量的高清视频传感器、时延很低的雷达等，除了数据导入和简单的过滤，还需要 AI 处理，实时发现问题，做出决策并执行。交通路口可以在几个方向上都有摄像头，把摄像头的数据传输在边缘，将车和人三维重建到场

景中，并实时跟踪其速度和轨迹。如果有足够的计算量，就可以提前预测车辆碰撞。

智慧家庭是边缘AI技术的典型应用场景之一，旨在对各类家庭终端设备进行实时监控和智能分析，以达到提高用户舒适度的目的，家庭中的终端设备包括用于采集室内状况的各类传感器以及记录用水用电的各类监测器，传统的智能家庭系统难以满足用户对于低时延、个性化、隐私保护等的服务需求。

在进一步完成技术储备后，边缘AI将会进入高速发展阶段，在工业互联网、物联网、智慧农业、公共安全、医疗健康、工业制造和智慧城市等智能化产业建设领域取得更大的成就，为产业升级和学术发展提供助力。在万物互联的场景下，为了满足更低时延、更低能耗、更高可靠、更智能的服务等需求，人工智能和边缘计算技术在向一种全局协同的组合形态进阶，边缘智能是人工智能向边缘侧分布式拓展的新触角。

2.4.4　AI+光传送网

ASON作为第一代智能光网络，在传统光网络传送和管理两个平面的基础上，引入了动态交换和控制平面，实现了网络资源的实时按需分配。多协议标签交换（Multi-Protocol Label Switching，MPLS）协议的扩展和更新为通用多协议标签交换（Generalized Multiprotocol Label Switching，GMPLS）协议，以适应智能光网络进行动态控制和信令传送。SDN的出现推动了网络架构的变革，智能光网络从ASON到软件定义光网络（Software Defined Optical Network，SDON）的演进，也正式步入第二代智能光网络——软件定义光网络阶段，显著提升了扩展性、灵活性、开放性等。在灵活性方面，SDON比ASON更适合多层、多域、多约束的光网络控制。在开放性方面，SDON的北向接口和南向接口开放，允许各类业务编程应用，提高了服务能力、运维效率，同时降低了成本，允许多厂商解耦组网。

近年来，随着人工智能的发展，第三代智能光网络——基于AI的智能光网络应运而生。光网络引入AI技术后显著提升了光网络状态感知、网络资源管控与网络故障管理能力，典型应用包括光性能/状态监测、自适应损伤补偿、传输链路质量评估和优化、网络设备自动控制、网络资源优化配置、网络流量预测、故障定位与管理、光网络数字孪生等。AI赋能光网络的四大典型场景如下。

1. 物理传输方面

在光性能监测方面，可以利用支持向量机和主成分分析监测网络信号的实时质量，预测网络运行和业务传输质量；通过光信噪比/非线性噪声、色散等参数，判断是否满足传输标准。

在非线性补偿方面，为解决速率提高引发超密信道间隔和高信号功率问题，可以使用神经网络和支持向量机等模型，学习训练针对非线性效应的补偿参数，然后结合先进信号处理技术，实现在线、离线的非线性损伤补偿。

在信号判决方面，传统方法通常采用最小欧氏距离判决准则，而在非线性噪声场景中只能采用最大后验概率判决准则。已有相关专家使用机器学习算法寻找最优信号判决，即利用机器学习算法的非线性拟合能力，拟合出信号的最大后概率分界平面。

2. 光传送网故障原因分析

随着光传送网络（Optical Transport Network，OTN）规模的不断扩大，OTN 设备和光链路数量不断扩增，网络一旦出现问题，便会在短时间内触发一系列设备产生不同类型的、大量的告警。多类型设备混合组网加大了网络故障源的分析难度。在目前的运维工作中主要依赖人工方式完成网络监控处理告警信息，传统的人工方式难以在短时间内从庞杂的告警中找到有价值的信息、正确地判断出故障的位置并及时修复故障，如何提高告警分析、故障定位的效率成为亟须解决的问题。由于大量的告警之间存在关联性，所以可利用大数据和人工智能技术分析告警特征，挖掘告警之间的关联规则，再利用关联规则进行根本原因分析，找到根本原因告警。然后，建立告警属性与故障定位、工单操作的映射关系，实现工单的自动派发。

3. 光传送网智能传输质量管理

随着光传送网络的高速发展，网络中需要监控的信息越来越复杂，运维人员难以对网络运行状态进行实时有效的监控，光传送网络的维护和管理问题日渐凸显。同时，OTN 设备在运行期间，会发生变形、腐蚀或者老化，从而造成网络性能降低。当性能劣化到一定程度会对传送网的正常运行造成严重的影响。如果能够准确地预测网络性能的劣化趋势，在性能劣化到影响网络正常工作之前进行优化工作，则可以有效地避免设备失修和设备过修造成的事故和损失。

利用人工智能技术分析网络历史性能指标数据，从而对网络性能指标进行预测，分析性能指标劣化的趋势，根据性能的劣化程度采取相应的措施。依据从网元管理系统上采集的网元拓扑等网络数据或者设备定期上报的性能指标数据，OTN 性能数据主要包括以太网用户层性能、光通路数据单元子层性能、光信道子层性能，以及光复用段层性能等，对数据进行清洗、筛选等处理工作；将采集后的数据分为训练集和测试集，采用机器学习算法构建性能预测模型，根据性能预测的结果分析性能劣化的趋势，当性能指标出现越限的趋势时，采取相应的性能优化措施。

4. 光网络健康度分析及预测

当前的光网络存在光层故障多且影响范围大、故障处理周期长和成本高、故障难以提前预测等问题，故障出现后再进行被动处理将影响业务体验，导致用户体验感差、投诉多。

基于秒级采集，对数据（OSNR[1]、Q 值、误码率、光功率、链路占用率）进行清洗、标定和特征提取，基于 AI 算法结合当前状态和未来趋势对光纤和光信道层进行健康预测和劣化预警。通过实时监控波分设备的性能指标，预测关键性能指标，提前发现性能劣化并上报预警，预警触发故障自动精准定位，对接工单快速派单修复，这样不仅能够提升运营效益和效率，还能增强网络的稳健性。这一问题通常需要利用机器学习的分类技术来解决，实现故障预测与诊断，目前，相关应用案例已经在现网中出现。

5. 总结

总体来讲，AI 技术对光传送网络的规划和运营是有帮助的，但也不是万能的。

首先，鉴于光网络巨大的规模和高度的开放性，AI 技术应避免将整个光通信网络看成一个巨大的"黑盒子"。对于涉及 SLA 的决策性应用场景，尽管 AI 对于进行方法性探究是可行的，但是在实际工程应用中，存在巨大的风险，会出现某些失效场景，造成 SLA 的违背，进而导致巨额的经济赔偿。

其次，尽管采用 AI 技术进行更高精度的网络性能预测可以提高网络资源使用效率、降低网络成本，但是这不能以损害网络可用性或生存性为代价。传统的光网络建模和规划通常会为了保证足够高的网络可用性（例如，99.999%），尽量留足各个方面的余量。例如，在评估光通道所需的传输质量（Quality of Transmission，QoT）时，通常为了支持某种调制格式和频谱效率，会全面地考虑各种 OSNR 损伤并留足余量，以保证光网络在几十年后还能正常工作。AI 技术一般会通过大量的样本学习来获得一个更加精确的信道 QoT 评估模型，以此降低传统方法下需要的余量。但是由于光网络状态空间的开放性，这种降低 OSNR 余量的方法可能会使网络的可用性受损。

最后，AI 技术本身是一个"黑盒子"技术，里面设置的参数和实际网络参数没有一一对应关系，可解释性较差。另外，针对 AI 预测模型失效的保护研究仍为空白，需要进一步针对不同的 AI 应用场景提出不同的网络保护和恢复机制。针对 AI 预测模型失效的情形，需要建立一种专门的网络保护机制，即当 AI 预测模型失效并出现网络瘫痪时，需要存在一种机制能及时恢复网络业务。因此，在使用 AI 技术的同时，评估光网络的可用性是十分必要的，只有在未违背网络可用性的要求下，使用 AI 技术才有实际意义。

---

1 OSNR（Optical Signal Noise Ratio，光信噪比）。

2.4.5　AI+业务运营

1. 用户服务

从用户运营来看，电信运营企业已经完成从以用户为中心发展到以用户体验为中心的全面用户体验阶段。电信运营企业不仅向用户提供营销、销售、服务过程中的精细化运营，还关注服务满意度的提升，更将用户在网络、业务使用过程中的体验作为重要指标加入全面用户体验体系进行统一评估。电信运营商通过收集、汇聚、关联、挖掘用户在渠道接触、网络服务、业务使用过程中的体验，建立以用户为中心的全面旅程体验。在此基础上，结合人工智能算法的辅助，将进一步满足用户在更多细分场景的需求，同时进一步提升智能化、自动化互动能力，形成以用户为中心的全面用户体验。

（1）用户满意度

越来越多的电信运营商越来越关注终端用户体验，并把净推荐值（Net Promoter Score，NPS）作为评价网络满意度的重要指标。智能净推荐值系统通过对覆盖、容量、基础维护、用户关怀等提升手段的不断落实，实现网络 NPS 的回升。利用大数据和人工智能技术，采集运营支撑系统（OSS）侧网络数据、业务支撑系统（BSS）侧业务数据和调研感知数据，提取用户体验特征、轨迹特征、行为特征、交互特征，并以用户行为相似度和用户交互亲密度进行用户分群，对用户网络体验进行建模，实现对网络潜在贬损者的识别、用户/业务画像等。电信运营商通过封装专家经验规则、对贬损用户的语音数据等业务的大数据采集预处理，利用人工智能手段可以实现评估定界定位作业自动化。

（2）用户销售

该领域典型的人工智能应用是利用人脸识别、光学字符识别（Optical Character Recognition，OCR）等技术支持用户在营业厅业务受理的身份认证稽核、销售协议签字认证、真实人物业务办理确认等场景。而在政企用户销售的过程中，利用人工智能的 OCR、图像识别技术，支持业务录单环节企业信息自动化识别、政企业务印章识别，实现事前认证稽核、销售合同自动起草等，实现业务销售的智能化、自动化，提升用户的工作效率。

（3）用户服务

该领域典型的人工智能应用基于语音识别、意图识别、多模态问答匹配、语音合成、语义处理、用户情感分析、标签多分类预测、OCR 等技术实现用户与智能机器人进行的语音交互、用户情感实时监控；预测用户需求，有效分配服务座席；实时监听用户问题，进行自动分类识别，自动检索知识库，辅助座席回复问题；基于用户语音声纹的身份认证；

预测潜在投诉；检查用户服务过程中的语音质量，进行智能量化评分；根据工单文本信息进行智能派单；知识库知识的自动生成；智能用户服务排班等。

2. 业务运营

从业务运营来看，电信运营企业已经基本完成流程的端到端数字化升级，正在将大数据、人工智能等加入现有流程，完成业务处理过程的智能化，进一步提高业务运营效率。随着机器流程自动化、智能业务流程管理等技术的引入，未来，人工干预的业务过程将进一步减少，流程运转效率进一步提高，同时成本进一步降低。随着 AI 引入电信运营商风控体系，收入保障能力将进一步提升，欠费风险将进一步降低。电信运营商可以结合自身风控预期，开展更多的创新型业务。

（1）智能语音交互

利用客服领域的数据集，基于语音识别、语音合成、自动问答、多轮对话等技术，提供智能交互解决方案。使用语音识别模型对主叫方语音进行实时识别与文本转写，使用自然语言处理技术分析语句意图，利用多轮对话技术和语音合成技术生成智能交互应答内容。在智能交互应答过程中，根据对话文本，识别来电总体意图，对每次交互过程中的对话进行标签标注，便于用户分类处理。人工智能与智能交互技术能够实现 AI 智能小秘书语音自动回复，从而给用户带来全新的通话体验，帮助用户从多种漏接、拒接的通话场景切换到智能代接。通过智能代接识别来电的信息意图，可以让用户放心拒接，安心挂机，同时提供有效的信息记录，帮助用户对自身的未接来电意图做出有效判断。

（2）内容智能推荐

人工智能技术引入家庭、大屏业务，可实现"一人一面"的家宽视频内容实时个性化推荐服务，将更多用户偏好的长尾内容展示给用户，并根据用户的实时反馈行为更新推荐内容，为用户提供丰富多变的选择，重点解决大屏智能化、精细化运营问题，实现规模化应用，提升业务收入和用户满意度。目前已经出现的一种解决方案是利用实体识别等技术，对接多家牌照方及内容提供商（Content Provider，CP）的内容，形成大规模的内容资源库，增加推荐内容的丰富度和用户新鲜感。结合牌照方、各分公司、互联网网站的多源数据，多角度、多层次地构建用户特征和视频特征，实现全面刻画用户画像和人物画像。采用三阶段推荐框架（召回+重排+策略），融合机器学习、集成学习、深度学习、知识图谱等业界先进算法，综合提高推荐结果的丰富性和精准性，满足家庭多使用者、多兴趣的观影需求。

3. 市场营销

该领域的典型人工智能应用是用户营销智能推荐及运营决策辅助。通过人工智能各类推荐算法模型和专家经验规则，可形成有针对性的推荐策略模型，依据用户特征输出最佳匹配策略。同时在此基础上，借助人工智能决策相关算法，汇集产品匹配度、价值度、经济效益等因素构建综合决策模型，生成最佳运营决策，帮助企业提高效益。适用场景包括热门产品推荐、相关产品推荐、个性化套餐推荐、合约推荐、数字化内容推荐等。

企业应充分利用用户的 O 域、B 域和 M 域的信息，以市场牵引为导向，开发精准推荐模型，具备用户精准识别、精准定位、深度洞察的能力。以 4G/5G 用户迁转为例，采用精准推荐模型后，电话营销的接通率超过 60%，真实意向用户占比超过 30%，迁转成功率达 10%，总体效果是传统方式的 5 倍。以 AI 为核心的精准营销，有效提高了市场营销的效率和经济效益，构建一个用户维系、自有和合作协同营销的新生态。

2.5 网络人工智能标准化进展

网络人工智能标准研究工作均已在国内外启动，ETSI、ITU-T、TMF 和 CCSA、3GPP 等标准化发展组织积极展开网络智能标准化研究工作。网络智能化的相关标准化研究内容如图 2-12 所示。

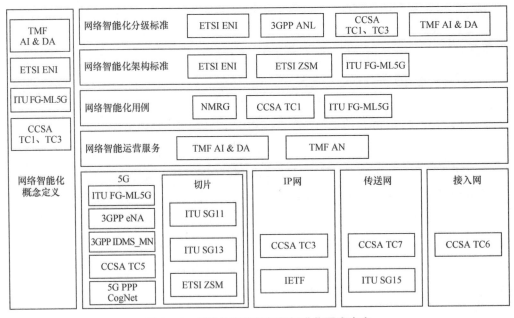

图 2-12　网络智能化的相关标准化研究内容

自 2017 年起，国内外的标准化发展组织陆续成立了一系列网络与 AI 技术融合的相关工作组和标准项目，例如，ETSI ENI、ITU 面向包括 5G 在内的未来网络机器学习焦点工作组（FG-ML5G）、ITU-T 自治网络焦点工作组（FG-AN）、TMF 自治网络（AN）工作组，以及 CCSA 的各个技术委员会、IMT-2020（5G）推进组的 5G 与 AI 融合项目组、GSMA 网络人工智能（AI in Network）特别工作组、3GPP 的"5G 网络自动化的推动因素研究（Study of Enablers for Network Automation for 5G，eNA）"与"自治网络分级"等项目、TD-LTE 全球发展倡议组织（Global TD-LTE Initiative，GTI）的 5G 网络智能化项目等。各个组织的研究从点到面，从单域到跨域，结合概念验证项目和试点实践，逐步形成人工智能在电信网络及业务应用等方面的共识。

1. ETSI

2017 年年初，中国电信联合华为等企业在 ETSI 成立了全球第一个网络人工智能标准工作组 ENI。中国电信担任工作组第一副主席，牵头推动了多个 ENI 标准项目工作。

2017 年 2 月，ETSI 成立业界首个网络智能化规范组——体验式网络智能行业规范小组（Experiential Networked Intelligence Industry Specification Group，ENI ISG）。2018 年 4 月 17 日，ETSI 对外正式发布了由中国电信主导编制的网络人工智能需求标准 *Experiential Networked Intelligence（ENI）; ENI requirements*。该标准定义了网络人工智能应用的三大类 14 个小类需求，覆盖业务、网络、功能、运维、法律等多个领域，是 ETSI ENI 正式发布的第一个标准，也是全球第一个关于网络人工智能需求的标准。ETSI 于 2020 年 6 月发布《AI 及其用于 ETSI 的未来方向》白皮书。

ENI ISG 定义了基于"感知—适应—决策—执行"控制模型的认知网络管理架构，利用 AI 和上下文感知策略，根据用户需求、环境状况和业务目标的变化调整网络服务。通过自动化的服务提供、运营、保障，以及切片管理、资源编排优化提升 5G 网络性能。基于第一版 ENI 架构，ENI 启动了 13 项面向智能切片、流量分类、智能缓存、网络和数据中心节能、承载网优化、Massive MIMO 优化等特定用例的概念验证项目，初步验证了将 AI 用于网络运维的可行性及参考方案。

近年来，ENI 陆续发布了多个版本的系列规范和报告，包括 ENI 用例、需求、术语、架构、智能分级等，在研和即将发布的还包括网络 AI 智能分级评估方法、基于意图感知的网络自治、架构映射、数据处理机制、随流检测技术等。

2. ITU-T

目前，ITU-T 主要由 SG13 进行在未来网络中实现机器学习的研究工作。ITU-T SG13

于 2017 年 11 月成立了面向包括 5G 在内的未来网络机器学习焦点工作组（FG-ML5G）。该焦点组负责起草机器学习适用于未来网络的技术报告和规范，包括网络体系结构、接口、协议、算法、应用案例与数据格式等。除了 ITU-T SG13，在 2020 年 1 月 ITU-T SG15 的标准化全会上，Q12 和 Q14 确定将"机器学习如何应用到传送网"纳入标准工作范围，并希望能够充分分析人工智能/机器学习在传送网中的用途；研究如何将机器学习应用于传送网现有的功能和运维中，以及机器学习能够给传送网带来哪些新能力；分析除了现有的管理和控制系统，还有哪些场景需要使用人工智能/机器学习。ITU-T FG-AN 于 2020 年 12 月成立，主要目标是提供一个开放平台执行与"自治网络"相关的标准研制的前期活动，输出研究报告。

3. TMF

2019 年 5 月，TMF 发布《自治网络技术》白皮书。该白皮书描述了自治网络的功能架构、应用场景与自治网络分级等内容。自治网络项目于 2019 年 7 月在 TMF 正式启动，面向垂直行业，旨在定义全自动化的零等待、零接触、零故障的电信网络，以支撑电信内部用户实现自配置、自修复、自优化、自演进的电信网络基础设施。TMF 的主要工作还包括商业架构、技术架构和概念验证（Proof of Concept，PoC）测试等。

TMF 主要面向 OSS/BSS，制定电信运营系统（例如，业务流程、信息模型、各种应用等）相关的标准。正在开展的人工智能与数据分析（AI and Data Analytics，AI&DA）项目主要包括架构、用例、AI 术语、数据处理、AI 训练等方面。

4. CCSA

CCSA 下设的多个技术委员会和标准推进组陆续开展了网络应用人工智能的行业标准和研究项目。CCSA TC1 主要研究面向互联网基础设施和应用的智能化分级、IP RAN 故障溯源及行业应用等。CCSA TC3 主要研究核心网智能化切片应用、基于人工智能的网络业务量预测及应用、面向 SDN 的智能通信网络架构的随愿网络等方面的标准。CCSA TC5 目前主要关注 5G 核心网智能切片的应用研究、5G 基站智慧节能技术研究、人工智能和大数据在无线通信中的应用研究等。CCSA TC6 聚焦人工智能在传送网与接入网中的应用，目前研究的是传送网智能运维、接入网运维等。CCSA TC7 目前主要关注网络管理与维护、电信运营支撑系统相关领域。其中，TC7 工作组（Work Group，WG）1 正在开展"移动通信网络管理与运营智慧化水平等级技术要求"等相关标准项目和无线网络管控智能化增强研究项目。CCSA SP1 NFV 特设标准项目组研究制定了 NFV 智能化部署和智能编排相关的标准。CCSA 网络智能化的相关项目统计见表 2-4。

表 2-4　CCSA 网络智能化的相关项目统计

CCSA 工作组	相关项目名称	项目类型
TC1　WG1、 TC3　WG1	通信网络智能化分级及评估方法	行业标准
TC1　WG1	电信行业人工智能应用场景与业务需求	行业标准
TC1　WG1	电信行业人工智能定义与术语	行业标准
TC3　WG1	基于 SDN/NFV 智能通信网络的随愿网络总体技术架构及技术要求	行业标准
TC7　WG1	移动通信网络管理与运营智能化水平分级技术要求	行业标准
TC3　WG1	基于 AI 赋能的通信网络架构和 AI 通用能力技术要求	行业标准
TC5　WC12	"5G 智能网络数据分析（NWDA）"系列标准	行业标准
TC5　WG12	5G 核心网网络智能化分析和控制架构与关键技术研究	研究课题
TC3　WG3	网络智能化引擎在未来网络中的应用研究	研究课题
TC3　WG1	IP 承载网络智能化使能技术研究	研究课题
TC6　WG2	人工智能在接入网运维中的应用和关键技术研究	研究课题
TC7　WG2	传送网管理系统的智能化演进研究	研究课题
TC10　WG3	基于 AI 的面向物联网应用的网络故障诊断技术需求分析研究	研究课题

5. IMT-2020（5G）推进组

我国 IMT-2020（5G）推进组于 2020 年年初成立了 5G 与 AI 融合研究任务组，目标是通过系统性研究推进 5G 与 AI 融合发展。该任务组主要面向 5G 与 AI 深度融合的相关理论和需求方向进行研究，协调推进 3GPP 等国际标准化工作，加快 5G 与 AI 融合，加大 5G 支持 AI 的力度，支撑 5G 网络与应用发展更加智能、高效和协同。目前，该任务组已开展了支持 AI 的无线及核心网架构、基于 AI 的 MIMO 技术、基于 AI 的覆盖和容量优化、基于 AI 的移动性管理、AI 应用在 5G 网络中传输的业务特性和需求等 10 余项面向 5G 端到端网络的 5G+AI 研究项目。

6. 3GPP

3GPP SA WG2 在 2017 年 5 月第 121 次会议上完成 5G 网络智能化的研究项目"5G 网络自动化的推动因素研究（eNA）"的正式立项。该项目将 NWDAF 引入 5G 网络，通过对网络数据的收集和分析，生成分析结果，然后利用分析结果进行网络优化，包括定制化的移动性管理、5G服务质量增强、动态流量疏导和分流、UPF选择、基于UE业务用途的流量策略路由、业务分类等。

3GPP SA WG5 在2018年9月的第81次会议上通过了"意图驱动的移动网络管理服务"项目，在该项目的输出 TR28.812 中明确了意图驱动的网络管理服务的概念、自动化机制、应用场景及描述意图的机制等。

2020年6月，3GPP SA WG5成立"自治网络分级（Autonomous Network Levels，ANL）"标准项目，旨在3GPP框架内，基于网络"规—建—维—优"四大类典型场景，规范自治网络的工作流程、管理要求和分级方法，明确不同网络自治能力标准对3GPP现有功能特性的增强技术要求，牵引网络智能化的相关标准工作。3GPP计划通过该项目定义细分场景的分级标准，实现与现有网络智能化功能特性、服务及接口相关项目的协同，预计在R17阶段完成结项。

7. GSMA

GSMA于2019年6月成立AI in Network特别工作组，并于2019年10月发布《智能自治网络案例报告》。该报告汇集了人工智能在移动通信网络应用中的七大标杆案例，包括网络站点部署自动化、Massive MIMO参数智能优化、智能报警压缩及原因分析、智能网络切片管理、智能节能、垃圾短信智能分析与优化、智能投诉处理。另外，GSMA还积极举办全球AI竞赛，吸引更多研究者与电信运营商、设备商投入网络AI的研究与实践中。

8. GTI

TD-LTE 全球发展倡议组织（Global TD-LTE Initiative，GTI）于2020年年初发起成立了 5G 网络智能化项目，下设智能化网络分级、智能化网络架构、智能化网元、智能化网管 4 个任务组，并于 2020 年 11 月发布了《5G 智能化网络白皮书 v1.0》。该白皮书描述了 5G 网络智能化的标准现状、典型应用案例、分级评估、网络架构、网元和网管功能要求等。GTI 将继续积极面向应用功能落地和产业推进开展相关工作。

9. IEEE

电气与电子工程师协会（Institute of Electrical and Electronics Engineers，IEEE）持续开展多项人工智能伦理道德研究，发布了 IEEE P7000 系列等多项人工智能伦理标准和研究报告，主要用于研究人工智能系统道德规范问题，包括 IEEE P7000《在系统设计中处理伦理问题的模型过程》、P7001《自治系统的透明度》、P7002《数据隐私处理》、P7003《算法

偏差注意事项》、P7004《儿童和学生数据治理标准》、P7005《透明的雇主数据治理标准》、P7006《个人数据人工智能（AI）本体标准》、P7007《伦理驱动的机器人和自动化系统的本体标准》、P7008《机器人、智能与自主系统中伦理驱动的助推标准》、P7009《自主和半自主系统的失效安全设计标准》、P7010《合乎伦理的人工智能与自主系统的福祉度量标准》、P7011《新闻信源识别和评级过程标准》、P7012《机器可读个人隐私条款标准》、P7013《人脸自动分析技术的收录与应用标准》等。

2.6 总结与展望

网络智能化的核心在于运营智能，运营智能通过智能算法和网络运营流程全面融合，促进运营流程变革与重构，在此基础上，向下带动产业界牵引网络技术和体系变革，推动网元智能；向上使能业务敏捷创新，实现服务智能。从目前的应用来看，与其他技术手段相比，人工智能技术在前瞻性预测预防、减少简单重复性操作、高复杂度多维数据分析、寻求最优解等方面具有明显的优势。人工智能不仅是实现网络自动化的一个技术手段，更是网络达到自动化更高级阶段的必然选择。

人工智能技术在网络"规—建—维—优—营"等环节为电信运营商提供了智能化的解决手段，另外，在垂直行业中也体现了强大的能力，助力电信运营商开拓行业智能化市场。在当前新一轮科技革命和产业变革中，电信运营商不再聚焦于构建信息技术设施，而是瞄准智能化服务提供者的角色，深入各行各业中，创造新的业务体验、新的行业应用，以及新的产业布局。从数字政务到智慧城市，从工业自动控制到农业智慧管理，建设智慧城市、创造智慧生活成为电信运营商的新愿景。通过布局人工智能领域，电信运营商已经在智能客服、智慧城市、智慧医疗、智能交通、智能网络运维、智能 5G 网络等领域开展工作，打开千行百业发展的新空间。

参考文献

1. 国务院.新一代人工智能发展规划[R].2017.

2. 清华大学.AI 与自动驾驶汽车研究报告[R]. 2018.

3. 韦乐平.迈向网络架构重构的新阶段——人工智能使能的网络[R]. 2018.

4. 中国信息通信研究院，Gartner. 2018 世界人工智能产业发展蓝皮书[R]. 2018.

5. 中国电子技术标准化研究院.人工智能标准化白皮书（2018 版）[R]. 2018.

6. 中兴通讯股份有限公司.中兴通讯人工智能白皮书[R]. 2018.

7. 中国信息通信研究院.人工智能发展白皮书技术架构篇[R]. 2018.

8. 中兴通讯股份有限公司."5G+人工智能"融合发展与应用白皮书[R]. 2019.

9. SDN/NFV/AI 标准与产业推进委员会.网络人工智能应用白皮书[R]. 2019.

10. 中国信息通信研究院.电信网络诈骗治理与人工智能应用白皮书[R]. 2019.

11. 张嗣宏，左罗. 基于人工智能的网络智能化发展探讨[J].中兴通讯技术，2019，25(2):57-62.

12. 头豹研究院.2019 年中国智慧通信自动驾驶网络行业深度报告[R]. 2019.

13. 华为技术有限公司.自动驾驶网络解决方案白皮书[R]. 2021.

14. GSMA.智能自治网络案例报告[R]. 2019.

15. 中国电信.人工智能发展白皮书[R]. 2019.

16. 中国联通.网络人工智能应用白皮书[R]. 2019.

17. 中国联通.智能 MEC 白皮书[R]. 2020.

18. 中科院.2019 年人工智能发展白皮书[R]. 2019.

19. 华为技术有限公司.AI 使能自动驾驶网络[R]. 2020.

20. 开放数据中心委员会.边缘计算技术白皮书[R]. 2020.

21. 华为技术有限公司.华为数据中心自动驾驶网络白皮书[R]. 2020.

22. 华为技术有限公司.华为园区自动驾驶网络白皮书[R]. 2020.

23. 中国移动通信有限公司.中国移动自动驾驶网络白皮书 [R]. 2021.

24. 华为技术有限公司.自动驾驶网络解决方案白皮书[R]. 2020.

25. ACG Research.华为 ADN 与 TM Forum AN 对比评估[R]. 2021.

26. 中国人工智能产业发展联盟.电信行业人工智能应用白皮书[R]. 2021.

27. 清华大学人工智能研究院.人工智能发展报告（2011—2020）[R]. 2021.

28. 中国信息通信研究院.人工智能核心技术产业白皮书[R]. 2021.

29. 赛迪研究院.2021 年中国人工智能产业发展形势展望[R]. 2021.

30. 深圳市人工智能行业协会.2021 人工智能发展白皮书[R]. 2021.

31. 中国移动通信有限公司.2030+网络架构展望白皮书[R]. 2020.

32. 中国电信集团公司.云网融合 2030 技术白皮书[R]. 2020.

33. 中国通信标准化协会.人工智能在电信网络演进中的应用研究[R]. 2020.

34. 黄韬，刘江，汪硕，等.未来网络技术与发展趋势综述[J].通信学报，2021，42(1):130-150.

35. 欧阳晔，王立磊，杨爱东，等.通信人工智能的下一个十年[J].电信科学，2021，37(3):1-36.

第3章 云网融合

3.1 云网融合发展概述

3.1.1 产生背景和概况

当前，在数字中国、网络强国和制造强国的国家战略背景下，以 5G、云计算、大数据、物联网、人工智能、区块链、边缘计算等为代表的新一代信息通信技术深度融合，加快社会经济全行业的信息化和数字化转型。互联网、政务、金融、交通、物流、教育等传统行业领域上云、用云的意识和能力不断增强，基于"云-网-边-端"协同的资源和服务模式逐步成熟，成为企业向数字化、网络化、智能化转型的必然选择。

企业"多系统、多场景、多业务"上云需求对电信运营商的云网资源布局和协同提出了更高的要求。一方面，云计算业务落地需要网络提供云专线、对等连接、软件定义广域网（Software Defined-Wide Area Network，SD-WAN）、多云互联等云网连接能力，适应不同云计算业务应用场景需求；另一方面，随着 5G 新网络架构和多接入边缘计算（Multi-Access Edge Computing，MEC）的规模部署和商用，SDN/NFV、以太网虚拟专用网（Ethernet Virtual Private Network，EVPN）/基于 IPv6 的分段路由（Segment Routing IPv6，SRv6）等新技术的成熟应用，网络正在向以数据中心（Data Center，DC）为核心的组网架构演进，为各种业务提供灵活、弹性和智能的资源调度，以满足不同行业领域大带宽、低时延和本地化业务等应用场景需求。"云-网"高度协同、互为支撑、互为借鉴的发展模式促使云网融合的概念应运而生。

在国家"新型基础设施建设"发展战略中，新型信息基础设施是基于新一代信息技术建设而成的，包括以5G、物联网、工业互联网为代表的通信网络基础设施；以云计算、大数据、人工智能、区块链为代表的新技术基础设施；以数据中心、智能计算中心、算力网络、量子计算为代表的算力基础设施等。云和网是新型信息基础设施的关键要素和核心驱动，二者共生共长，互促互补，充分体现通信技术和信息技术深度融合的特点。云网融合不仅在筑牢新型基础设施建设底座和赋能数字化转型方面发挥着基础性、先导性和战略性作用，而且可以满足电信运营商自身网络转型要求，助力电信运营商打造"智能管道"业务的新路径，成为电信运营商新的业务增长点和主要收入来源。

综上所述，在国家战略、业务需求、技术创新、网络变革和电信运营商转型等多个方面因素的共同驱动下，云网融合以"云-网-边-端"资源和能力高度协同为主要特征，为不同云计算应用场景提供多样化入云和云间连接的一体化解决方案，并根据云服务要求开放网络能力，实现网络与云的敏捷打通、按需互联，体现出智能化、自服务、高速、灵活等特性。云网融合是信息通信行业领域实现网络和业务深度融合的必然趋势，已成为新一代产业互联网发展的数字底座。

3.1.2 发展历程和价值

云网融合的发展是围绕云网的基础资源层，从云内、云间和入云到多云协同及"云-网-边-端"协同，不断推进和深化的。目前，云网融合在网络和业务协同发展的进程中，主要经历了云内网络、云间网络、入云网络和云边协同 4 个发展阶段。

1. 云内网络

云网融合最初发生在云内网络，为满足云业务带来的海量数据的高频、快速传输需求，引入叶脊（Leaf-Spine）架构和虚拟扩展局域网（Virtual extensible Local Area Network，VxLAN）大二层网络技术，实现 DC 内部网络能力和云能力的有机结合和一体化运行。

2. 云间网络

随着 DC 间流量的剧增，云网融合的重点转向数据中心互联（Data Center Interconnection，DCI）网络，通过部署大容量、无阻塞和低时延的 DCI 网络，实现 DC 间东西向流量的快速转发和高效承载。

3. 入云网络

在国家云计算领域发展政策的引导和推动下，业务上云已成为各行各业信息化的共识，由于企业上云需求和业务流量激增，云网融合引入软件定义的理念，采用以 SD-WAN 为代表的新型组网技术满足简单、灵活、低成本的入云场景需求。

4. 云边协同

5G 新网络架构的引入和 MEC 的规模部署商用加速推动云网融合向云边一体化架构演进，通过多云协同、云边协同乃至"云-网-边-端"协同等方式，满足本地化业务分流、高可靠、低时延等高性能要求和低功耗、低成本的高性能终端要求。

综上所述，当前云网融合的发展实现对云内、云间、入云网络的端到端覆盖，逐步形成"云-网-边"一体化架构，包含了接入侧、边缘侧、中心侧网络的互联互通，并涉及接入网络、数据中心间网络与数据中心内网络的多个虚拟化软件功能组件。云网络体系架构如图 3-1 所示。

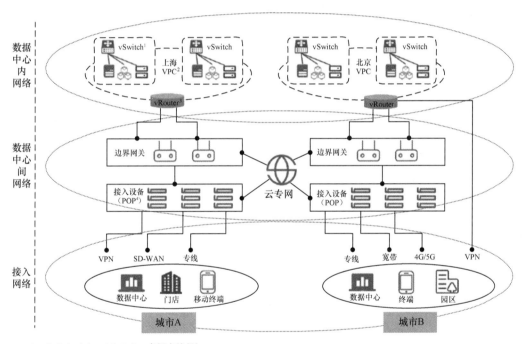

1. vSwitch（virtual Switch，虚拟交换机）。
2. VPC（Virtual Private Cloud，虚拟私有云）。
3. vRouter（virtual Router，虚拟路由器）。
4. POP（Point Of Presence，接入点）。

图 3-1　云网络体系架构

云网融合聚焦中心云、边缘云、数据中心等布局建设和基础通信网络智能化升级，夯实云网安全底座，建设数字化云网运营平台，打造敏捷智能、安全可信、自主可控的新型信息基础设施，满足公有云、专属云和边缘云的发展及用户便捷入云需求，为重点行业用户提供端到端定制化服务，在国家战略、创新发展和企业转型等方面具有积极意义和重要价值。

从国家战略层面看，"新型基础设施建设"国家发展战略以网络、云、算力作为关键基础设施，为各行业提供新连接和新计算能力，对网络和云的结合提出了更高的要求。云网融合是通信网络基础设施、新技术基础设施和算力基础设施之间的黏合剂，成为新型信息基础设施的基础底座和重要发展目标。

从创新发展层面看，在信息技术（Information Technology，IT）和通信技术（Communication Technology，CT）融合创新的基础上，云网融合将进一步促进业务形态、商业模式、服务模式等更多层面的融合与创新，为行业和社会提供数字化应用和解决方案，赋能千行百业数字化转型，成为数字经济发展的坚实底座，助力经济社会高质量发展。

从企业转型层面看，云网融合是电信运营商转型的必然选择，国内电信运营商积极融入数字经济新生态，将云网融合作为企业发展的战略方向，充分发挥云资源池部署和网络接入能力优势，统筹云网融合应用的需求，对外提升云网一体化运营服务能力，对内推动自身的数字化转型，为企业在激烈的竞争环境中稳定、健康和持续发展提供条件。

3.1.3 云网应用场景

云网融合既是技术发展的必然趋势，也是用户需求变化的必然结果。在超高清视频、VR游戏、云VR和云盘等面向个人和家庭用户的典型业务场景中，需要部署中心云和边缘云，为用户提供高速互联的云间网络和接入灵活、保障服务质量（Quality of Service，QoS）的入云网络，通过"云-网-边-端"协同，满足业务低时延、定制化资源部署等需求。在混合云、多分支接入、云间互联、多云互通和同城、异地灾备等面向政企用户的典型业务场景中，云资源池布局主要以集中部署方式，满足同城备份和异地容灾的距离要求，灵活支持不同类型的专线接入，并提供云间高速、低时延和大带宽的承载网络。在园区虚拟专网、智慧管理、工业控制等面向工业互联网的典型业务场景中，需要在中心云部署大数据、人工智能等能力，在边缘云部署专用计算资源和AI推算能力，以满足本地分流、云边低时延、云间互联以及安全等需求。

随着新一代信息通信技术的发展及其在新型信息基础设施中的应用，数据、信息、通信技术融合发展的新业态、新模式和新产业不断涌现，促进云网融合的混合云、多中心互联、多云互联等应用场景拓展到各行业，从而推动产业数字化转型。

1. 混合云

混合云场景是指企业本地的私有云、本地数据中心、企业私有 IT 平台与公有云资源池之间的高速连接，最终实现本地计算环境与云上资源池之间的数据迁移、容灾备份、数据通信等需求。混合云场景下的互联互通同时要实现高质量、高稳定性、安全可靠的数据传输，以及保证网络质量稳定，避免数据在传输过程中被窃取。企业用户在构建混合云场景下的互联互通时，首先要实现企业内部的多个云之间的互联；其次要实现私有云和公有云之间的网络互通，让企业能够像使用自己的私网一样进行资源的弹性调度；最后要实现多个云之间的统一管理。混合云场景如图 3-2 所示。

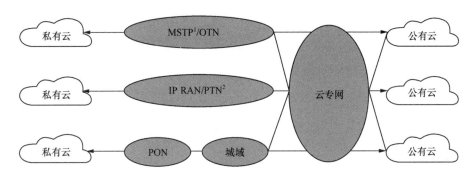

1. MSTP（Multi-Service Transport Platform，多业务传送平台）。
2. PTN（Packet Transport Network，分组传送网）。

图 3-2　混合云场景

2. 多中心互联

多中心互联场景是指同一云服务商的不同资源池间的高速互联，可用于解决分布在不同地域的云资源池互联问题。企业可以通过在不同的资源池部署应用，完成备份、数据迁移等任务。同一公有云的多中心互联可以实现分布在不同地域的多中心云上资源池间数据交互和虚拟私有云（VPC）间高速互联，满足企业云上业务应用需要多地部署或跨国部署等场景，解决企业分支机构及用户就近快速实时访问和业务直连，同时实现 IT 资源全局统一优化管理和自动化敏捷交付。多中心互联场景如图 3-3 所示。

3. 多云互联

多云互联场景是指不同云服务商的公有云资源池间的高速互联，可用于解决来自不同厂商公有云资源池互联问题，实现跨云服务商、跨云资源池的互联。网络服务商依托于自身的网络覆盖能力，将不同的第三方优质公有云资源接入自身网络中，形成一种网络资源与公有云资源互补的合作伙伴模式，提供端到端的服务质量保证和快速开通能力，满足用户灵活访问部署在不同云上的系统和应用的需求。多云互联场景如图 3-4 所示。

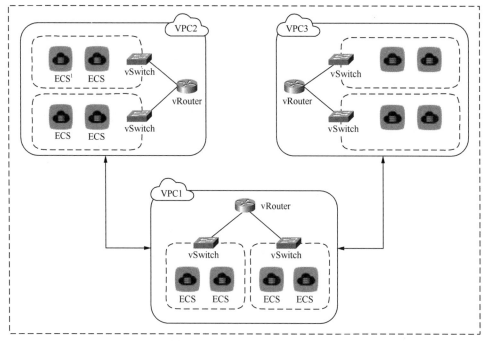

1. ECS（Elastic Compute Service，云服务器）。

图 3-3 多中心互联场景

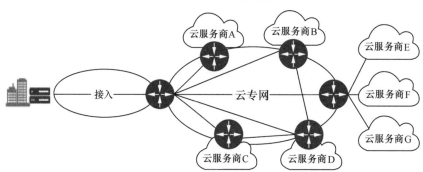

图 3-4 多云互联场景

3.2 云网融合发展愿景

3.2.1 基本概念和内涵

云网融合是面向通信网络及信息技术演进和融合的发展趋势，信息通信行业在不断探

索新型信息基础设施建设和供给模式的基础上，逐步达成共识，形成新的发展理念和方向。电信运营商充分发挥以网络为基础、以云为核心的资源融合优势，用网络的能力支撑云计算发展，用云计算的理念优化网络资源，将传统相对独立的云计算资源和网络设施融合形成一体化供给、一体化运营、一体化服务基础设施体系，体现电信运营商全新的产品服务能力和生态构建模式。

云网融合本质上是信息基础设施在不同发展阶段实现通信技术和信息技术深度融合的具体表现形式。随着技术革命和产业变革，云网融合的内涵、外延将持续发展演进，在各个发展阶段不断丰富，改变未来信息基础设施资源供给体系的架构和模式，推动 5G 基站、大数据中心、工业互联网等数字化基础设施建设，赋能全社会向数字经济转型。从电信运营商的视角来看，云网融合的内涵主要包括数字化转型、新技术发展、产品及服务 3 个方面的内容。

1. 数字化转型

随着产业互联网加速发展，企业入云、上云需求快速增长，云网融合成为电信运营商掌握企业与企业之间（Business to Business，B2B）业务统一入口和业务核心竞争力的关键。电信运营商充分发挥基础网络资源优势，优化云资源池布局，在网络架构、业务形态、商业模式、运维体系、服务模式、人员队伍等多个方面发生深刻变革，实现云网融合、业务融合，以自身数字化转型推动全社会数字化转型。

2. 新技术发展

云计算的特性在于 IT 资源的服务化提供，网络的特征在于提供更加智能、灵活的连接。云网融合基于云和网基础资源，以集约化、智能化、虚拟化、IT 化、服务化等为主要技术特征，引入 SDN/NFV、SRv6/EVPN 等关键技术构建覆盖云内网络、入云网络和云间网络的云网一体化架构，为用户提供面向 IT 和 CT 深度融合的端到端资源供给、业务分发和智能管控一体化服务。

3. 产品及服务

电信运营商加强云网能力布局，推进 5G、MEC、互联网数据中心（Internet Data Center，IDC）、内容分发网络（Content Delivery Network，CDN）等关键基础设施建设，加快构建云网融合的新型基础设施，打造云网连接、行业应用和运营管理的一体化产品和服务能力，为用户提供连接分支站点、IDC/DC、私有云、自有公有云、第三方互联网应用服务（Over The Top，OTT）公有云的全场景云网服务，满足用户在不同业务应用场景下的差异化要求。

3.2.2　发展原则和模式

云网融合是新型信息基础设施的核心驱动和基本内涵，是新型信息基础设施发展的必然选择。云网融合在发展过程中需要遵循"网是基础、云为核心、网随云动、云网一体"的原则。

1. 网是基础

简洁、敏捷、融合、开放、安全、智能的网络为云和数字化转型提供高容量、高性能、高可靠的泛在智能承载，是新型信息基础设施的基础。

2. 云为核心

云是数字化平台的载体，为面向数字化转型的大数据、物联网、人工智能、5G/6G 和全光网络等技术演进提供资源，是新型信息基础设施的核心。

3. 网随云动

网络需要根据云的需求自动进行弹性适配、按需部署和敏捷开通，形成网主动适配云的模式，促成云网端到端能力的服务化。

4. 云网一体

突破传统云和网的物理边界，构筑统一的云网资源和服务能力，形成一体化的融合技术架构。

目前，云网融合已成为电信运营商的共识，但各个电信运营商存在连接、一体和生态3种不同的发展模式：连接模式是专注网络本身，提供高质量的网络和云连接的通道，例如，以美国 AT&T 公司为代表的欧美电信运营商；一体模式是利用在网络、云和用户等方面的综合优势，提供自身云网统一的解决方案，例如，以日本 NTT 公司为代表的日本电信运营商；生态模式是在自主掌控云网核心能力的基础上，联合多个云服务提供商和应用能力开发者，构建多形态的云网融合生态，例如，以中国电信为代表的中国电信运营商。

3.2.3　演进目标和阶段

云网融合的演进目标是打破现有云和网相对封闭独立的规划、建设、部署、运营管理和服务模式，在基础设施层面通过实施虚拟化、云化、服务化和智能化融合技术架构注智赋能，形成一体化供给、一体化运营和一体化服务的云网融合体系架构。

1. 一体化供给

实现网络资源和云资源统一定义、封装和编排，形成统一、敏捷、弹性的资源供给体系。

2. 一体化运营

从云和网各自独立的运营体系转向全域资源感知、一致质量保障、一体化的规划和运维管理。

3. 一体化服务

面向用户实现云网业务的统一受理、统一交付、统一呈现，实现云业务和网络业务的深度融合。

云网融合不是一蹴而就的，而是需要从资源和数据、运营管理、业务服务、能力开放4 个维度出发，经过不断发展和提升，才能最终实现云网一体。具体来说，云网融合的发展大致会历经协同、融合、一体 3 个发展阶段。从目前的技术发展和应用水平来看，云网融合正处于由协同向融合演进的阶段。

1. 协同阶段

云和网在资源形态、技术手段、承载方式等方面彼此相对独立，主要通过云网基础设施层的对接实现业务的自动化开通和加载，向用户提供"一站式"服务。

2. 融合阶段

云和网采用统一的逻辑架构和能力组件，在物理层打通的基础上实现资源管理和服务调度的深度嵌入，大部分网络资源和能力可以进行云化封装，具备统一的云网发放和调度能力。

3. 一体阶段

在基础设施和平台的应用架构、开发方式、规划部署、运营管理等方面彻底打破云和网的技术边界，在物理层面和逻辑层面实现全面统一，为用户提供无资源差异的云网服务能力。

3.3　云网融合体系架构

云网融合将是一个长期的演进过程，最终将形成层次化分工、无缝化协作的融合技术架构。云网融合的目标技术架构是通过实施软件化、虚拟化、云化、智能化和服务化，形成一体化的融合技术架构，基于新型信息基础设施资源供给，灵活适配不同类型用户的多样化业务场景对云计算基础设施、网络连接和资源调配、数据和算力等资源能力和服务要求。云网融合体系架构主要包括基础设施层、云网资源层、云网能力层和应用服务层。云网融合体系架构如图 3-5 所示。

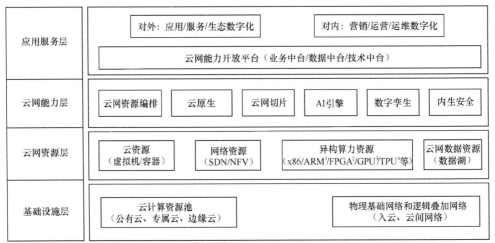

1. ARM（Advanced RISC Machine，进阶精简指令集机器）。

2. FPGA（Field Programmable Gate Array，现场可编程门阵列）。

3. GPU（Graphics Processing Unit，图形处理器）。

4. TPU（Tensor Processing Unit，张量处理器）。

图 3-5　云网融合体系架构

1. 基础设施层

云网基础设施层主要采用通用化、标准化的硬件形态，由电信运营商在全国分级部署的公有云、专属云、边缘云 3 种云计算资源池，以及物理基础（Underlay）网络、逻辑叠加（Overlay）网络协同构建的入云和云间网络基础设施共同组成。

2. 云网资源层

对传统的云功能和网络功能进行虚拟化、抽象化处理和软件定义，并通过相应的管理平台和系统实现相关的功能纳管和服务化封装，形成以虚拟机和容器为基础设施的云资源、以SDN/NFV为技术架构的网络资源、以 x86/ARM/FPGA/GPU/TPU 等多样化芯片为代表的异构算力资源和以数据湖为特征的云网数据资源。

3. 云网能力层

云网能力层利用大数据、人工智能等技术对物理网络进行逻辑抽象，对各种资源进行统一管理和集中编排，屏蔽云网差异化的物理硬件、设备、底层基础设施的差异，实现业务系统的实时、按需、动态化部署，具备云原生开发环境、面向业务的云网切片、安全内生等能力。

4. 应用服务层

基于统一的云网技术架构，构建数字智能、能力开放和融合生态的应用平台，提供云网基础设施、开放能力和应用开发运行环境，对外向各行业赋能数字化应用、服务和商业模式创新，对内支撑企业营销、运营和运维的数字化转型。

为实现云网融合目标技术架构，未来，云网融合的技术创新和发展主要体现在以下几个方面。

1. "空-天-地-海"的泛在连接

5G/6G、物联网、卫星网络与光纤固定网络结合，构建覆盖"空-天-地-海"的一体化、立体化的融合网络，实现面向全场景多种连接方式的端到端协同，提供全域覆盖的高可信度、高灵活性、高安全性、高确定性的泛在连接网络。

2. "云-网-边-端"智能协同

随着计算、存储和网络技术的持续演进，面向用户和业务的个性化需求，需要灵活高效地支持计算、存储和带宽等不同资源，实现在不同终端形态、不同组网模式下在"云-网-边-端"的有效分布和智能协同。

3. 新型云网资源融合

在云资源和网络资源的基础上，采用算力网络、区块链等新技术构建面向多维、多方、异构的资源适配与交易体系，提供数据资源和算力资源等新型资源，实现云网全局统一数据视图、云网全局算力共享和智能调度，为用户提供智能化云网切片服务。

4. 内生确定性网络

确定性网络通过内生的网络确定性机制实现网络资源的协同调度和部署融合，在毫秒级时延和抖动、超高可靠性、保障数据安全的隔离度和用户自主可控的管理等方面提供确定性的连接能力，构建全场景、跨层跨域、覆盖确定、连接确定、时延确定、安全确定的质量可保障网络。

5. 智能内生机制

在云网统一的数据视图基础上，构建云网运营的数字孪生体系，通过深度学习、强化学习等人工智能算法，实现云网融合端到端系统的自适应、自学习、自纠错、自优化。

6. 云网操作系统

云网操作系统可实现对各种云网资源的统一抽象、统一管理、统一编排、统一优化，支持云网融合应用的云原生开发。云网操作系统为数字化平台提供云网基础设施的底座，成为数字化平台为行业提供数字化解决方案的基础。

7. 安全内生机制

基于自适应的安全框架和安全原子能力，构建内生安全体系，通过智能安全防御、检测、响应、预测，实现具有自免疫性、自主性、自成长性的云网端到端安全。

3.4 云网融合的关键技术

3.4.1 新型架构及网络技术

1. 通信云网络架构

目前，国内电信运营商正在以传统端局 DC 化改造为基础，利用 SDN/NFV 技术实现云网协同和网络设备虚拟化，采取网络功能虚拟化、网络自动化控制和网络能力开放等关键举措开展网络重构，逐步形成以区域 DC、核心 DC、边缘 DC、综合接入及站点机房为中心的通信网络组网新格局。通信网络 DC 云网络架构如图 3-6 所示。

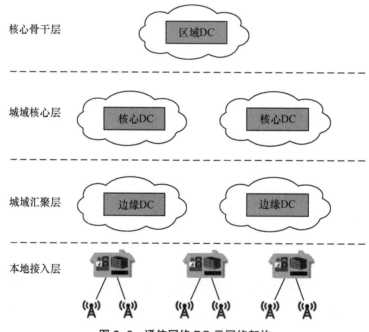

图 3-6 通信网络 DC 云网络架构

（1）区域 DC

区域 DC 部署在大区和省会城市，用于承载全国、大区或者全省的业务应用和网络功能，主要包括集中部署的业务、运营和网管支撑系统、网络功能虚拟化编排和管理系统、核心网的控制面和集中的媒体网元功能等。

（2）核心 DC

核心 DC 部署在地级市城域网核心机房，用于承载城域核心网控制面网元和部分集中部署的用户面网元功能，提供面向城域网范围内的各类业务和应用及其网络流量调度和业务编排管理功能。

（3）边缘 DC

边缘 DC 部署在地市的区、县汇聚机房，用于承载城域网业务控制层的媒体流转发和核心网用户面功能。按照业务覆盖范围，根据低时延、高可靠、大带宽及本地分流等业务场景需求，4G/5G 移动核心网下沉的用户面网元功能和固网宽带的媒体网元功能灵活部署在边缘 DC。

（4）综合接入及站点机房

综合接入及站点机房用于承载移动网络基站和用户接入网元功能，主要包括 5G 集中单元/分布式单元（Centralized Unit/Distributed Unit，CU/DU）、虚拟用户端设备（virtual Customer Premise Equipment，vCPE）、光线路终端用户面（Optical Line Terminal-User，OLT-U）等网元功能，可采用独立或合设方式在基站侧按需部署多接入边缘计算功能，满足在热点地区覆盖范围小以及低时延、高可靠的业务场景需求。

2.　云数据中心网络

传统的核心层、汇聚层、接入层 3 层物理组网架构具备网络结构和配置简单、广播控制能力强等优势，在以南北向流量为主的传统数据中心网络中得到大量应用。随着云计算技术在数据中心的广泛应用，传统数据中心网络架构已经无法满足新业务对网络承载的要求。首先，计算资源虚拟化在实现虚拟机动态创建和迁移时，要求在不改变虚拟机 IP 地址和运行状态的二层网络中进行，传统的三层网络架构限制了虚拟机的大范围甚至跨地域的动态迁移，需要云数据中心构建大二层网络。其次，云计算、大数据等分布式计算和存储技术在云数据中心应用，云数据中心东西向流量大量增长并成为主要的网络流量，东西向流量的无阻塞转发成为云数据中心网络的关键需求。因此，云数据中心网络需要在网络架构、路由组织和自动化管控等方面满足大规模组网能力下的弹性扩缩、高效转发和高可靠性等需求。

（1）Spine-Leaf（脊-叶）架构

目前，数据中心物理网络架构在从传统的三层网络架构向基于无阻塞多级交换网络的两层 Spine-Leaf（脊-叶）架构演进，并从 DC 内网络扩展到城域网和广域网，支持流量的快速疏导和网络的弹性扩展。Spine-Leaf 组网架构如图 3-7 所示。

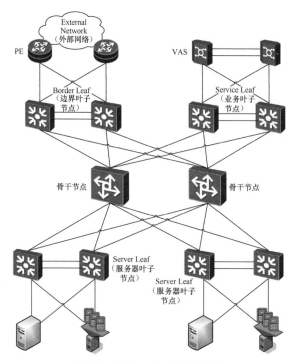

图 3-7　Spine-Leaf 组网架构

在 Spine-Leaf 架构中，Spine（骨干节点）是网络核心节点，提供高速 IP 转发能力，通过高速接口连接各个功能叶子节点，Leaf（叶子节点）是网络功能接入节点，提供各种网络设备接入功能。其中，Server Leaf（服务器叶子节点）提供虚拟化服务器、物理机等计算资源接入功能；Service Leaf（业务叶子节点）提供防火墙、负载均衡等增值服务接入功能；Border Leaf（边界叶子节点）用于连接外部路由器，提供数据中心外部流量接入功能；Service Leaf 和 Border Leaf 可以独立设置或融合部署。

Spine 和 Leaf 交换机之间采用三层路由接口互联，可以选择开放式最短路径优先（Open Shortest Path First，OSPF）协议或外部边界网关路由协议（External Border Gateway Protocol，EBGP）实现 Underlay 网络三层互联，通过跨设备链路聚合技术和等价多路径（Equal Cost Multi Path，ECMP）实现多路径转发和链路快速切换，具有大带宽、大容量、低时延等特点，支持无阻塞转发、横向弹性扩展和网络可靠性。

（2）大二层组网

目前，VxLAN已成为构建云数据中心Overlay网络的主流技术。VxLAN是由互联网工程任务组（Internet Engineering Task Force，IETF）定义的基于三层网络虚拟化（Network

Virtualization Over Layer 3，NVO3）标准技术之一，是对传统虚拟局域网（Virtual Local Area Network，VLAN）协议的一种扩展，可以在Underlay网络上构建Overlay逻辑网络，将二层的以太帧封装到用户数据报协议（User Datagram Protocol，UDP）报文，并在三层网络中传输，满足云数据中心构建大二层网络的要求。Overlay网络和Underlay网络完全解耦的结构也有利于在云数据中心中部署SDN架构，实现VxLAN叠加网络的自动化配置管理，灵活地将业务部署到Overlay网络。云数据中心采用SDN+VxLAN构建大二层网络，可以满足虚拟数据中心（Virtual Data Center，VDC）内大二层组网、VxLAN的管理及自动化配置、南北向及东西向流量分流、VxLAN到VPN映射等需求，并通过云管理平台实现VPC配置管理，保证租户内部网络的互通以及与其他租户的隔离。

基于 Spine-Leaf 架构的 Underlay 网络，VxLAN 可以采用手工或自动方式建立隧道。相对于手工创建方式，VxLAN 引入边界网关协议（Border Gateway Protocol，BGP）EVPN 作为控制平面，将二层报文封装后以自动建立隧道方式在三层网络中透明传输，具有二层媒体访问控制（Media Access Control，MAC）和三层路由信息同时发布、降低网络部署和扩展的难度，以及减少网络中的泛洪流量等优点。VxLAN 数据面将物理交换机或虚拟交换机作为 VxLAN 隧道端点（VxLAN Tunnel End Point，VTEP），可以选择集中式或分布式网关部署方式。分布式网关部署方式是将 Leaf 交换机作为 VxLAN 二层和三层网关，Spine 交换机仅用于 IP 流量高速转发；集中式网关部署方式是将 Leaf 交换机作为 VxLAN 二层网关，将 Spine 交换机作为三层网关。在混合 Overlay 网络模式下，数据中心内部东西向流量在 Leaf 物理交换机之间、虚拟交换机之间、Leaf 物理交换机和虚拟交换机之间通过 VxLAN 隧道转发，南北向流量在 Leaf 物理交换机与 Spine 交换机之间、虚拟交换机与 Spine 交换机之间通过 VxLAN 隧道转发。

3. SRv6/EVPN

EVPN 在现有的 BGP 虚拟专用局域网业务（Virtual Private Lan Service，VPLS）（RFC4761）方案的基础上，参考了 BGP MPLS 三层 VPN（RFC4364）的架构而提出的。EVPN 采用 SDN 控制面和转发面分离的网络架构，定义了一套通用的控制层面协议，可以传递地址解析协议（Address Resolution Protocol，ARP）/ MAC / IP 路由等信息，支持 VxLAN、分段路由（Segment Routing，SR）等多数据平面的转发，减少资源占用，简化运维管理，增强路径调整和控制能力，具有较好的扩展性，可以方便地部署在 SDN 网络架构中。

SRv6 是基于源路由理念的 IPv6 分组转发协议，在 IPv6 报文中引入了分段路由扩展头

（Segment Routing Header，SRH），对分段编程组合形成 SRv6 路径，实现基于 IPv6 的标签转发。在控制面基于控制器通过 EVPN 协议的集中控制实现路径的按需规划和调度，在转发面融合了路由和 MPLS 两种技术属性，支持业务识别和路径可编程，构建端到端跨域业务承载网络平面，为用户提供应用级业务质量保障，具备跨域组网大、易于增量部署、业务快速开通的优势，满足未来网络向 IPv6 平滑演进的需要。SRv6 技术应用的特点主要体现在 SRv6 兼容 IPv6 路由转发，基于 IP 可达性实现不同网络域间的连接，无须引入额外信令和全网升级；SRH 具备强大的网络编程能力，支持更多种类的封装，满足新业务的多样化需求；SRv6 将 IP 承载网络与支持 IPv6 应用无缝融合在一起，通过网络感知应用，实现网络和业务的深度融合。

目前，各大电信运营商的IP网络均已支持IPv6，SRv6核心协议基本具备商用能力，为SRv6规模部署提供新业务奠定了坚实的基础。SRv6技术创新和标准化主要包括以下两个方面。

一方面，SRv6基础特性包括SRv6网络编程框架、报文封装格式SRH，以及内部网关协议（Interior Gateway Protocol，IGP）、BGP/VPN、BGP链路状态（BGP-Link State，BGP-LS）、路径计算单元通信协议（Path Computation Element communication Protocol，PCEP）等基础协议扩展支持SRv6，主要提供VPN、流量工程（Traffic Engineering，TE）、快速重路由（Fast Re-Route，FRR）等应用。

另一方面，面向5G和云的新应用，包括网络切片、确定性时延、SD-WAN、组播等，要求SRv6具备强大的网络编程能力，在转发面封装新的信息以满足新业务的需求。随着SRv6技术和标准的逐渐成熟，基于全IPv6的SRv6/EVPN具备可编程、易部署、易维护、协议简化的特点，应用领域从骨干网、城域网向数据中心网络逐步扩展，可以有效统一云内网络、云间网络、入云网络的承载协议，提供云网一体化网络的综合承载方案，满足新业务对IP地址规模扩展需求，实现网络对多样化的新业务感知和智能传输，成为云网融合趋势下基于IPv6的核心网络技术和重要发展方向。

3.4.2 网络重构及连接技术

1. SDN/NFV

在全球ICT技术深度融合发展的趋势下，国内三大电信运营商在2016年和2017年相继发布《下一代网络架构白皮书》，旨在促使网络架构、网络运营模式、网络部署和服务方式的改变，充分发挥自身网络资源优势和提升行业竞争力。通信网络的演进和发展已进入智能化服务阶段，以IT化、软件化和虚拟化为特征的软件定义网络成为发展趋势，网络架

构和网元形态正在发生巨大变革，主要体现在网络控制与转发分离、网元软硬件解耦合虚拟化、网络云化和IT化等多个方面。

SDN/NFV 是云网融合下基础网络智能化的关键技术，实现网络资源灵活部署、业务流量端到端可视以及业务路径端到端可选等特性。SDN 是将网络的控制平面与数据转发平面进行分离，采用集中控制替代原有分布式控制，并通过开放和可编程接口实现软件定义的网络架构。NFV 是指利用虚拟化技术，采用标准化的通用 IT 设备（x86 服务器、存储和交换设备等）来实现各种网络功能，替代通信网中私有、专用和封闭的网元，实现统一的硬件平台和业务逻辑软件的开放架构。国内电信运营商网络重构的目标是积极运用网络转型和业务创新的技术手段，在现有网络注入以云计算、SDN、NFV 和开源软件技术为代表的网络智能化技术，以 DC 为核心构建新型的泛在、敏捷、按需的智能型网络，实现网络的统一规划、建设和集约化运营。

在网络云化初期，电信运营商将根据网络演进和业务发展趋势，结合技术演进、网络建设和运营维护的实际要求，统筹规划和按需实施机房基础设施 DC 化改造，重点在基础传送网和 IP 网络引入 SDN 技术，在核心网和城域网引入 NFV 技术，实现 5G 新建网元和宽带接入服务器（Broadband Remote Access Server，BRAS）、光线路终端（Optical Line Terminal，OLT）、基带处理单元（Base Band Unit，BBU）、IP 多媒体子系统（IP Multimedia Subsystem，IMS）、演进的分组核心网（Evolved Packet Core，EPC）等网元功能虚拟化部署和改造，不断推进云基础设施集约管理和云网协同，实现网络功能软件化、智能化和能力开放。在网络云化中远期，全网将实现各类网元的云化部署，虚拟化硬件资源基于 DC 承载，通过网络协同和业务编排实现新老网络的协同并提供端到端业务。电信运营商网络重构目标功能架构如图3-8 所示。

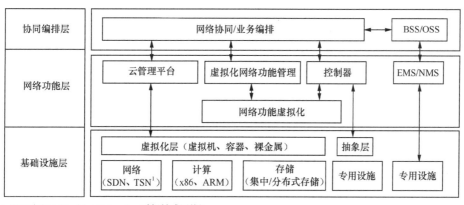

1. TSN（Time Sensitive Network，时间敏感网络）。

图 3-8　电信运营商网络重构目标功能架构

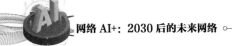

2. SD-WAN

SD-WAN 是将 SDN 技术应用到广域网场景中而形成的一种服务，可用于连接广域范围的企业网络、数据中心、互联网应用及云服务。基于电信运营商的网络基础资源及 SD-WAN 技术，可为企业用户提供一点访问云资源、统一管理广域网络的接入服务，保障网络的性能和可靠性、简化运维管理和降低成本。SD-WAN 解决方案具备以下 4 个特性。

（1）多种链路连接并动态选路

SD-WAN 将底层物理网络资源充分结合，例如，专线、互联网宽带、4G/5G 移动网络等，虚拟成一个资源池，并在此基础上构建 Overlay 网络，同时为了达到负载均衡或资源弹性，SD-WAN 可根据现网情况和网络需求动态选择最佳路径。

（2）快速灵活部署

SD-WAN 支持设备即插即用的快速部署，通过集中管理对部署在边缘的设备下发指定配置和策略，实现简化灵活部署。

（3）网络集中管理

SD-WAN 采用集中管理系统实现网络设备配置、WAN 连接管理、应用流量设置及网络资源利用率监控等，可以简化网络管理和故障排查。

（4）软件定义安全

SD-WAN 在 WAN 连接的基础上，利用开放的软件定义技术，支持集成防火墙、防入侵等安全产品的能力。

SD-WAN 总体技术架构包括数据转发层、控制层、业务编排层和服务层 4 个层面。

① 数据转发层。广域范围内存在物理设备或者虚拟设备，这些设备和连接这些设备的链路组成 SD-WAN 的数据转发通道，即数据转发层。该层具备网络资源虚拟化的部署能力；具备流表/标签/VLAN/虚拟路由转发（Virtual Routing Forwarding，VRF）等逻辑资源隔离的转发能力；具备可开放的网络功能调用的接口，支持控制层的集中管理和资源配置；具备网络边缘设备和广域 WAN 节点的区分，可以支持网络边缘设备选择不同的广域 WAN 节点，满足不同业务转发的质量要求。

② 控制层。控制层是 SD-WAN 的核心组成部分，通常包括两类主要功能：第一类功能是自动采集和获取数据转发层的网络拓扑、网络状态和网络资源数据，将物理网络资源抽象成可以独立提供给不同用户或应用的逻辑网络；第二类功能是对 SD-WAN 数据转发层的集中控制和管理，支持按照不同的用户或者上层应用需求，选择和配置不同的网络资源和路径，以提供高性价比且使用灵活的网络连接服务。

③ 业务编排层。SD-WAN（即业务编排层）通常支持各种底层网络功能的集成，提供业务数据的采集和统计，支持 SD-WAN 服务的计费话单、业务流量统计等数据的输出，核心特征是具备可开放的北向接口，支持用户服务、上层应用或者云应用的能力开放和调用。

④ 服务层。服务层是 SD-WAN 各类服务的展示层。对于电信运营商而言，可以提供可视化的 SD-WAN 网络资源的统一管理和控制，具备灵活的运维管理和运营服务能力；对于用户而言，可以提供可视化的业务管理视图，用户可以自主进行网络节点的管理和监控，自助开通、变更和关闭 SD-WAN 服务。同时，SD-WAN 服务层可以与用户的自有 IT 系统、应用系统对接，通过能力开放的应用程序编程接口（Application Programming Interface，API）或者软件开发工具包（Software Development Kit，SDK）支持各种 SD-WAN 应用的集成。

在云网融合发展趋势下，SD-WAN突破简单的广域网连接范畴，采用虚拟化技术和Overlay网络承载方式，基于软件定义网络技术实现弹性构建网络连接，利用业务流识别和业务链调度技术，对不同的业务数据流进行逐流和逐包的定制化处理，为企业便捷入云和云间互联提供差异化网络性能和服务保障，主要应用于企业云接入和多云互联场景。SD-WAN应用场景的全景如图3-9所示。

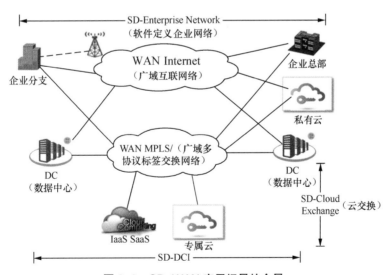

图 3-9　SD-WAN 应用场景的全景

在企业组网场景中，SD-WAN 通过在企业总部、各分支机构、企业数据中心部署支持SDN 集中管理控制用户驻地设备（Customer Premises Equipment，CPE），或者在企业的私有云、公有云环境下部署的 IT 系统中安装 vCPE（虚拟 CPE）软件，为企业提供独立的、可灵活调配资源的、自助式服务的组网解决方案。SD-WAN 通过 CPE 提供用户网络接入，通过 VxLAN 提供网络 VPN 通道，通过云中心 vCPE 提供用户网络组网服务及路由控制，通过业务及管理系统实现端到端业务部署及设备管理，完成云网一体化协同，提供连接服务、通信服务、云接入增值服务"一站式"云接入解决方案。此外，SD-WAN 还可以为采用多公有云的 IT 架构提供跨公有云服务商的云间互联。SD-WAN 本质上实现了 IT 和 CT 的深度融合，以网络连接服务化、定制化的形式打破云和网分离的界限，将在实现入云和云间互联，在云边协同、固移融合等应用场景中发挥重要作用。未来，SD-WAN 将向接口标准化、接入轻量化、管理协同化和智能化、安全集成化趋势发展，成为新一代云网融合信息基础设施的关键网络技术。

3. 多接入边缘计算

5G网络与云计算、大数据和人工智能等技术深度融合，实现人与人、人与物以及物与物之间的万物互联，成为各行业数字化和智能化转型的新型基础设施。5G采用控制和转发分离及服务化和模块化的网络架构，引入云原生、NFV/SDN和网络切片等关键技术，为MEC部署提供必要的网络基础和技术条件。MEC在靠近用户的网络边缘侧提供融合网络、计算、存储的云基础设施部署环境及网络和应用服务能力，将传统部署在云端的业务和服务功能迁移至移动网络边缘，缓存特定业务和热点内容、卸载用户端密集型计算和流量以及向用户开放网络和业务能力，推动电信运营商由单纯的管道提供商向云网融合的信息服务提供商转变。

在通信网络DC云化部署环境下，5G网络将基于DC构建云计算基础设施服务平台，从接入层到核心层逐步形成以无线接入云、边缘云、汇聚云和核心云为核心的云化网络架构。5G网络基站采用CU/DU架构，基于虚拟化技术部署在无线接入云或边缘云，核心网网元功能全面实现虚拟化和服务化，按需灵活部署在不同网络层次的DC中心，成为未来MEC部署的重要目标网络环境。在5G网络中，MEC采用分布部署方式与5GC网元协同规划部署，在用户面和控制面两个层面对接5GC网元功能。在用户面层面，MEC与5GC的用户平面功能（UPF）对接，UPF按需部署在网络的各个位置，UPF为MEC平台提供分流功能，实现承载的业务流与MEC应用和服务的对接。在控制面层面，MEC与5GC的网络开放功能（Network Exposure Function，NEF）、策略控制功能（Policy Control Function，PCF）、计费功能（Charging Function，CHF）对接，向MEC按需提供和开放5GC网络核心功能、网络策略控制和内容流量计费等能力。5G网络MEC部署实施架构如图3-10所示。

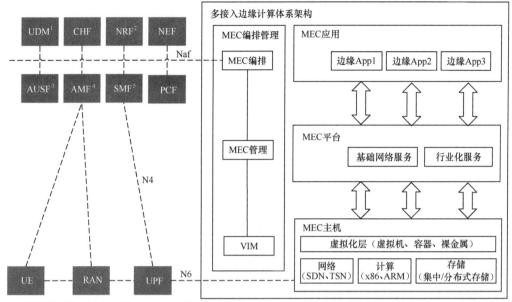

1. UDM（Unified Data Management，统一数据管理）。

2. NRF（Network Repository Function，网络存储功能）。

3. AUSF（Authentication Server Function，鉴权服务功能）。

4. AMF（Access and Mobility Management Function，接入和移动性管理功能）。

5. SMF（Session Management Function，会话管理功能）。

图 3-10　5G 网络 MEC 部署实施架构

在4G/5G 移动网络、固定宽带接入网络、Wi-Fi 无线接入网络等多网络长期共存和运营管理的挑战下，电信运营商将结合业务本地化部署、缓存加速和网络能力开放等业务需求，在网络边缘构建固移融合的多接入边缘计算平台，充分利用和发挥已有传输和CDN等固网资源，支持固定、移动和 Wi-Fi 等多网络接入，不断提升整体网络性能，实现多网灵活路由和能力开放、统一边缘平台和边缘加速、融合统一 CDN 资源共享等功能。固移融合的多接入边缘计算具备灵活的网络能力开放和新业务支持能力，可以部署在通信网络中综合接入机房、边缘 DC 和核心 DC，通过与移动和固定网络的连接和业务交互，可为多网络接入用户提供以跨网络连续性业务和一致性业务体验为特点的云网融合服务。

3.4.3　云网能力提升技术

1. 云计算资源池

云计算资源池以云计算为基础技术架构，按照按需服务的设计思路，构建统一的计算、网络、存储资源池，主要包括云计算资源、网络资源、存储资源以及相应的运营管理系统等建设内容。云计算资源池充分利用云计算技术，积极引入虚拟化技术、软件定义网络、软件定义存储等信息技术，提供统一的基础设施资源服务，实现资源的集中管理和统一调配，满足资源动态分配和应用快速部署需求。目前，云计算资源池技术应用的基本思路主要体现在以下 4 个方面。

① 灵活动态地提供不同配置的物理机和虚拟机资源，满足应用系统在不同业务场景下对计算资源的需求。

② 采用软件定义网络技术实现大二层组网和网络自动化配置，简化网络的运维管理，并以集中管理、分布服务模式提供 VDC/VPC 服务。

③ 引入软件定义存储技术，采用集中式存储和分布式存储架构，满足不同业务系统对每秒进行读写操作的次数（Input/Output Operations Per Second，IOPS）、时延等存储性能指标要求。

④ 采用开放、可控、易扩展的开源技术路线构建云管理平台，实现对云计算资源池的统一运营和管理。

（1）云操作系统

云操作系统包括虚拟化软件和云管理软件。这些软件可分为开源软件和闭源软件。其中，主流虚拟化软件包括 VMware vSphere、Microsoft Hyper-V、Xen、KVM 等，云管理平台主要包括 Vcenter、OpenStack、CloudStack 等。综合比较，闭源软件成熟、稳定、功能丰富、技术支持能力强，但成本较高且可扩展性低；开源软件投资少，易于满足个性化需求，总拥有成本远小于商业软件，但用户需要较强的实施和运维能力。

目前，国内主流厂家大多基于开源云管理软件 OpenStack 和虚拟化引擎 Xen 以及 KVM 开发商业版的云操作系统。综合考虑云操作系统的发展趋势、开放性、兼容性、扩展性、易用性、安全性、性价比，以及国内厂家技术支持程度等因素，云平台可以采用国产商业化 OpenStack 管理平台和开源虚拟化引擎产品作为云操作系统。

（2）云主机技术

云计算资源池应以虚拟服务器资源为主，但在系统新建或迁移的过程中，为满足不同业务系统对物理服务器部署的需求，在提供虚拟化计算资源的同时，还需要考虑物理服务器集群和分布式计算集群资源。云计算资源池应由虚拟服务器资源池、物理服务器集群、分布式计算集群 3 个部分组成。

① 虚拟服务器资源池主要为新建系统、迁移系统的应用/测试/门户/接口服务器及部分非核心系统的数据库服务器提供计算资源。

② 物理服务器集群主要是对虚拟服务器的补充，对于虚拟机无法满足却具有较高处

理能力、大数据量访问需求的业务，采用物理服务器集群部署。例如，大型联机事务处理（On-Line Transaction Processing，OLTP）关系型数据库，以及对于网络安全有严格要求的系统。

③ 分布式计算集群主要是针对业务系统需要 Hadoop 或 Spark 分布式计算的数据应用部署。

针对不同业务对计算性能和内存容量的需求，物理服务器和虚拟化服务器资源池可采用不同配置的宿主机来满足各种业务场景的实际部署需求。分布式计算资源池可采用基于 Hadoop 架构，由存储和管理服务器集群组成，在不中断业务的情况下，实现存储空间的大规模在线扩展，具备良好的容量在线扩展能力。

（3）云存储技术

云存储资源池应根据不同业务特性和需求，包括可靠性要求、可用性要求、时延要求、一致性要求、使用模式等，采用光纤通道（Fibre Channel，FC）存储区域网络（Storage Area Network，SAN）和 IP SAN 集中存储架构，以及 Server SAN 分布式软件定义存储架构实现分级存储，优化利用存储资源，降低存储投资成本。

① 虚拟机文件、事务型高并发、大输入/ 输出（Input/Output，I/O）核心数据库、面向实时处理的用户数据，响应及时性要求很高，宜采用 FC SAN 集中式块存储。

② 对时延要求不高，非核心应用系统的数据库和文件宜采用 IP SAN 集中式块存储或 Server SAN 分布式文件存储。

③ 面向互联网应用的海量数据，存储时间跨度长，对实时性要求不高，用于分析规律趋势、产品决策等非结构化的数据存储宜采用分布式对象存储。

根据业务系统对存储可靠性、IOPS、Cache 等优先级需求，集中式存储资源池可配置高端光纤磁盘阵列和中端磁盘阵列分别满足核心数据库和普通业务系统的存储要求。分布式存储资源池采用在通用服务器上部署分布式存储软件，配置高速串行计算机扩展总线标准固态硬盘（Peripheral Component Interconnect-express Solid State Disk，PCI-e SSD）和大容量串行先进技术总线附属接口（Serial Advanced Technology Attachment interface，SATA），以万兆网络实现 Server SAN 内部分布式并行存储架构，满足大容量文档资料、音视频、邮件附件等数据存储需求。

（4）云网络技术

为满足大规模云数据中心网络资源自动化部署要求，在云资源池内引入SDN技术，通过部署业务编排器、云管平台、SDN控制器等，提供数据中心云网络自动开通、灵活部署、智能管控等能力。SDN控制器可以实现对SDN交换机、SDN网关、虚拟交换机等数据转发设备的统一配置和管理,以及对网络资源的灵活调度。在部署方式上,SDN控制器可以与云管平台联合部署,通过云管平台统一管理云资源池内的计算、存储和网络资源,也可以通过业务协同编排器统一协调云管平台和SDN控制器,对数据中心内的资源统一编排和调度,实现云网一体化管控。

2. 云原生

云原生技术来自互联网企业对业务弹性和应用敏捷交付的追求,云原生计算基金会(Cloud Native Computing Foundation,CNCF)将云原生定义为一系列技术的集合,包括容器、微服务、服务网格、不可变基础设施与声明式 API。目前,业界一般认为的云原生技术包括容器、容器编排、微服务、无服务器、研发运营一体化(Development and Operation,DevOps)和智能运维技术。云原生架构具有以下典型技术特征。

(1)轻量级的容器

云原生应用程序是打包成轻量级容器的独立自治服务的集合,与虚拟机相比,容器可以实现更快速的扩展,可优化基础架构资源的利用率。

(2)松散耦合的微服务

同一业务的服务独立存在,通过微服务框架相互发现,可利用弹性基础架构和应用架构进行高效扩展。

(3)API 交互协作

云原生服务基于表示状态转移、远程过程调用、分布式的消息队列系统等轻量级 API 协议进行交互。

(4)最佳语言和框架

云原生应用程序和服务可以为特定功能选择最佳语言和框架,使用各种语言、运行时刻和技术框架。

(5)DevOps 流程管理

云原生应用程序通过敏捷的 DevOps 流程管理各项服务的生命周期,多个持续集成和部署的流水线可以协同工作,实现云原生应用程序部署和管理。

随着云计算领域技术的不断发展,云原生技术快速推动互联网和企业应用上云,国际上 CNCF 已经成为云原生的事实标准。云原生应用程序可以基于云平台简单快捷的扩展能力和硬件解耦特性,快速构建并部署到云平台上,具备灵活性、弹性和跨云环境的可移植性等优势。在云网融合发展的趋势下,CT 通信网络和 IT 应用的云原生同构技术不断演进,让云网融合有了可行的技术基础和业务创新空间，电信运营商在 Linux 基金会也成立了专门的云基础设施电信工作组（Cloud iNfrastructure Telco Task force，CNTT），全面推进云原生技术在网络云原生、云原生平台和应用、云原生运营支撑系统等各类通信行业云化场景的部署和应用，云原生技术成为电信运营商促进云网融合的核心技术和关键抓手。

在通信网络领域，5G网络服务化架构的部署实施促进网络云化向云原生架构方向发展，要求网络设计开发初期就采用云的思维、架构和技术，辅以人工智能技术，将云的弹性伸缩、快速迭代、智能运维的原生特性引入网络中，增强网络云化的灵活性和适应性，提高云资源利用率，缩短部署周期，提升迭代开发效率。网络云原生的目标基于容器技术，以微服务为服务对象，支持承载网元实现网络云原生化的快速开发、弹性扩展和智能运维。网络云原生架构的基础设施采用裸金属、虚拟机和容器等融合部署方式，集成智能运维、DevOps 和主流微服务框架，对网络功能进行微服务设计、容器化封装，通过编排和管理系统与现有业务支撑及网管系统融合对接，推动网络云化由网络功能虚拟化架构向网络云原生架构演进。面向网络云原生的功能架构如图3-11所示。

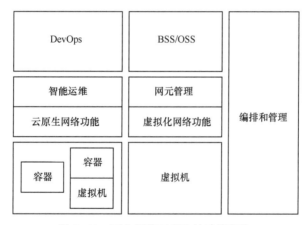

图 3-11 面向网络云原生的功能架构

在平台和应用领域，微服务、容器等代表性云原生技术让 DevOps 理念有了最佳的落地方案。电信运营商在云网融合应用场景中将自身的网络资源和全网调度能力转变为可灵活定制和交付的服务，在云原生技术栈下与用户和合作伙伴敏捷协作、快速整合资源，持续迭代和交付解决方案，打造开放共享的平台生态。基于 ONAP 框架的云网运营系统和面向 DevOps 的工具链集成具备云网融合、敏捷迭代、自服务和平台生态等特征，是实现从需求、开发、交付到运营监控的端到端敏捷交付平台和流程，为用户提供云网融合一体化产品解决方案。一方面，DevOps 工具链集成和平台将单个功能点的工具用接口设计、流程引擎、数据适配等方式整合为完整的服务平台，从而实现端到端的自动化流水线；另一方面，采用 Linux 开源的 ONAP，实现准实时的通信网络资源编排开通，为云网融合应用提供数字化和自动化接口，支撑云端融合应用的网络随选和分钟级业务开通。

3. 云网操作系统

云网操作系统是面向云网一体的软硬件资源的统一管理、操作和运营的系统，其构建在云网运营系统的基础上，具备云原生开发环境，能够提供云网智能、云网切片、云网内生安全等功能。

（1）云网智能

云网资源的多样性导致管理的复杂性不断增加，因此，需要一套类似的机制来实现云网的智能管理。云网智能通过应用大数据、人工智能等技术，实现对云网统一的资源管理、调度与运营，以及云网一体化运营的自适应、自学习、自纠错、自优化。具体来说，云网智能的关键技术包括以下 4 个方面。

① 数字孪生。通过感知、采集网络和云等资源的相关信息及运行状态，实现对云网物理资源的数字化动态映射，从而构建云网资源的数字孪生体，对云网运营的实时状态进行仿真和监测。

② 云网协同自愈。云网一体化后，云和网络资源的跨层、异构所带来的故障复杂性提高，需要构建智能化的网络故障自愈引擎，用于进行故障定位、原因分析、预测、优化、自愈等。

③ 自适应资源调度。针对百万级大规模异构资源，存在异构资源间的依赖度和匹配度要求高、调整后的均衡性难以保证等问题，需要采用人工智能来辅助提升大规模资源的匹配调度准确性，生成自适应智能规划和调度的策略与模型。

④ 随愿引擎。随愿引擎可感知用户需求和业务质量，将其自动转换为对于异构云网资源的要求，并自动完成相应的网络连接和IT 资源配置，通过实时的网络验证与优化，实现面向用户与业务服务的动态保障。

（2）云网切片

云网切片是在网络切片的基础上，充分考虑云资源的特性，基于不同的业务所需的网络特征、不同的流量流向所产生的网络实时需求，以及云资源的动态变化情况，将云资源与网络资源进行协同一体化管理、调度与优化，实现云网资源的端到端统一、隔离预留、云网连接的自动化建立与优化、云网服务能力的自动化提供等。具体来说，云网切片的关键技术包括以下 3 个方面。

① 统一编排。基于云网业务需求和云网运营需求，将用户/业务服务能力转换为面向云网异构资源的服务调用要求。同时，将云网资源实现一体化的抽象能力封装，从复杂的物理网络中抽象出简化的逻辑网络设备和虚拟网络服务，为异构的云网资源提供统一的网络服务抽象，从而实现云网资源的统一管理和调度。

② 云网感知。通过对异构资源的多样化感知采集手段，获取面向云网业务、用户、资源以及基础设施等的服务质量、网络质量、业务质量的相关信息，并基于一定的用户服务质量评价模型，实现对云网业务及网络实时质量指标体系的全面掌控。

③ 自适应调整。在云网服务感知、一体化编排能力的基础上，云网切片应具备对云网服务的自动化调整、优化、调度的能力：一方面基于云侧及业务应用的服务质量动态调整网络资源，优化网络路径；另一方面基于网络的流量分布情况动态选取合理的云资源布局，实现云网资源的最优化调度。

（3）云网融合安全

云网融合安全主要是保障云网融合的网络和信息的安全，保证其保密性、完整性、可用性、可控性和不可抵赖性，尤其是要解决云网融合面临的安全风险和挑战。云网融合安全的目标是构建"防御、检测、响应、预测"的自适应、自主化、自生长的内生安全体系，形成端到端的云网融合安全能力，满足云网融合自身的安全和面向用户提供的安全能力及服务需求，从而打造主动免疫的云网体系。具体来说，基于内生机制的云网融合安全的关键技术包括以下 3 个方面。

① 安全原子能力解耦、抽象及编排。基于软件定义安全（Software Defined Security，SDS）技术，构建安全资源池，实现安全功能软硬件解耦、原子安全能力的抽象和封装、安全服务链的编排。

② 构建安全智慧大脑。通过智能化安全能力协同、路径预测和强化学习决策、智能编排安全服务链，实现智慧协同；通过深度学习和神经网络、安全大数据挖掘计算、仿脑细胞异构算法群，实现智能计算；通过分布式威胁情报采集、多源威胁情报融合、多维度情报输出与共享，实现情报驱动。

③ 安全自主免疫能力。基于自适应安全架构，实现防御能力、检测能力、响应能力、预测能力的生成和协同，实现安全攻击的自我发现、自我修复、自我平衡，构建自主的安全免疫能力。

在网络侧，持续加强分布式拒绝服务攻击（Distributed Denial of Service，DDoS）监测防护、流量控制与调度、域名安全防护等网络原生的安全能力；在云侧，持续为用户提供安全防御、安全检测、安全响应及安全预测等一体化安全能力；在云网结合点，灵活提供具备云网融合特性的安全监测和防护能力，形成云网边端的纵深安全体系。

3.5 电信运营商的云网融合实践

3.5.1 概述

云网融合筑牢新型基础设施建设底座，赋能数字化转型，成为电信运营商打造"智能管道"业务的新路径，也将成为其增收的重要业务来源，助力政企业务新增长。电信运营商在云网融合大趋势下面临新的发展机遇。在资源优势方面，电信运营商拥有宝贵的频谱、号码等稀缺资源；在用户优势方面，电信运营商拥有庞大的用户群和掌握完整可控的用户信息；在网络和IT优势方面，电信运营商拥有强大的网络资源和大量DC，可有效整合昂贵的带宽、计算和存储资源，降低成本，同时拥有网络和IT资源控制权，可有效分配云服务，提供可用性、实时性、安全性和时延等云网SLA保障以及云网操作系统、云网切片等创新服务和技术形态。

电信运营商正在全面推进云网融合，将云网融合作为基础设施规划建设的重点，旨在打造"云-网-边"融合模式，向综合信息服务商转型。其中，中国电信提出"云改数转"战略、中国移动提出"数智云网"转型、中国联通提出以算网一体为特征的"云网融合2.0"。中国电信遵循"网是基础，云为核心，网随云动，云网一体"的原则，全面加快云改进程，构建"2+4+31+X+O"云资源布局体系，打造云边高度协同的MEC能力，为用户提供云边一体的综合数字化解决方案。中国移动结合"N+31+X"云资源池布局，提出"一朵云、一张网、一体化服务"的云网一体化策略，面向政企市场重构云网架构，持续打造"云-网-边"云网边行业专网，加速"云改"转型。中国联通则依托自身优势，与业界主流云服务提供商深入合作，构建面向政企用户的线上云网一体自服务平台，推出云联网、云组网、云专线等产品，为用户提供云网一体化解决方案，为政企用户提供数字化转型服务。

根据工业和信息化部统计数据，我国2021年累计建成开通5G基站142.5万个，推动共建共享5G基站84万个，实现覆盖全国所有地级市城区、超过98%的县城城区和80%的乡镇镇区，并向有条件、有需求的农村地区逐步推进。5G快速发展推动云网融合迈向新阶段，

5G成为当前电信运营商在云网融合领域的最佳实践。5G独立组网模式（Standalone，SA）采用服务化架构设计，云化部署实现按需扩/缩容，完整支持增强移动宽带（enhanced Mobile Broad Band，eMBB）、超高可靠和低时延通信（ultra Reliable and Low Latency Communication，uRLLC）、大规模机器类型通信（massive Machine Type Communication，mMTC）三大应用场景，从而快速响应用户和业务需求，网络切片、边缘计算等5G SA独有特性也为云网深度融合提供了重要契机和技术手段。面向行业数字化转型发展趋势，电信运营商将在云网产业政策、技术发展和业务需求的不同阶段，不断深化和实施新型信息基础设施建设，积极推进云网融合在各行业场景的应用。

3.5.2 中国电信

中国电信面向网络强国建设和数字经济发展需求，全面实施"云改数转"战略，加快云网新型基础设施建设，全力推进数据中心和5G网络建设，打造差异化云网能力和数字化平台，建立新一代云网运营体系，依托"5G+云网融合"基础设施，积极赋能内外部数字化转型。中国电信在推行"网是基础，云为核心，网随云动，云网一体"的云网融合发展实践中，在云网融合布局上形成四大独特优势：云的层次化布局、云边协同、网随云动和云网一体化安全。中国电信云网融合的愿景目标是通过实施虚拟化、云化和服务化，形成一体化的融合技术架构，最终实现简洁、敏捷、开放、融合、安全、智能的新型信息基础设施的资源供给。中国电信云网融合愿景架构如图3-12所示。

1. 云的层次化布局

中国电信正在实现"2+4+31+X+O"的云资源池布局。其中，"2"是两个覆盖全国的大规模中央数据中心；"4"是在京津冀、长三角、粤港澳、陕川渝4个重点区域部署区域节点；"31"是指31个省（自治区、直辖市）都有一个数据中心；"X"是指广泛分布的边缘节点，其部署于距离用户最近的接入层面，实现网随云动、入云便捷、云间畅达，满足用户按需选择和低时延需求；"O"是指海外节点，以布局海外业务。

2. 云边协同

中国电信依托全国超过6000个的边缘机房及5万个综合接入局所，部署广泛覆盖的边缘基础设施，按需就近部署边缘计算节点和UPF设备，充分发挥云边各自优势，打造便捷可靠的边缘服务能力，协同提供综合数字化解决方案。同时，中国电信还自研多边缘接入管理平台，满足各类能力接入，赋能各类行业应用。

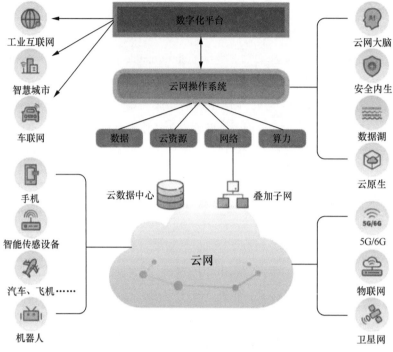

图 3–12　中国电信云网融合愿景架构

3. 网随云动

中国电信通过 Underlay 网络和 Overlay 网络协同，依托天翼云广泛分布的云资源节点和通达全球的丰富网络资源，为用户提供快捷组网、专线入云、多云互联的云网融合服务，在国内外部署网络服务节点，支持企业通过互联网、专线、4G/5G 移动网络等多种方式就近接入，提供基于互联网协议安全（Internet Protocol security，IPsec）技术和中国电信下一代承载网（Chinatelecom Next Carrier Network & Data Center Interconnection，CN2-DCI）的高安全通道，实现应用级别的 7 层流量精细化管控及全网的智能流量调度，可满足百万量级、单租户上万节点规模的并发承载需求。

4. 云网一体化安全

中国电信基于电信运营商网络安全优势，推出"云堤"抗 DDoS 产品，打造了涵盖终端安全、网络安全和云内安全的云网一体的安全能力。同时，中国电信大力发展安全产品和服务，加强安全产品市场化发展，加强信息化和安全融合赋能，通过合作打造安全产业生态。

3.5.3 中国移动

中国移动以加快推进数智化转型为目标，全面加强"云网+5G+DICT"信息基础设施建设，基于云、网、边缘计算能力，加快完善"N+31+X"云资源池布局，提升 IaaS、PaaS、SaaS 多样化产品服务能力；立足网络基础能力提升，不断提升网络大带宽满足流量爆发式增长需求，通过网络切片能力满足业务差异化 SLA 要求；面向业务渗透能力拓展，深入开展网络 SDN 能力建设，满足智能化需求，通过云网融合深度匹配业务发展，通过云网融合和云边协同打造差异化服务能力，为垂直行业应用提供一体化解决方案。中国移动云网协同一体化架构如图 3-13 所示。

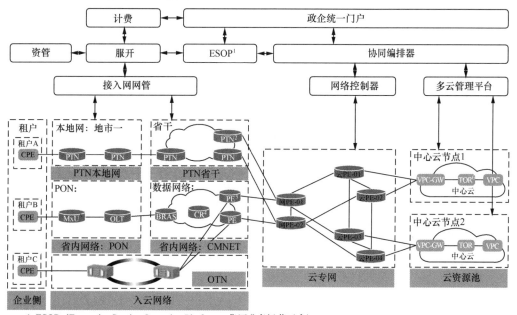

1. ESOP（Enterprise Service Operation Platform，集团业务运营平台）。
2. PTN（Packet Transport Network，分组传送网）。
3. MxU（Multi-Dwelling Unit，多用户居住单元）。
4. CR（Core Router，核心路由器）。
5. PE（Provider Edge，电信运营商边缘路由器）。
6. TOR（Top Of Rack，机柜顶端）。

图 3-13　中国移动云网协同一体化架构

中国移动着力构建"数智云网"新架构，以数字化、智能化为核心内涵，以"网是根基、云是中心、云网一体；智是内核，数是价值，融数注智"为核心理念，打造云网融合新型基

础设施，实现资源一体化供给。中国移动"数智云网"发展主要体现在以下 4 个方面。

1. 网是根基

中国移动建成全球最大的 5G 精品网络，打造全新 5G 业务能力；积极推动行业定制化标准制定，促进 5G 与行业深度融合；实现灵活带宽扩展的高速5G 回传和前传网络，打造超宽管道满足千兆 5G 带宽需求；持续提升有线宽带能力，打造"端到端千兆"固网；打造智能化光传送网络（OTN），向以云为中心的网络全面转型。

2. 云是中心

中国移动完善云计算资源池布局，扩大规模，提升产品，整合服务；推进网络云化，实现云网深度融合；提供云网一体化服务，从化网入云、云网协同、云网一体 3 个层级打造新型云网关系。

3. 智是内核

中国移动打造智慧中台，实现与业务中台、数据中台、技术中台协同发展，全面注智赋能；融智创新推出"九天"人工智能平台，实现平台上云，通过"一站式"的能力平台，在人工智能领域实现新的突破。

4. 数是价值

中国移动构建 5G 专网技术体系，利用网络切片、边缘计算、QoS 增强、专属上行、专属网元、公专融合、业务分流、频率协同、统一入口、能力开放、自主运维、按单组网十二大核心能力构建专网技术体系；深挖数字化能力，依托 5G 网络切片、边缘计算、行业专网等云网技术，打造 5G 行业应用示范标杆，在细分行业开展 5G 应用规模推广。

3.5.4 中国联通

中国联通深入落实"聚焦、创新、合作"战略，加快全面数字化转型，持续加强基础设施共建共享和存量资源优化共享，5G 网络演进全网支持SA，推动网络切片、uRLLC、5G专网、MEC商用，加速网络SDN化、NFV化、云化和智能化。2015年，中国联通发布《新一代网络架构白皮书（CUBE-Net 2.0）》，打造面向云端双中心的集约解耦型网络架构，形成云网一体化服务。2016年，中国联通打造面向多云连接的云联网产品，构建起包含广域IP网与智能城域网的新一代承载网基础设施，实现用户便捷入云、云间互联及弹性连接服务。2020年，中国联通将由以云网协同为特征的"云网融合1.0"发展阶段向以算网一体为标志的"云网融合2.0"发展阶段演进。中国联通算网一体架构与组网架构如图3-14所示。

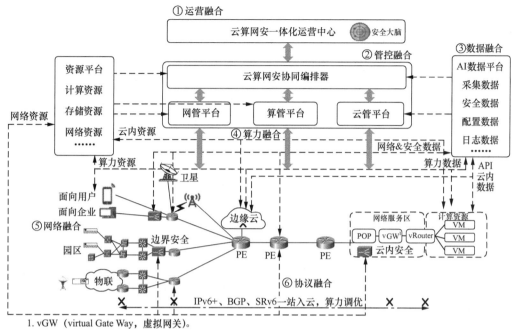

1. vGW（virtual Gate Way，虚拟网关）。

图 3-14　中国联通算网一体架构与组网架构

在"云网融合 1.0"发展阶段，中国联通为适应企业上云需求，打破传统网络中云和网独立的现状，基于 SDN、NFV 和云化技术，面向中心云提供云网协同服务，实现云计算和网络服务的一体化提供，但并未在网络架构上实现融合。在"云网融合 2.0"发展阶段，面对行业对算力需求的快速增长，网络需要面向人工智能和产业数字化，提供泛在算力服务和确定性连接服务，重点构建算力网络来提供算网一体服务，构建确定性网络为行业应用和视频业务提供确定性定制服务，以及打造"全光底座"来实现高品质承载和云光一体服务。

中国联通立足 5G，放眼 6G，融入云原生、边缘计算、人工智能、内生安全等新的技术元素，强化要素深度融合，构建支撑经济社会数字化转型的新一代云网融合数字基础设施。中国联通"云网融合 2.0"基本特征主要包括通过算网一体实现深层次的云网融合，通过云光一体实现高质量的云网融合，通过端到端确定性云网服务赋能产业数字化，并依托自主研发的云网大脑实现智能管控与运营。中国联通未来将积极发展SDN/NFV，在网络中引入 AI、SRv6 技术，增强网络对应用与算力的感知能力，保障业务端到端的确定性，实现网络无损传输，为"云-边-端"算力高效协同提供更加智能灵活的管控和调度能力和服务，有效降低网络时延、网络传送和计算服务成本。

3.6　总结与展望

随着 5G 应用的快速渗透、科学技术的新突破、新技术与通信技术的深度融合，面向 6G 的全新应用场景将对网络的服务形式、性能指标、部署与发展提出更高要求，DOICT[1] 的融合也将驱动网络架构变革和云网能力升级。云网融合基础设施将逐步构建和形成以接入云、转发云和控制云为主体的云化网络架构。未来，云网融合的创新发展方向基于特定的用户类型、业务场景、服务质量、网络安全、运营维护等要求，利用 AI 网络切片实现资源调度精细化、自动化和自优化，面向全场景提供统一架构、按需扩展、智能自治、算网一体、内生安全的确定性网络和算力资源服务。

面向智慧园区、云游戏、内容缓存、视频监控、工业物联网、AR/VR、车联网等典型业务应用场景需求，电信运营商将基于统一规划的通信云资源池在网络边缘规模部署多接入边缘计算平台和应用，通过构建基于"云-网-边"深度融合的算网一体智能网络，支持云网、云边、边边之间的多级算力分配和灵活调度，根据业务需求在"云-网-边"之间按需分配和灵活调度计算资源、存储资源和网络资源，实现算网资源的统一管控和弹性调度，提供确定性业务时延保证和智能自治网络能力，充分发挥云网融合在海量连接和管理、"云-网-边-端"协同和智能、统一运营管理和服务、云网融合安全等方面的能力优势，为多种网络接入提供统一承载和服务，有效降低网络建设和维护成本，提高网络的运营效率，促进新型网络和业务的创新，实现生态系统开放和产业链的健康发展，加速经济社会的网络化、数字化和智能化进程。

参考文献

1. 中国电信集团公司.中国电信云网融合 2030 技术白皮书[R]. 2020.

2. 云计算开源产业联盟.云网融合发展白皮书（2019）[R]. 2019.

3. 云计算开源产业联盟.云网融合产业发展白皮书第一部分 云计算与 SD-WAN[R]. 2018.

4. 云计算开源产业联盟. 云网产业推进方阵.云网产业发展白皮书第一部分：云网络（2021）[R]. 2021.

5. 云计算开源产业联盟.云原生技术实践白皮书（2019）[R]. 2019.

1　DOICT：Data、Operation、Information、Communication、Technology，数据技术、运营技术、信息技术和通信技术。

6. 中国移动通信有限公司研究院.2030+愿景与需求白皮书（第二版）[R]. 2020.

7. 中国移动通信有限公司研究院.2030+网络架构展望（2020）[R]. 2020.

8. 中国移动通信有限公司研究院.2030+技术趋势白皮书[R]. 2020.

9. 中国联合网络通信有限公司研究院.中国联通CUBE-Net 3.0网络创新体系白皮书[R]. 2021.

10. 中国联合网络通信有限公司研究院等.云网融合向算网一体技术演进白皮书[R]. 2021.

11. 中国联合网络通信有限公司研究院.中国联通 6G 白皮书（V1.0）[R]. 2021.

12. 王江龙，雷波. 5G 步入快车道 加速推进云网融合[J].通信世界，2020（15）:39-40.

13. 王江龙，雷波，解云鹏，等.云网一体化数据中心网络关键技术[J].电信科学，2020，36（4）: 125-135.

14. 史凡.SD-WAN 助力 5G 和云网融合发展[J].通信世界，2020（21）:25-26.

15. 史凡.对云网融合技术创新的相关思考[J].电信科学，2020，36（7）:63-70.

16. 李伟达，王旭亮.发挥5G+云网融合优势 中国电信为传统产业赋能注智[J].通信世界，2020（21）:13-14.

17. 陆钢，陈长怡，黄泽龙，等.面向云网融合的智能云原生架构和关键技术研究[J].电信科学，2020（9）:67-74.

18. 陈泳，姚文胜，陈靖翔，等.基于云原生技术敏捷交付云网融合应用[J].电信科学，2020，36（12）:96-104.

19. 马培勇，吴伟，张文强，等.5G承载网关键技术及发展[J].电信科学，2020，36（9）:122-130.

20. 张磊，陈乐.云数据中心网络架构与技术[M].北京：人民邮电出版社，2020.

第4章 B5G/6G

4.1 3GPP标准化计划

3GPP 在关于 5G 系列标准研究工作中，Release-14、Release-15、Release-16 标准的制定已经完成，目前，正在开展 Release-17 标准的制定工作。

Release-14 完成的主要工作是 5G 系统框架和关键技术研究，Release-15 是 5G 标准的第一个基础版本，Release-16 是 5G 标准的第一个完整版本。

Release-15 作为第一阶段的 5G 标准版本，按照时间先后分为 3 个部分，目前已全部完成并冻结。

第一阶段：即支持 5G 非独立组网（Non-Standalone，NSA）模式，系统架构采用 Option 3 模式，对应的规范及 ASN.1 在 2018 年第一季度冻结。

第二阶段：即支持 5G 独立组网（Standalone，SA）模式，系统架构采用 Option 2 模式，对应的规范及 ASN.1 分别在 2018 年 6 月和 2018 年 9 月冻结。

第三阶段：2018 年 3 月，在原有 Release-15 NSA 与 SA 的基础上，进一步拆分出第三部分，主要包括电信运营商升级 5G 需要的系统架构 Option 4 与 Option 7、5G 新空口（New Radio，NR）双连接等。第三阶段标准的冻结时间比原计划延迟了 3 个月，2019 年 3 月完成冻结，其 ASN.1 完成时间顺延至 2019 年 6 月。

Release-16 作为 5G 第二阶段的标准版本，在 2020 年 7 月冻结。Release-16 主要关注垂直行业应用及系统整体性能提升。Release-16 标准的主要内容包括面向智能汽车交通领域的车辆对外界的信息交换（Vehicle to Everything，V2X）、工业物联网（Industrial Internet of Things，IIoT）和超高可靠超低时延通信（uRLLC）增强，增加了可以在工业厂区全面替代有线以太网的 5G NR 能力（例如，时间敏感网络、5G 局域网等）。另外，在定位增强、多输入多输出（Multi Input Multi Output，MIMO）增强、功耗改进等方面，也进行了系统性能的提升与增强。

Release-17 标准研究工作已经启动，由于全球疫情的影响，所以其冻结时间将推迟到 2022 年第二季度。Release-18 标准研究工作在 2021 年启动，预计于 2023 年冻结，Release-17/Release-18 阶段可称为后 5G（B5G）标准。Release-17/ Release-18 标准主要功能包括面向未来演进的移动宽带、固定无线接入、工业物联网、车联网、扩展现实（Extended Reality，XR）、大规模机器通信、无人机与卫星接入的演进空口与增强功能。

根据 3GPP 时间计划，6G 技术研究和标准制定，预计在 2024—2025 年，即在 Release-19 阶段，正式启动 6G 标准需求、结构与空口技术的可行性研究工作，预计在 2026—2027 年，即在 Release-20 阶段，完成 6G 空口标准技术规范制定工作。

4.2 R16特征

Release-15在制定过程中，力求以最快的速度产出"能用"的标准，从而实现5G基本功能，因此，整体上Release-15标准并不完整。Release-16是对Release-15版本的增强，各项功能实现了从"能用"到"好用"。Release-16主要围绕新能力的拓展、现有能力的潜力挖潜和运维降本增效等方面开展标准化研究工作，以便进一步增强5G服务垂直行业应用的能力。

1. 新能力拓展

① 时间敏感网络（Time Sensitive Networking，TSN）基于 5G uRLLC 的低时延、高可靠能力，满足 TSN 架构四大功能需求：时间同步、低时延传输、高可靠性和资源管理。5G 与 TSN 融合后，可通过 5G NR 无线网替代工业厂区内的有线网络，使工业可以实现更加柔性化的生产。

② 非公共网络（Non-Public Network，NPN）也称5G专网。NPN是基于3GPP 5G系统架构的专用网络，主要面向垂直行业进行部署。NPN包括两种部署方式：独立部署和非独立部署。在独立部署模式下，独立部署"基站—核心网—云平台"整个5G网络，可以实现与电信运营商5G公网物理隔离。在非独立部署模式下，基于5G网络切片技术，可与电信运营商共享无线接入网（Radio Access Network，RAN），共享核心网控制面，或共享整个端到端5G公网（即端到端网络切片）。

③ 免许可频段的 5G NR（5G New Radio in Unlicensed Spectrum，5G NR-U）是工作在

5GHz 和 6GHz 非授权频段的 5G NR，包括两种工作模式：授权频谱辅助接入（Licensed Assisted Access，LAA）NR-U 和独立组网 NR-U。LAA NR-U 将电信运营商 NR 授权频谱作为锚点，"聚合"非授权频段，以利用未授权频谱资源增强电信运营商网络容量和性能；SA NR-U 不需要授权频谱做锚点，可独立在非授权频谱上部署单个 5G 接入点或 5G 专网。

④ 5G V2X。蜂窝车联网（Cellular-V2X，C-V2X）旨在把车联到网络，实现车与外界的信息交换，包括车辆与网络（Vehicle to Network，V2N）、车辆与车辆（Vehicle to Vehicle，V2V）、车辆与道路基础设施（Vehicle to Infrastructure，V2I）和车辆与行人（Vehicle to Pedestrian，V2P）。

⑤ NR 定位。Release-16 版本中提升了定位精度：对于 80% 的 UE，水平定位精度室内小于 3 米、室外小于 5 米，垂直定位精度室内和室外都小于 3 米。

2. 现有能力挖潜

① uRLLC 增强。通过更低码率、更灵活的帧结构、重复传输、分组数据汇聚协议（Packet Data Convergence Protocol，PDCP）复制等多项技术进一步增强 uRLLC 性能，从而实现超过 99.9999% 的可靠性保障。

② 两步随机接入。Release-15 中随机接入过程是一个四步过程，即随机接入前导码（Random Access Preamble）、随机接入响应（Random Access Response）、定时传输（Scheduled Transmission）、竞争解决方案（Contention Resolution），而 Release-16 将上述四步过程简化为两步：将第一步和第三步进行了合并，第二步和第四步进行了合并，这样极大地降低了空口时延和控制信令开销。

③ 5G NR 集成无线接入和回传（Integrated Access and Backhaul for NR，IAB）。通过扩展 NR 以支持无线回传来替代光纤回传，可以作为移动中继基站使用，IAB 技术尤其适用于 5G 毫米波频段。毫米波通信需要部署密集的微站，使用 IAB 无线回传替代光纤，极大地降低了部署的难度和成本。

④ 移动性增强。在 Release-15 中，终端发生小区切换会导致通信中断；NR 高频段通信需要进行波束扫描，这可能导致切换中断的时间比长期演进（Long Term Evolution，LTE）更长。Release-16 采用了双激活协议栈（Dual Active Protocol Stack，DAPS）技术，允许移动终端在切换时始终保持与源小区连接，直到与目标小区开始进行收发数据为止。其原理类似码分多址（Code Division Multiple Access，CDMA）网络中的软切换。

3. 运维降本增效

Release-15 中的若干基础功能在 Release-16 中得到持续增强，显著提升小区边缘频谱效率、切换性能，使终端更节能等。Release-16 引入新节能功能，例如，唤醒信号（Wakeup Signal）、增强跨时隙调度、自适应 MIMO 层数量、UE 省电辅助信息等。

4.3　R17展望

在 2019 年 12 月召开的 3GPP RAN#86 会议上，3GPP 明确了 5G NR 技术进一步演进路线，批准了 Release-17 研究内容，主要涉及 RAN1、RAN2 和 RAN3 的相关工作，具体包括物理层、无线协议和无线体系架构增强等。

RAN1 物理层研究工作已于 2020 年年初启动，RAN2 和 RAN3 无线协议和无线体系结构研究工作已在 2020 年第二季度启动。Release-17 总体时间计划如图 4-1 所示，在 2020 年 12 月，3GPP 将 Release-17 的冻结时间推迟了半年。

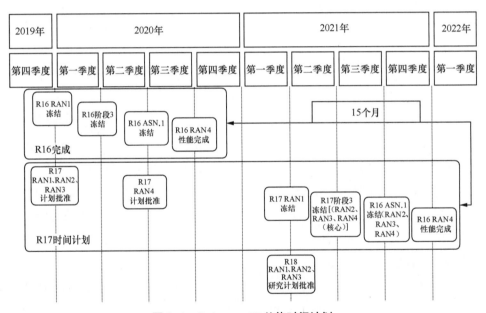

图 4-1　Release-17 总体时间计划

4.3.1　RAN1

从 2020 年 1 月开始，RAN1 聚焦在以下几个方面开展研究工作：MIMO、频谱共享增强、终端节能、覆盖增强等。另外，RAN1 还开展其他方面的研究和标准化工作，

以增强物理层能力，从而支持 52.6～71GHz 频段。Release-17 RAN1 研究时间如图 4-2 所示。

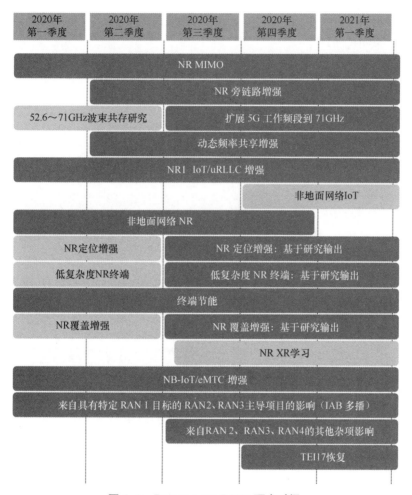

图 4-2　Release-17 RAN1 研究时间

3GPP 面向 Release-17 还批准了其他方向的研究内容，以满足各种垂直行业应用的需求，主要包括以下内容。

① 定位增强，以满足室内工业应用对于定位精度和时延的要求。

② 5G NR 增强，以满足非地面接入（Non-Terrestrial Networks，NTN）、卫星和高空平台的需求。

③ 开展物联网初步研究，从而为卫星网络支持窄带物联网和增强型机器类型通信业

务应用奠定基础。

④ 增加新的功能，以便支持性能能力较低的 5G NR 设备，从而满足某些商业和工业领域的需求。

4.3.2　RAN2

RAN2 面向 5G NR 无线协议增强的研究工作，在 2020 年第二季度启动。5G NR 无线协议增强将为新增的物理层驱动功能提供必要的协议增强支持。Release-17 RAN2 研究时间如图 4-3 所示。

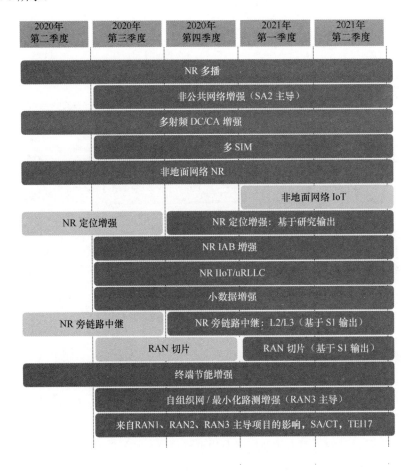

图 4-3　Release-17 RAN2 研究时间

从 2020 年 4 月开始，RAN2 开展了以下方面的研究工作：多无线电双连接/载波聚合增强、IAB增强、小数据传输增强、终端节能增强、自组织网络/最小化路测（Minimization of Drive Test，MDT）增强。另外，3GPP 还将开展其他方面的研究工作，具体如下。

① 增加对多播传输的支持，重点关注单小区多播功能以及向多小区的演进路径。

② 多用户识别（Multi-Subscriber Identity Module，Multi-SIM）增强，目前，Multi-SIM 设备是基于 LTE 专有方案实现的，为了在 5G NR 中实现更有效和可预测的 Multi-SIM 操作，RAN2 将开展相关的标准化增强工作。

4.3.3　RAN3

RAN3是面向无线体系架构增强方面开展的研究工作，从2020年第二季度开始。Release-17 RAN3研究时间如图4-4所示。

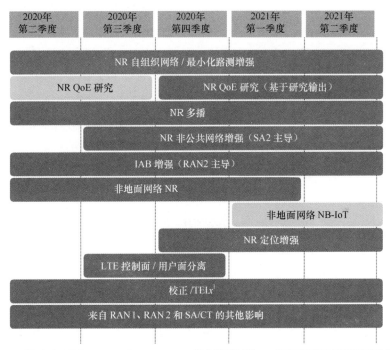

1. TELx[TEL（Technical Enhancements Improvements，技术增强改进），x 表示不确定]不特指某项技术。

图 4-4　Release-17 RAN3 研究时间

关于 5G NR 无线架构，3GPP 通过对基站设备进行拆分，将控制平面（Control Plane，CP）和用户平面（User Plane，UP）分离，集中控制单元和分布控制单元分离，从而使 5G 无线架构的通用性得以进一步提升，同时 RAN3 还将增加对 LTE CP-UP 分离的支持。

4.4 6G愿景目标

4.4.1 网络愿景

我国IMT-2020（5G）推进组提出了 5G愿景：5G要实现光纤般的接入速率、"零"时延的使用体验、千亿设备的连接能力、多场景的一致服务、业务及用户感知的智能优化、超百倍的能效提升和比特成本降低。为了支撑上述愿景，5G制定了具体的网络性能指标。相对于 4G网络，不论网络的性能指标还是效率指标，5G网络都有极大提升。

6G愿景是为了满足 2030 年及以后的信息社会需求，因此，6G愿景应该是 5G不能满足而需要进一步提升的需求。目前，国际标准化组织（International Organization for Standardization，ISO）还未公布 6G愿景，但可以预测，6G总体愿景将是基于5G愿景的进一步扩展。目前，全球部分研究机构基于自己的研究成果，将 6G愿景概括为 4 个关键词："智慧连接""深度连接""全息连接""泛在连接"，而这 4 个关键词共同构成"一念天地，万物随心"的 6G总体愿景。

① "一念天地"中的"一念"一词强调实时性，是指无处不在的低时延、大带宽的连接，这类似于 5G 愿景中的光纤般的接入速率、"零"时延的使用体验。

② "念"还体现了思维与思维通信的"深度连接"，其特征可以概括为深度感知、深度学习、深度思维。

③ "天地"对应"空-天-地-海"无处不在的"泛在连接"，其特征可以概括为：全地形、全空间立体覆盖连接，即"空-天-地-海"随时随地的连接，或称为"空-天-地-海"一体化通信。

④ "万物随心"是指万物为智能对象，能够"随心"所想而智能响应，即"智慧连接"，其特征可以表现为通信系统内在的全智能化，网元与网络架构的智能化，连接对象的智能化（终端设备智能化），承载的信息支撑智能化业务；呈现方式也将支持"随心"的无处不在的沉浸式全息交互体验，即"全息连接"，其特征可以概括为全息通信、高保真 AR/VR、随时随地无缝覆盖的 AR/VR。

6G 网络愿景中的"智慧连接"可以认为是 6G 网络中的大脑和神经；"深度连接""全息连接"和"泛在连接"三者构成 6G 网络的躯干。这些特性共同使 6G 网络成为拥有"灵魂"的有机整体。6G 网络将会真正实现信息突破时空限制、网络拉近万物距离，实现无缝

融合的人与万物智慧互联，并最终达到"一念天地，万物随心"的 6G 总体愿景。

4.4.2 面临挑战

6G 网络要实现以"智慧连接""深度连接""全息连接""泛在连接"为内涵的"一念天地，万物随心"的总体愿景，将面临以下挑战。

1. 太比特

对于移动通信系统性能，用户关注最多，也最容易感知的是峰值速率。峰值速率是业界一直追求的关键技术指标之一。毫无疑问，这一指标也必将是 6G 网络需要重点关注的指标。移动通信系统峰值速率的增长服从指数分布，可以预见 2030 年可能达到Tbit/s级别的峰值速率，从而移动通信进入太比特时代。另外，为了满足未来高保真沉浸式AR/VR业务需求，在满足Tbit/s峰值速率的前提下，还需要较低的交互时延，这些都将是 6G网络需要面对的巨大挑战。

2. 更高能效

6G网络将拥有超高吞吐量、超大带宽、超海量无处不在的无线节点，这些都将对能耗带来前所未有的巨大挑战。虽然系统频谱效率的提升、频谱带宽的增大可以提升网络吞吐量，但随之而来的能效问题将会更加严重，需要尽可能降低每比特的能量消耗。另外，无所不在的感知网络传感器将带来巨大的总能耗需求和无处不在的能量供给需求，这些都将是 6G网络需要面临的功耗挑战。

3. 随时随地的连接

随着科学技术的进步，人类活动空间将进一步扩大，活动区域涉及高空、外太空、远洋、深海；通信节点，尤其是物联网节点的分布范围将远超人类的主要活动区域。

通信网络已经和人类的社会活动密不可分，未来需要构建一张无所不在（覆盖"空-天-地-海"）、无所不连（万物互联）、无所不知（借助各类传感器）、无所不用（基于大数据和深度学习）的网络，满足通信网络的终极通信目标，即任何人（Whoever）在任何时间（Whenever）任何地点（Wherever）可与任何人进行任何形式（Whatever）的通信及信息交互。这些都要求 6G 网络能真正满足随时随地的连接及交互需求。

4. 全新理论与技术

为实现 6G 极具挑战性的"一念天地，万物随心"愿景，需要新增更多可用的频谱资源，同时也需要在一些基础理论与技术上有所突破，具体包括全新信号采样机制、全新信道编码与调制机制、太赫兹通信理论与技术、人工智能与无线通信结合的技术等。

5. 自聚合通信架构

为了更好地支持万物互联及垂直行业应用，6G 应该具有动态融合多种技术体系，具备对不同类型网络智能动态地自聚合的能力。虽然 5G 能够一定限度地适应不同类型的网络，但只能采用静态或半静态组合方式。6G 将需要实现以更加智能灵活的方式聚合不同类型的网络，以动态自适应地满足复杂多样的场景及业务需求。

6. 非技术性因素挑战

未来 6G 若想顺利落地实现，不仅要面临上述技术性问题，还需要克服诸多非技术因素的挑战，主要涉及行业壁垒、消费者习惯和政策法规等问题。

相对 5G 网络，6G 将会更加全面地渗透社会生产、生活的各个方面，与其他垂直行业的结合也将更加紧密。这意味着移动通信不再局限于自己的领域，需要和其他垂直行业/领域紧密配合。但是一些传统行业固有的行为方式或利益关系将会对移动通信的进入直接或间接地设置行业壁垒。

频谱分配与使用规则是另一个非技术限制因素。例如，6G 太赫兹频段的使用，一方面需要全球不同国家和地区协调分配，尽可能分配统一的频段范围，另一方面需要考虑与该频谱的其他领域使用者协调。

卫星通信将面临更多的政策法规限制：一是卫星通信所用的轨道资源、频谱资源等都需要各个国家和地区协商解决；二是相对于传统的地面通信，卫星通信在全球漫游切换方面将面临更大的挑战。

移动通信在进入众多特点不同的垂直行业后，不得不面对差异化极大的用户使用习惯。如何更快地改造这些千差万别的垂直行业用户固有的思维方式和习惯，尽快适应全新的行为方式与规则，将是一个极具挑战的问题。

4.4.3　关键目标

基于对"2030+"全新应用场景的预测和新的业务模式分析，可以推导出不同场景下的网络性能指标的需求。例如，在全息通信中，一张全息照片的文件大小为 7～8GB，约为 56～64Gbit，如果视频也是同样的清晰度，考虑 30 帧每秒，则折算速率需求为 1.68～1.92Tbit/s，达到 Tbit/s 量级；5G 定义的 ITU 指标仅支持下行 20Gbit/s、上行 10Gbit/s 的峰值速率；飞机上的终端移动速度将超过 1000km/h，需要满足超高速移动下的超高安全性和超高精度定位需求；5G 网络的 ITU 指标仅支持 500km/h 的移动速度，对安全和定位经度没有定义。诸如此类，对于"2030+"的应用场景带来的指标需求，仅依靠 5G 现有的网络和技术是难以实现的。

因此,一方面需要推动5G技术的演进发展,在现有5G能力指标基础上,尽可能提升关键性能指标需求;另一方面需要为6G网络提供比5G更全面的性能指标,例如,超低时延抖动、超高安全性、立体覆盖、超高定位精度等。

由于全球6G技术还处于预研阶段,标准化工作还未开始,所以国际标准化组织还未给出6G网络关键技术能力。

2019年3月,全球首届6G无线峰会在芬兰举行,会后发布了全球首份6G白皮书,即《6G无线智能无处不在的关键驱动与研究挑战》,该白皮书提出了6G愿景目标。6G愿景目标如图4-5所示。

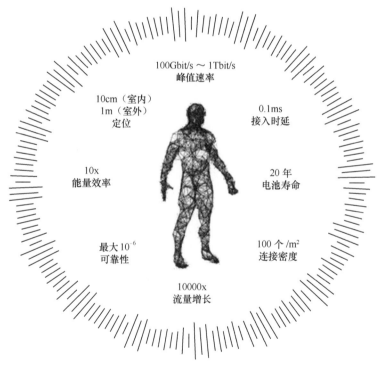

图 4-5 6G 愿景目标

韩国三星集团在 2020 年 7 月 14 日发布了 6G 白皮书,在 6G 目标方面,三星集团认为要达到 1000Gbit/s 的峰值数据速率、用户体验速率达到 1Gbit/s、小于 100μs 的空口时延,与 5G 相比,能效达到 2 倍、频谱效率达到 2 倍,每平方千米内有 10^7 个设备连接。三星集团的 6G 愿景目标如图 4-6 所示。

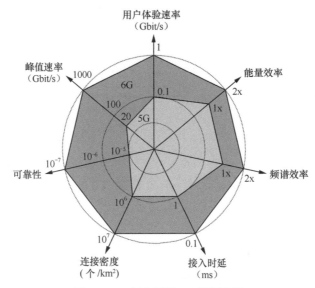

图 4-6　三星集团的 6G 愿景目标

赛迪智库无线电管理研究所于 2020 年 3 月发布了《6G 概念及愿景白皮书》。该白皮书给出了 6G 与 5G 关键能力的对比。6G 与 5G 网络关键性能指标对比（预测）见表 4-1。

表 4-1　6G 与 5G 网络关键性能指标对比表（预测）

指标	6G	5G
速率指标	峰值：100Gbit/s～1Tbit/s 用户体验速率：x Gbit/s	峰值速率：10～20Gbit/s 用户体验速率：0.1～1Gbit/s
时延指标	0.1ms，接近实时处理海量数据时延	1ms
流量密度	每平方千米达到 100～10000Tbit/s	每平方千米达到 10Tbit/s
连接数密度	最大连接数密度可达 1 亿个连接/平方千米	100 万个/km²
移动性	大于 1000km/h	500km/h
频谱效率	每赫兹 200～300bit/s	每赫兹可达 100bit/s
定位能力	室外 1m，室内 10cm	室外 10m，室内几米甚至 1m 以下
频谱支持能力	常用载波带宽可达到 20GHz，多载波聚合可能实现 100GHz	Sub6G 常用载波带宽可达 100～200MHz；毫米波频段常用载波带宽可到 400～800MHz
网络能效	每焦耳可达到 200bit/s	每焦耳可达到 100bit/s

根据上述相关数据，6G 流量密度指标提升可达千倍，而在 5G 时代关注较多的速率指

标和连接密度指标提升将近百倍，时延进一步降低，可以达到 0.1ms 量级。整体来说，6G 网络的关键能力在 5G 提出的大带宽、大连接、低时延 3 个应用场景指标要求的基础上，网络性能进一步提升，可以支撑更广泛的业务需求。

4.5 6G研究进展

4.5.1 标准化组织

1. ITU

目前，ITU 尚未制定 6G 相关标准，但资料显示，2019 年 5 月，ITU 讨论过 IMT-2030 标准，认为 IMT-2030 网络旨在提供革命性的新的用户体验，每用户连接速度在 Tbit/s 范围内，并且提供一系列全新的感官信息，例如，触觉、味觉、嗅觉等。

IMT-2030 将是一个由多种不同网络构成的混合网络，包括固定网络、移动蜂窝、高空平台、卫星和其他待定义的网络。

（1）ITU 聚焦 2030 网络的研究

2018 年 7 月，ITU 第 13 研究组在瑞士日内瓦举行的会议上成立了网络 2030 焦点组（FG NET-2030），旨在探索面向 2030 年及以后新兴的 ICT 网络需求，以及 IMT-2030 系统的预期进展，包括新的媒体数据传输技术、新的网络服务和应用及其使能技术、新的网络架构及其演进。该研究统称为"2030 网络"，计划从广泛的角度探索新的通信机制，不受现有的网络范例概念或任何特定的现有技术的限制，包括完全向后兼容的新理念、新架构、新协议和新的解决方案，以支持现有应用和未来的新应用。

网络2030焦点组由中国的华为、美国的Verizon和韩国电子通信研究院联合提案发起，得到来自中国、美国、俄罗斯、意大利等国家的支持。网络2030焦点组将与其他标准制定组织合作，包括欧洲电信标准协会（ETSI）、计算机协会数据通信专业组（ACM SIGCOMM）和电气电子工程师学会通信协会（IEEE ComSoc）等。网络2030焦点组作为研究和改进国际联网技术的平台，将研究 2030 年及以后的未来网络架构、需求、用例和网络功能，具体研究涉及的内容如下。

① 研究、审查和调查现有技术、平台和标准，以明确 2030 网络的差距和挑战。

② 制定 2030 网络的各个方面标准，包括愿景、需求、架构、应用、评估方法等。

③ 提供标准化路线图指南。

④ 2030 网络专注于固定数据通信网络。

网络 2030 焦点组成立至今已经成功召开了多次全会，来自电信运营商、服务提供商、设备商、学术界等多家单位的代表积极踊跃出席会议，对该焦点组的工作及面向2030年的未来网络进行了广泛探讨。目前，焦点组对 6G 网络提出了甚大容量与极小距离通信、超越尽力而为与高精度通信、融合多类通信 3 个方面的目标。

网络 2030 焦点组先后发布了《6G 技术蓝图、应用与市场驱动》《6G 新服务与网络技服务能力》《代表性用例和关键网络需求》等。

（2）ITU-R 正式启动 6G 研究

2020 年 2 月，在瑞士日内瓦召开的第 34 次国际电联无线电通信部门 SD 工作组（ITU-R WPSD）会议上，正式启动面向 2030 年及 6G 的研究工作，初步形成 6G 研究时间表，包括未来技术趋势研究报告、未来技术展望建议等重要规划节点。ITU 在 2021 年 6 月开始编制《IMT-2020 之后愿景研究报告》，预计在 2022 年 6 月前完成《未来技术趋势报告》。该报告将描述 5G 之后 IMT 系统的技术演进方向，包括 IMT 演进技术、高频谱效率技术和部署。

ITU 在 2021 年上半年开始编制《未来技术展望建议书》，并计划于 2023 年 6 月完成。该建议书包含了面向 2030 年及以后 IMT 系统的总体目标，例如，应用场景、系统能力等。目前，ITU 尚未确定制定 6G 标准的计划，预计在 2023 年年底的世界无线电通信大会（World Radio communication Conferences，WRC）上讨论 6G 频谱需求，2027 年年底的 WRC 完成 6G 频谱分配。

2. 3GPP

3GPP 预计于 2023 年开启对 6G 的研究，实质性 6G 国际标准化预计于 2025 年启动。

面向2028—2029年ITU的6G标准评估窗口，3GPP预计需要在2024—2025年（即Release-19窗口）正式启动6G标准需求、结构与空口技术的可行性研究工作，并最快在2026—2027年（即Release-20窗口）完成6G空口标准技术规范制定工作。目前，3GPP将在2020—2023年完成Release-17与Release-18的5G演进标准制定。该阶段可简称为后5G即B5G标准。Release-17/Release-18 5G演进标准主要功能包括面向未来演进移动宽带、固定无线接入、工业物联网、车联网、扩展现实、大规模机器通信、无人机与卫星接入等用例的演进空口与增强功能。例如，5G高频段空口（即NR 52.6～71GHz）、5G NTN与其高频段NTN、蜂窝窄带物联非地面网络（NB-IoT[1]/eMTC-NTN）、面向可穿戴与视频监控等中档终端的5G中档能力空口

1　NB-IoT（Narrow Band-Internet of Things，窄带物联网）。

及其演进功能、5G多媒体广播与组播服务空口及其演进功能、接入与回传集成演进功能、5G直传空口及其演进功能、5G非许可频段空口及其演进功能、定位增强功能、智能自组织网络及其演进功能、通信传感集成及其演进功能、网络拓扑增强功能等。

4.5.2　国家及地区

1. 欧洲

2017 年，欧盟发起 6G 技术研究项目征询，旨在研究下一代移动关键技术。欧盟对 6G 的初步设想是峰值速率要大于 100Gbit/s，单信道带宽达到 1Gbit/s，使用高于 275GHz 的太赫兹频段。

欧盟企业技术平台 NetWorld 2020 在 2018 年 9 月发布了《下一代互联网中的智能网络白皮书》。在此基础上，欧盟在 2020 年第三季度制订了 2021—2027 年"产、学、研"框架项目下的 6G 战略研究与创新议程与战略开发，并在 2021 年第一季度的世界移动通信大会上正式成立欧盟 6G 伙伴合作项目，在 2021 年 4 月开始执行第一批 6G 智能网络服务"产、学、研"框架项目。

目前，欧盟已经启动了为期 3 年的 6G 基础技术研究项目，其主要任务是研究可用于 6G 网络的下一代纠错码、先进信道编码及调制技术。

例如，芬兰政府在 2018 年 5 月率先成立了由芬兰奥卢大学牵头管理的 6G 旗舰项目，项目成员以芬兰企业、高校与研究所为主。该项目计划在 2018—2026 年投入 2.5 亿欧元用于 6G 研发。截至 2021 年年底，芬兰奥卢大学已经牵头组织召开了 3 届 6G 无线峰会，主要厂家与电信运营商均发表了相关 6G 技术演讲，并于 2019 年 9 月发布了全球首份 6G 白皮书——《6G 无线智能无处不在的关键驱动与研究挑战》，对于 6G 愿景和技术应用进行了系统展望。该 6G 白皮书指出，6G 将在 2030 年左右部署，6G 服务将无缝覆盖全球，人工智能将与 6G 网络深度融合，同时提出了 6G 网络传输速度、频段、时延、连接密度等关键指标。

6G 无线峰会正在起草 12 个技术专题的 6G 技术白皮书，包括 6G 驱动与联合国可持续发展目标、垂直服务验证与试验、无线通信机器学习、B5G 联网、宽带连接、射频（Radio Frequency，RF）技术与频谱、偏远地区连接、6G 商务、6G 边缘计算、信任安全与隐私、6G 关键与大规模机器通信、定位与传感。

芬兰已经启动了多个 6G 研究项目。芬兰奥卢大学计划在 8 年内为 6G 项目投入 2540 万美元，并已经启动 6G 旗舰研究计划。同时，诺基亚公司、芬兰奥卢大学与芬兰国家技术研究中心开展了"6Genesis——支持 6G 的无线智能社会与生态系统"项目。

2. 美国

2018 年，美国联邦通信委员会（Federal Communications Commission，FCC）官员就对 6G 系统进行了展望。2018 年 9 月，FCC 官员首次在公开场合展望 6G 技术，提出 6G 将使用太赫兹频段，6G 基站容量将达到 5G 的1000倍；同时指出，美国现有的频谱分配机制将难以胜任 6G 时代对于频谱资源高效利用的需求，基于区块链的动态频谱共享技术将成为发展趋势。

2019 年，美国决定开放部分太赫兹频段，推动 6G 技术的研发实验，从 2019 年 6 月开始发放，为期 10 年，可销售网络服务的试验频谱许可。其频谱研究主要包括以下内容。

① 95～275GHz 频段政府与非政府共享使用。

② 275GHz～3THz 不干扰现有频谱使用。

③ 非许可频谱共 21.2GHz 带宽，包括 116～123GHz、174.8～182GHz、185～190GHz、244～246GHz。

在技术研究方面，美国目前主要通过赞助高校开展相关研究项目，主要是开展早期的 6G 技术包括芯片的研究。纽约大学无线中心开展使用太赫兹频率的信道传输速率达 100Gbit/s 的无线技术。加利福尼亚大学 ComSenTer 研究中心开展"融合太赫兹通信与传感"研究。加利福尼亚大学欧文分校纳米通信集成电路实验室研发了一种工作频率在 115～135GHz 的微型无线芯片，在 30cm 的距离上能实现 36Gbit/s 的传输速率。弗吉尼亚理工大学的研究认为，6G 将会学习并适应人类用户，智能机时代将走向终结，人们将见证可穿戴设备的通信发展。

2020年5月19日，美国电信行业解决方案联盟发布了6G行动倡议书，建议政府在6G核心技术突破上投入额外的研发资金，鼓励政府与企业积极参与制定国家频谱政策。目前，美国希望主导的未来5G与6G核心技术包括5G集成与开放网络、支持人工智能的高级网络和服务、先进的天线与无线电系统（例如，95GHz以上太赫兹频段）、多接入网络服务（包括地面与非地面网络、自我感应以支持超高清定位等应用）、智能医疗保健网络服务（包括远程诊断与手术，利用多感测应用、触觉互联网和超高分辨率3D影像等新功能）和农业4.0服务（支持统一施用水、肥料和农药）。

3. 日韩

（1）韩国

2019 年 4 月，韩国电子通信研究院召开了 6G 论坛，正式宣布开始开展 6G 研究并组建了 6G 研究小组，其任务是定义 6G 及其用例/应用和开发 6G 核心技术。

2019 年 6 月，韩国与芬兰达成协议，两国合作开发 6G 技术。2020 年 1 月，韩国宣布将于 2028 年在全球率先商用 6G。目前，韩国 6G 研发项目已通过可行性调研的技术评估。此外，韩国科学与信息通信技术部公布的 14 个战略课题中把用于 6G 的 100GHz 以上超高频段无线器件研发列为首要课题。

在技术研发方面，韩国部分企业已经组建了一批企业 6G 研究中心。韩国 LG 公司在 2019 年 1 月宣布设立 6G 实验室。2019 年 6 月，韩国移动通信运营商 SK 电讯宣布与爱立信公司、诺基亚公司建立战略合作伙伴关系，共同研发 6G 技术，推动韩国在 6G 通信市场上的发展。三星公司在 2019 年设立了 6G 研究中心，计划与 SK 电讯合作开发 6G 核心技术并探索 6G 商业模式，将区块链、6G、AI 作为未来发力方向。2020 年 7 月 14 日，三星公司发布了 6G 白皮书。三星在该白皮书中正式提出目标：2028 年正式商用 6G，2030 年左右大规模商用 6G。

（2）日本

日本计划制定 2030 年实现"后 5G"（6G）的综合战略。该计划由日本东京大学校长担任主席，日本东芝等科技巨头公司将会全力提供技术支持，在 2020 年 6 月前汇总 6G 综合战略。

广岛大学与日本信息通信研究机构及松下公司合作，在全球最先实现了基于CMOS低成本工艺的300GHz频段的太赫兹通信。

日本 NTT 集团旗下的设备技术实验室利用磷化铟（InP）化合物半导体开发出传输速度达到目前 5G 芯片 5 倍速率的 6G 超高速芯片。但其存在的主要问题是传输距离极短，距离真正的商用还有相当长的一段距离。

NTT集团于2019年6月提出了名为创新的光无线网络（Innovative Optical&Wireless Network，IOWN）构想，希望该构想能成为全球标准。同时，NTT还与索尼、英特尔等公司在6G网络研发领域展开合作，将于2030年前后推出这一网络技术。

2020年1月，日本DoCoMo公司发布了《B5G与6G无线技术需求白皮书》。

4. 中国

（1）政府

工业和信息化部已将原有的 IMT-2020（5G）推进组扩展为 IMT-2030（6G）推进组，开展了 6G 需求、愿景、关键技术与全球统一标准的可行性研究工作。科学技术部牵头在 2019 年 11 月启动了由 37 家"产、学、研"机构参与的 6G 技术研发推进组，开展 6G 需求、结构与使能技术的"产、学、研"合作项目。目前，涉及下一代宽带通信网络的相关技术研究主要包括大规模无线通信物理层基础理论与技术、太赫兹无线通信技术与系统、

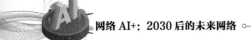
面向基站的大规模无线通信新型天线与射频技术、兼容 C 波段的毫米波一体化射频前端系统关键技术、基于第三代化合物半导体的射频前端系统技术等。

IMT-2030（6G）推进组正在对 6G 业务、愿景与使能技术进行研究和验证，将与 ITU-R 的 6G 标准工作计划保持同步。可以预测的是，在 2023—2027 年中国将完成 6G 系统与频谱的研究、测试与系统试验。

（2）电信运营商

中国电信、中国移动和中国联通均已启动6G研发工作。中国移动和清华大学建立了战略合作关系，双方将面向6G通信网络和下一代互联网技术等重点领域进行科学研究合作。中国移动在2019年11月发布了《6G愿景与需求白皮书》，在2020中国移动全球合作伙伴大会期间发布了3本6G系列白皮书，分别是《2030+愿景与需求白皮书（第二版）》《2030+网络架构展望白皮书》《2030+技术趋势白皮书》。中国电信正在研究以毫米波为主频，太赫兹为次频的6G技术。中国联通正在开展6G太赫兹通信技术研究。

（3）设备商

华为已经开始着手研究 6G 技术，它将与 5G 技术并行推进。华为在加拿大渥太华成立了 6G 研发实验室，目前正处于研发早期理论交流的阶段。华为提出，6G 将拥有更宽的频谱和更高的速率，应用应该拓展到海空甚至水下空间。

中兴通讯开展了相应关键技术研究与创新工作，例如，服务架构无线接入网络、平滑虚拟小区技术、智能反射表面 MIMO 技术与增强多用户共享接入等，用于 6G 网络设计及满足 5G 演进网络的需求与功能扩展及其性能提升。

在硬件方面，天线的作用更为重要；在软件方面，人工智能在 6G 通信中将扮演重要角色。在太赫兹通信技术领域，中国华讯方舟、四创电子、亨通光电等公司也已开始布局。

4.6　6G应用场景

6G 将以 5G 提出的三大应用场景为基础，不断通过技术创新来提升性能和优化体验，进一步将服务的边界从物理世界延拓至虚拟世界，并不断探索新的应用场景、新的业务形态和新的商业模式。

4.6.1　人体数字孪生

未来的网络是数字孪生的网络，可以对每一个网元、每一个基站、每一个用户的服务在虚拟空间的在线状态做实时监控，对运行轨迹提前预测，对服务可能出现的掉线提前干预，避免网络事故发生，还可以对新功能提前验证，实现网络自我演进。随着生物科学、材料科学、生物电子医学等交叉学科的进一步成熟，6G 时代有望实现完整的"人体数字孪生"，即通过大量智能传感器在人体的广泛应用，对重要器官、神经系统、呼吸系统、泌尿系统、肌肉骨骼、情绪状态等进行精确实时的"镜像映射"，形成一个完整人体的虚拟世界的精确复制品，进而实现人体个性化健康数据的实时监测。此外，结合核磁、CT、彩超、血常规、尿生化等专业的影像和生化检查结果，利用 AI 技术对个体提供的健康状况精准评估和及时干预，为专业医疗机构下一步精准诊断和制定个性化的手术方案提供重要参考。

4.6.2　高空高速上网

随着 5G 网络的大规模建设，陆地蜂窝移动通信网的覆盖逐渐完善，但是高空高速上网问题一直是传统陆地蜂窝移动通信网的覆盖难点。为了能够给飞机上的乘客提供高空上网服务，电信运营商一直在做各种努力。目前来看，解决高空覆盖问题，提供高空上网服务的解决方案有两种：地面基站覆盖空中方案和卫星覆盖方案。采用地面基站覆盖空中方案，需要在飞机的航线下方，即在陆地上建设线状分布的基站，实现对空中的覆盖。由于飞机具备移动速度快等特点，空中上网服务将面临多普勒频移、频繁切换等挑战，网络质量难以得到保障。采用卫星覆盖方案，目前主要利用中高轨卫星系统，为乘客提供空中上网服务，网络质量的稳定性较好。但是卫星系统的制造、发射、维护成本高昂，这必然会带来用户使用的成本增加。因此，目前没有一种方案可以很好地解决用户高空高速上网问题。6G 网络将依托"空-天-地-海"一体化网络架构，借助低轨互联网系统，有望在降低网络使用成本的同时保证在飞机上为用户提供高质量的空中高速上网服务。

4.6.3　扩展现实

随着技术的快速发展，预期 2030 年以后（2030+），信息交互形式将进一步由 AR/VR 逐步演进至以高保真扩展现实（XR）交互为主，甚至是基于全息通信的信息交互，最终全面实现无线全息通信。用户可随时随地享受全息通信和全息显示带来的体验升级——视觉、听觉、触觉、嗅觉、味觉乃至情感将通过高保真 XR 充分被调动，用户将不再受到时间和地点的限制，以"我"为中心享受虚拟教育、虚拟旅游、虚拟运动、虚拟绘画、虚拟演唱会等完全沉浸式的全息体验。

4.6.4 智慧工厂

利用 6G 网络的超大带宽、超低时延和超可靠等特性，可以对工厂内车间、机床、零部件等运行数据进行实时采集，例如，引入边缘计算和 AI 等技术，在终端侧直接进行数据监测，并且能够实时下达执行命令；引入区块链技术，智慧工厂所有终端之间可以直接进行数据交互，无须经过云中心，实现"去中心化"操作，提升生产效率。基于先进的 6G 网络，工厂内任何需要联网的智能设备/终端均可灵活组网，智能装备的组合同样可根据生产线的需求进行灵活调整和快速部署，从而能够主动适应制造业中具有个人化、定制化特点的消费者到企业（Customer to Business，C2B）的大趋势。智慧工厂将从需求端的用户个性化需求、行业的市场空间，到工厂交付能力、不同工厂间的协作，再到物流、供应链、产品及服务交付，形成端到端的闭环，而 6G 贯穿闭环的全过程，扮演着重要角色。

4.6.5 其他应用场景

1. 感知互联网

感知互联网是指视觉、听觉、触觉、味觉、嗅觉、情感与意念等全息协作实时交互媒体互联服务。感知互联网的典型用例"如影随形的实时共享感知"是指在预定的时间内，经过许可与信任控制，一个人可以通过自己的视觉或其他感觉，真实地体验另一个人的感觉甚至生活。

2. AI 服务互联网

AI 服务互联网是指未来任何人、机器、组织或行为都可以享受的协作智能互联服务。AI 服务互联网的典型用例"高速公路无人自动驾驶"是指无人驾驶汽车或车队依据实时导航与定位机器人的最佳路线设计，机智地避免与车外人体或物体的碰撞，以最短时间、最小能耗到达目的地。

3. 行业服务互联网

行业服务互联网是指跨越任何领域或平台、任何信息物理系统（Cyber Physical Systems，CPS）或数字孪生服务所需的协作或虚拟孪生感应与执行互联服务。行业服务互联网的典型用例"触觉反馈机器人手术"是指通过人机协作并借助多路辅助视频（包括增强现实视频）和触觉反馈的方式远程完成诸如冠状动脉、腹腔镜等无创外科手术。

4.7　6G网络的特征

结合未来愿景和技术发展趋势，在面向"2030+"的网络提升空口能力的基础上，相关研究机构提出了 6G 网络应具备按需服务、至简网络、柔性网络、智慧内生、安全内生等特征。

智慧内生保障了网络的极简、柔性、感知能力，安全内生则让网络具有更强大的免疫能力。基于这些特征，6G 网络将满足"2030+"社会发展的全新需求，并实现"6G 创新世界"的宏伟目标。

4.7.1　按需服务网络

按需服务网络旨在满足用户个性化需求，为用户提供极致化性能服务。随着新技术的不断突破与发展，6G 将会出现更多新的业务形态、新的应用场景，用户也将向多元化、个性化方向发展，因此，网络要进一步提升感知能力，包括对行为、业务、意图的感知，根据用户业务需求配置网络资源，提供体验保障。在面向"2030+"的移动通信系统中，按需服务网络将提供动态的、极细粒度的服务能力供给，用户可根据自身需求获得相应的服务种类、服务等级及不同服务的自由组合等。

4.7.2　至简网络

随着网络规模的不断拓展和复杂度的与日俱增，蜂窝网络架构应进行革新和极简易化，从而实现"能力至强，结构至简"。至简网络是未来网络架构演进的重要方向。未来网络是融合的"空-天-地-海"一体化网络，通过融合的通信协议和接入技术，实现对核心网的统一接入，从而实现网络的简化。通过架构至简、功能至强和协议至简，实现高效数据传输、鲁棒信令控制、按需网络功能部署，达到网络精准服务，有效降低网络能耗和规模冗余。至简网络还意味着轻量级的无线网络，通过统一的信令覆盖，保证可靠的移动性管理和快速的业务接入；通过动态的数据接入加载，降低小区间的干扰和整网能耗；通过基站功能的分阶段和按需加载，提供个性化的业务服务。

4.7.3　柔性网络

传统网络是按照其支持的最大容量进行设计和规划的，而用户需求和网络负荷则会因用户移动带来的潮汐效应而动态变化。因此，网络性能无法适应业务需求和负荷的变化。面向 2030 的网络应该是一个端到端的微服务化网络，应以用户为中心，网络按需生成服务，且网随人动，网络功能"去中心化"管理，支持独立的网元和服务的伸缩、演进和灵活的部署，实现端到端的微服务化网络。这些需要网络具备柔性的特征，从而使网络能按需扩展并实现网络功能的自我演进，实现"按需伸缩，自主进化"，满足"产业、创新和基础设施"可持续发展要求，提高网络的能量效率，助力实现网络的自动化和智能化，以及新功能的快速引入和迭代。

4.7.4 智慧内生

目前，5G 已经考虑引入 AI 技术，但 5G 中的 AI 是一种外挂式或者说是嫁接式的应用，很难做到像人类的神经网络一样，成为一种内在能力。期望 6G 网络能够把 AI 能力作为神经系统，在端、边侧智能渗透，逐渐实现 AI 能力的全网渗透，实现"网络无所不达，算力无所不在，智能无处不及"。通过网络与计算深度融合形成的基础设施，为 AI 提供无处不在的算力，从而实现无所不及的泛在智能。基于智慧内生网络，结合网络自动化、AI 及大数据能力，基础设施能够实现零接触（Zero Touch）运营维护。智慧内生网络还可以通过自聚焦的方式，有效满足不断出现的新需求，实现分布式资源协同，提高网络能效，降低传输带宽要求；实施更快更实时的智能决策，使网络各域自优化、自完备，大幅降低网络运维成本，实现数字转型。

4.7.5 安全内生

安全内生网络能够实时监控安全状态并预判潜在的风险，抵御攻击与预测危险相结合，从而实现智能化的内生安全，即"风险预判，主动免疫"，它是 6G 网络非常重要的特征。智能共识是指通过联网的智能主体间的交互和协同形成共识，并基于共识来排除干扰，为信息和数据提供高安全等级。智能防御基于 AI 和大数据技术，精准部署安全功能并优化安全策略，实现主动的纵深安全防御。可信增强使用可信计算技术，为网络基础设施、软件等提供主动免疫功能，增强基础平台的安全水平。泛在协同通过"云-端-边-管"，准确感知整个系统安全态势、敏捷处置安全风险。网络将实现由互联网安全向网络空间安全的全面升级。

4.8　6G组网架构

4.8.1　架构需求

从国内来看，移动通信经过多年的建设，截至 2020 年基站总数已经超过 900 万个。但由于网络容量和覆盖范围有限，我国所有的领土并没有全部实现移动通信信号覆盖。另外，即使在移动通信信号已经覆盖的区域，也并不是所有用户都能在任何时间、任何地点享受到高质量的网络服务。从全球范围上看，占全球 70% 以上面积的海洋、占全球陆地面积 20% 以上的沙漠等区域，几乎没有移动通信信号覆盖。因此，需要基于陆地蜂窝移动通信网络，融合卫星等多种通信方式，构建跨地域、跨空域、跨海域的"空-天-地-海"一体化的 6G 网络，以实现真正意义上的全球无缝覆盖。

4.8.2　网络架构

1. 组网架构

未来 6G 的"空-天-地-海"一体化网络将以陆地蜂窝移动通信网络为基础，融合空基高空平台网络、天基卫星网络、海基网络，构建多接入的融合网络架构。"空-天-地-海"一体化的网络架构如图 4-7 所示。

① 天基网络：由卫星通信系统构成，其中包括高轨卫星、中轨卫星和低轨卫星等。

② 空基网络：由搭载在各种飞行器（例如，飞艇、热气球等）上的通信基站构成。

③ 海基网络：由海上及海下通信设备、海洋岛屿网络设施构成。

④ 地基网络：由陆地蜂窝移动通信网络构成，在 6G 时代，它将是为大部分普通终端用户提供通信服务的主要网络。

2. 天基网络

天基网络的基础和核心是卫星通信网络。作为现代通信的主要方式之一，卫星通信网络已有 50 多年的历史，主要应用于军事和航天领域，而民用领域，尤其是公共通信服务领域应用较少。典型的天基网络（卫星通信系统）由空间段、地面段和控制段 3 个部分构成。其中，空间段的卫星主要有高轨卫星、中轨卫星、低轨卫星等多种类型。依托低轨卫星系统可以构建低轨互联网系统，为用户提供互联网宽带接入服务。

3. 空基网络

空基网络要借助高空通信平台，将基站安装在长时间停留在高空的飞行器上，例如，飞艇、热气球等，提供通信服务。空基网络使用现有的通信技术，其技术原理与陆地蜂窝移动通信网络类似，最大的区别在于其将基站设备安装在高空飞行平台而非地面上。一方面，高空通信平台的高度远高于地面基站；另一方面，高空基站的信号辐射不受高大建筑物的遮挡，因此，覆盖范围较陆地蜂窝移动通信网络更广。

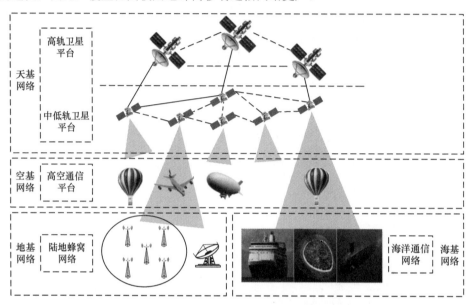

图 4-7 "空-天-地-海"一体化的网络架构

4. 海基网络

海基网络由建立在岛屿和大型远洋轮船上的通信设施构成。在岛屿上建设基站可以实现周边近百千米内的覆盖。在大型远洋轮船上搭载移动通信基础设施，这些基础设施可以随着大型远洋轮船的移动，由此逐步实现远洋航线周边的覆盖。

5. 地基网络

地基网络由陆地蜂窝移动网络构成。陆地蜂窝移动通信网络采用蜂窝结构，兼顾网络的覆盖和容量需求，为用户提供移动通信服务。

4.9 6G关键技术

4.9.1 信道编码及调制技术

针对各国及相关产业界愿景，6G 网络将实现 100Gbit/s 甚至更高的峰值速率，使用

高于 275GHz 频段的太赫兹（THz）频段，信道带宽以 GHz 为单位，同时面临毫米波、空间、海洋等更为复杂的业务传输场景，这对底层的信道编码及调制相关技术提出了新的挑战。

1. 新一代信道编码技术

作为无线通信网络的基础技术，新一代信道编码技术应提前对 6G 网络的 Tbit/s 级吞吐量、以 GHz 为单位的大信道带宽、太赫兹（THz）信道特性、"空-天-地-海"网络架构下基于复杂场景干扰的传输模型特征进行研究和优化，对信道编码算法和硬件芯片实现方案进行验证和评估。目前，业界已经开始了一些预先研究，包括结合现有 Turbo、低密度奇偶校验码（Low Density Parity Check Code，LDPC）、极化码（Polar）等编码机制，开展未来通信场景应用的编码机制和芯片方案；针对 AI 技术与编码理论的互补研究，开展突破纠错码技术的全新信道编码机制研究等。与此同时，针对 6G 网络多用户/多复杂场景信息传输特性，综合考虑干扰的复杂性，对现有的多用户信道编码机制进行优化。

2. 极化多址接入系统的设计与优化

当前，业界普遍观点是非正交多址接入（Non-Orthogonal Multiple Access，NOMA）将成为 5G 和下一代移动通信的代表性多址接入技术，将当前极化编码技术引入上述系统，需要深入分析 NOMA 的系统结构。依据广义极化的总体原则，优化信道极化分解方案是 5G/6G 发展中不可或缺的一环。由此可见，6G 网络赋能极化多址接入系统的设计与优化，可以结合 6G 网络和业务场景的需求，对 NOMA 总体架构和关键技术进行深入研究和升级，从而构建基于多用户（智能化、泛在化"物物"连接）原则的极化编码通信机制，同时对相应的算法进行优化处理。

4.9.2　天线与射频技术

6G 系统的工作频段可达到太赫兹（THz），因此，天线的体积将进一步缩小，业界将 6G 系统天线称为"纳米天线"，这将给传统天线及射频、集成电子和新材料等领域带来颠覆性变革，需要针对超大规模天线技术、一体化射频前端系统的关键技术开展研究。

1. 超大规模天线技术

超大规模天线技术是更好发挥天线增益、提升通信系统频谱效率的重要手段。当前，6G 太赫兹频谱特性的研究还处于初级阶段，超大规模天线在理论和工程设计上面临大范围跨频段、"空-天-地-海"全域覆盖理论与技术设计、射频电路的高功耗和多干扰等问题。因此，需要从上述问题出发，研究新型大规模阵列天线设计理论与技术、高集成度射频电路优化设计理论与实现方法、高性能大规模模拟波束成型网络设计技术、新型电子材料及器件研发关键技术等，研制实验样机，以便支撑系统性能验证。

2. 一体化射频前端系统关键技术

针对 6G 移动通信高集成、大容量等技术特性，应对 6G 网络可用频段范围内大规模天线和射频前端技术进行研究。针对核心频段技术要求和电路建模理论，需要优化天线架构和系统集成技术，探索高效率、易集成的收发前端关键元部件，以及辐射、散热等关键技术问题，突破超大规模 MIMO 前端系统技术等，同时研究新型器件设计方法，探索基于第三代化合物半导体芯片的集成与封装技术，研究从封装方面提升电路性能的方法，实现毫米波芯片、封装与天线一体化，优化前端系统的整体射频性能。

4.9.3　太赫兹技术

6G 的一个显著特点是迈向太赫兹（THz）时代。太赫兹技术早在十几年前就被业界评为"改变未来世界的十大技术"之一。就像 5G 毫米波技术，其理论基础早在十几年前就已经完成。太赫兹频段在电磁波中的位置示意如图 4-8 所示。

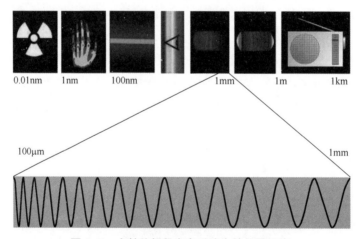

图 4-8　太赫兹频段在电磁波中的位置示意

当前，太赫兹通信关键技术研究还不够成熟，很多关键器件还没有研制成功，需要持续突破。结合 6G 网络和业务需求，太赫兹领域主要的研究内容包括太赫兹空间的地面通信和信道传输理论，具体包括信道测量、建模和算法等；太赫兹信号编码调制技术包括高速高精度的捕获和跟踪机制、波形&信道编码、太赫兹直接调制、太赫兹混频调制和太赫兹光电调制等；太赫兹天线和射频系统技术包括新材料研发、新器件研制、太赫兹通信基

带、天线关键技术、高速基带信号处理技术和集成电路设计方法等；太赫兹技术研究领域
还包括太赫兹通信系统实验、太赫兹硬件及设备研制等。

4.9.4 可见光通信技术

可见光通信是指利用可见光波段的光作为信息载体进行数据通信的技术，可见光频段
在电磁波中的位置示意如图 4-9 所示。

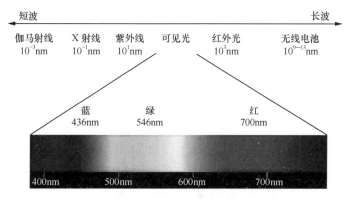

图 4-9 可见光频段在电磁波中的位置示意

与无线电通信相比，可见光具有多方面的优势。首先，可见光通信技术可以提供大量
潜在的可用频谱（THz 级带宽），并且频谱使用不受限，不需要频谱监管机构的授权。其
次，可见光通信不产生电磁辐射，也不易受外部电磁干扰影响，可以被广泛应用于对电磁
干扰敏感，甚至必须消除电磁干扰的特殊场合，例如，医院、航空器、加油站和化工厂等。
再次，可见光通信技术所搭建的网络安全性更高。该技术使用的传输媒介是可见光，不能
穿透墙壁等遮挡物，传输限制在用户的视距范围以内，这就意味着网络信息的传输被局限
在一个建筑物内，有效地避免了传输信息被外部恶意截获，保证了信息的安全性。最后，
可见光通信技术支持快速搭建无线网络，可方便灵活地组建临时网络与通信链路，降低网
络使用与维护成本。例如，地铁、隧道等射频信号覆盖盲区，如果使用射频通信，则需要
高昂的成本建立基站，并支付昂贵的维护费用。室内可见光通信技术可以利用室内的照明
光源作为基站，结合其他无线/有线通信技术，为用户提供便捷的室内无线通信服务。

4.9.5 全双工技术

无线通信业务量爆发与射频资源短缺的矛盾日益突出，提高频谱效率，消除传统时分

双工（Time Division Duplexing，TDD）、频分双工（Frequency Division Duplexing，FDD）的频谱资源使用与管理方式的差异性，成为移动通信发展演进的目标之一，全双工技术将成为解决这一问题的潜在技术方案。全双工利用自干扰消除技术在收发链路之间实现灵活频谱资源利用，达到提升吞吐量与降低传输时延的目的。目前，全双工技术已经形成空域、射频域和数字域联合的自干扰抵制技术路线。空域自干扰抵制主要依靠天线位置优化、空间零陷波束等技术手段实现空间自干扰的辐射隔离；射频域自干扰抵制通过构建与接收自干扰信号幅相相反的对消信号，在射频模拟域完成抵消；数字域自干扰抵制针对残余的线性和非线性自干扰进一步进行重建消除。当前业界的全双工自干扰抵制能力已经超过了 115dB，可满足小功率简单场景下的全双工通信需求，但全双工技术在实用化过程中，仍面临大功率动态自干扰抵制、多天线射频域自干扰抵制、全双工组网技术，以及全双工核心芯片等问题。移动通信双工方式示意如图 4-10 所示。

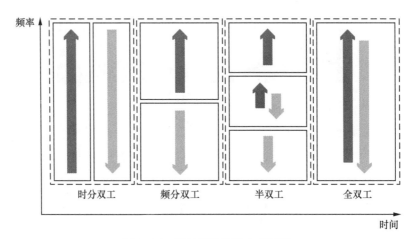

图 4-10　移动通信双工方式示意

4.9.6　轨道角动量技术

轨道角动量技术利用不同本征值的涡旋的正交特性，通过多路涡旋电磁波的叠加实现高速数据传输，为移动通信提供了新的物理纬度。轨道角动量技术分为量子态轨道角动量和统计态轨道角动量两种模式，目前，轨道角动量技术在无线通信中的应用仍处于探索阶段，其在光领域已经有所应用。日本 NTT 公司在 2018 年宣称已实现 11 路涡旋电磁波的叠加传输，峰值传输速率达到 100Gbit/s。我国清华大学完成了微波频段轨道角动量电磁波 27.5km 长距离传输试验。当前，轨道角动量技术在无线通信中的应用面临诸多挑战，例如，

业界尚未突破轨道角动量微波量子产生于耦合设备小型化技术，射频统计态轨道角动量传输技术也面临正交涡旋电磁波的产生、涡旋电磁波的检测与分离，以及如何降低传输环境对涡旋电磁波的影响等问题。

4.9.7 卫星通信技术

卫星通信是现代通信的主要方式之一，已有50多年的历史，主要应用于军事和航天领域，而民用领域，尤其是公共通信服务领域应用较少。典型的天基网络由空间段、地面段和控制段 3 个部分构成。

① 空间段：主要包含一颗或几颗卫星，在空中对信号起中继放大和转发作用。

② 地面段：主要由多个业务的地球站组成，将要发射的信号传送到卫星，同时又从卫星接收信号。

③ 控制段：由所有地面控制和管理设施组成，包括用于监测和控制卫星的地球站，以及用于业务与星上资源管理的地球站。

目前，卫星系统主要包含高轨卫星、中轨卫星、低轨卫星 3 类。依托大型低轨卫星系统可以构建低轨互联网系统，为用户提供互联网宽带接入服务，这已成为目前卫星通信系统的重要研究方向。有望在 6G 时代，借助低轨互联网技术，为全球用户，尤其是处于边远区域的用户提供互联网接入服务。在低轨互联网中，增加卫星数量可以有效解决卫星系统由于卫星数量少而造成的系统容量低的问题，卫星系统容量可以得到大幅度提升，能够有效满足用户宽带互联网接入需求。

4.9.8 AI 技术

6G网络不可避免地涉及高密度网络、天线阵列和数据量等通用问题，高度自主智能化的超灵活网络是其最明显的特征之一。6G 智能化应该贯穿网络端到端的每一个环节，AI将通过网络数据、业务数据、用户数据等多维数据感知学习，高效实现地面、卫星、机载等设备之间的无缝连接，并可进行实时高速切换，网络的自主管理和控制学习系统将持续得到优化升级，最终实现"无人驾驶"一样的自主自治网络。

4.9.9 区块链技术

5G网络运营商为了优化服务，采用网络切片等技术控制和处理流量，开展用户差异化质量服务。6G网络将持续完善用户个性化定制服务，采取更为丰富的手段，针对流量管理、边缘计算等进行每个用户的智能化柔性定制服务,整个网络体系采用自动化分布架构,网络更加趋于扁平化,这就使新兴的区块链技术备受期待。区块链是分布式数据库,可以利用其分布式信息处理技术,通过数据的"去中心化"传输和存储保证用户信息不被第三方窃取,稳步提高网络服务节点之间的协作效率,提高不同电信运营商网络协同服务能力,甚至改变未来使用无线频谱资源的方式。

4.9.10 频谱技术

为满足未来 6G 系统频谱资源的使用需求,一方面需要扩展可用频谱,例如,采用太赫兹频谱和可见光频谱;另一方面也需要在频谱使用规则上有所改变,突破目前以授权载波使用方式为主的现状,以更灵活的方式分配和使用频谱,提高频谱资源利用率。目前,蜂窝网络主要采用授权载波的使用方式,频谱资源所有者独占频谱使用权限。独占授权频谱对用户的技术指标和使用区域等有严格的限制和要求,要求用户能够有效避免系统间干扰并可以长期使用。然而,这种方式在具备较高的稳定性和可靠性的同时,也存在因授权用户独占频段造成的频谱闲置、利用不充分等问题,加剧了频谱供需矛盾。显然,打破独占授权频谱的静态频谱划分使用规则,采用频谱资源共享的方式是更好的选择。

频谱共享技术没有被充分部署的原因有频谱分配规则的约束,但更重要的是频谱共享技术本身成熟度的限制。这需要在频谱共享技术研究上有所突破,包括高效频谱共享技术及高效频谱监管技术,以在未来网络中更好地采用共享频谱技术提升频谱资源利用率,同时也可以更方便地进行频谱监管。

4.10 总结与展望

随着 5G 商用网建设的加速,按照移动通信"使用一代,建设一代,研发一代"的发展节奏,6G 研究的序幕在全球已经展开,全球关于 6G 的研究目前还处于初期,主要围绕 6G 愿景目标、应用场景、组网架构、关键技术等方面展开探讨,相关国际、国家标准化组织及电信运营商、设备商都制订了 6G 研究计划,并发布了相关白皮书。

对于 6G 的组网架构研究,向"空-天-地-海"多维度扩展已基本成为共识。"空-天-地-海"一体化网络具有明显的覆盖优势,可以帮助电信运营商提供低成本的普遍服务及扩展现有的通信服务,实现收入增长。但同时也要看到,"空-天-地-海"一体化通

信网络存在有待攻克的关键技术和硬件通信设施部署等问题，这需要集中全球的研究力量去探索和突破。

对于 6G 的关键技术研究，当前还处于早期探索阶段，关键技术还不清晰。对于 6G 将包含哪些关键技术，不同研究机构给出的观点具有较大差异，但是随着业界关于 6G 概念讨论的逐渐深入，对于 6G 关键技术的认知也将会逐渐明晰。

正如中国工程院院士张平提到的"由于 6G 将在未来的十年内到来，任何突破都需要聚焦能在十年内商业化的技术，在可接受的成本范围内，极大地提高移动通信系统的核心价值，或开拓移动通信在新领域的应用。实现 6G 愿景的技术不在于其新颖性和理想高度，而在于其是否能为 6G 创造性价比高、可标准化、商业化的服务"。

参考文献

1. 聚焦 RAN1、RAN2 和 RAN3 中的工作：物理层、无线电协议和无线电体系结构增强[OL].

2. 魏克军. 全球 6G 研究进展综述[J]. 移动通信，2020，44（3）:34-36+42.

3. 芬兰奥卢大学. 无处不在的无线智能—— 6G 的关键驱动与研究挑战[R]. 2019.10.

4. 三星电子. 下一代超链接体验白皮书[R].2020.

5. IMT-2030（6G）推进组. 6G 总体愿景与潜在技术白皮书[R]. 2021.

6. 中国移动. 6G 愿景与需求白皮书[R]. 2019.

7. 中国移动. 2030+愿景与需求白皮书（第二版）[R].2020.

8. 中国移动. 2030+网络架构展望白皮书[R]. 2020.

9. 中国移动. 2030+技术趋势白皮书[R]. 2020.

10. 中国联通. 中国联通空天地一体化通信网络白皮书[R]. 2020.

11. 赛迪智库无线电管理研究所. 6G 概念及愿景白皮书[R]. 2020.

12. 张平，牛凯，田辉，等. 6G 移动通信技术展望[J]. 通信学报，2019, 40（1）:141-148.

13. 李新，王强.6G 网络愿景及组网方式探讨[J]. 通信与信息技术，2020（5）:46-47.

14. 李新，王强. 6G研究进展及关键候选技术应用前景探讨[J]. 电信快报，2020（11）:6-9.

15. 聂凯君，曹傧，彭木根.6G 内生安全:区块链技术[J]. 电信科学,2020,36（1）:21-27.

16. 刘杨,彭木根. 6G 内生安全:体系结构与关键技术[J]. 电信科学,2020,36（1）:11-20.

17. 杨坤，姜大洁，秦飞. 面向 6G 的智能表面技术综述[J]. 移动通信，2020，44（6）:70-74+81.

18. 张贤，曹雪妍，刘炳宏，等. 6G 智慧雾无线接入网：架构与关键技术[J]. 电信科学，2020，36（1）:3-10.

19. 王佳佳，陈琪美，江昊，等. 太赫兹空间接入技术[J]. 无线电通信技术，2019，45（6）:653-657.

20. 刘超，陆璐，王硕，等. 面向空天地一体多接入的融合 6G 网络架构展望[J]. 移动通信，2020，44（6）:116-120.

21. 张平. 卷首语[J]. 移动通信，2020，44（6）:2.

22. 刘光毅，金婧，王启星，等. 6G 愿景与需求:数字孪生、智能泛在[J]. 移动通信，2020，44（6）:3-9.

23. 毕奇. 移动通信的主要挑战及 6G 的研究方向[J]. 移动通信，2020，44（6）:10-16.

24. 谢莎，李浩然，李玲香，等. 面向 6G 网络的太赫兹通信技术研究综述[J]. 移动通信，2020，44（6）:36-43.

25. 索士强，王映民. 未来 6G 网络内生智能的探讨与分析[J]. 移动通信，2020，44（6）:126-130.

26. 田浩宇，唐盼，张建华. 面向 6G 的太赫兹信道特性与建模研究的综述[J]. 移动通信，2020，44（6）:29-35+43.

27. 刘秋妍，张忠皓，李福昌，等. 基于区块链的 6G 动态频谱共享技术[J]. 移动通信，2020，44（6）:44-47.

第 5 章　网络 5.0

5.1　万物智联催生网络5.0

5.1.1　万物智联对数据网的要求

5G、人工智能、大数据等新一代信息技术正在加速推动全面数字化的进程，数字世界的时代巨轮滚滚向前，深刻影响着每个人、每个家庭、每个组织。基于信息通信网络，以人工智能为引擎的第四次工业革命，正在开启一个万物感知、万物互联、万物智能的智能世界。

在万物智能时代，网络正在从消费互联网向产业互联网演进，通信的主体从人变成了机器。网络中超过 70%的数据和应用在边缘产生和处理。据相关统计，目前全球机器通信连接数大约为 300 亿，并逐年高速增长，预计在 2025 年达到 1000 亿，在 2035 年达到10000 亿。

VR/AR、远程医疗、工业互联网、智能电网、车联网等应用已悄然而至，全息通信、体感互联网、算网一体等新应用也将揭开神秘的面纱，这一切都加速着万物智能时代的到来。

网络是信息交换的中枢，万物智能时代需要一个智能、安全的"空-天-地-海"一体化网络来满足随时随地、安全可靠的通信需求。以前，我们都把目光聚集在 5G、6G、卫星通信等无线通信技术上，其实作为通信网络骨干的数据网，也早已经不堪重负，亟须进行技术创新升级以适应层出不穷的新兴业务需求。

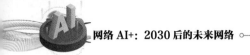
5.1.2　现有 IP 网络的弊端

1. IP 地址不堪重负

现有网络的寻址及路由方式均是以 IP 为核心的，IP 地址是当前数据网络中唯一的寻址标识，随着网络业务形态的不断丰富，单一的以 IP 为核心的方式早已不堪重负，主要问题如下。

（1）IP 地址语义过载

IP 地址语义过载指的是在当前的 IP 中，IP 地址既代表网络节点的拓扑位置，又代表节点的身份标识。而这二者的需求是冲突的，作为身份标识，需要保持确定性；而作为拓扑位置，则需要随着位置的变化统一分配，以保持一定的路由聚合性。IP 地址的双重身份造成了网络在移动性、可扩展性、安全性等方面的一系列问题。

（2）网络寻址方式单一

当前网络的寻址以 IP 地址为核心，仅支持基于拓扑的寻址。所有的通信主体（包括物理机、虚拟机、人、物、内容、服务等）都需要映射为 IP 地址。这样不符合人的一般思维逻辑，不易使用。网络管控需要基于业务特征进行分类处理，在目前基于 IP 的寻址模式下需要将业务特征与 IP 地址进行多次匹配，效率较低。

（3）IP 地址长度固定

当前 IP 地址采用定长设计，地址空间无法灵活扩展，然而大连接下的海量通信实体的泛在互联性需要庞大的地址空间来支撑。现有的 IPv6 地址有 40 个字节的固定报文头，而某些物联网应用的单次通信信息量极小，报文内容仅 25 个字节，这样有效信息的通信效率仅为 38%。如果采用 SRv6 等技术并加入扩展报文头，通信效率会更低。

2. 统计复用的不确定性

IP 网络是基于尽力而为、统计复用的基本原则设计的，主要解决网络的连通性，没有过多考虑服务质量的问题，虽然很好地实现了资源利用最大化，但是带来了无法解决的高时延和服务质量的不确定性，在网络流量复杂的情况下问题尤为突出。而诸如远程工业控制、电网继电保护、自动驾驶、VR/AR 等很多业务场景，都对网络的带宽、时延等指标有很严格的要求。

3. 传输层功能单一

目前，传输层以传输控制协议（Transmission Control Protocol，TCP）、用户数据报协议（User Datagram Protocol，UDP）两种协议为主。TCP 由于重传机制，在大带宽大数据量传输时会造成较为明显的性能损耗，而UDP 有时又会面临质量难以控制的局面，在性能与可靠性之间没有较为平衡的方案，也不存在灵活可控的中间态方案。

现有传输层与应用层及网络层的关联不够紧密。对上，传输层仅能接受应用层的一些简单传输要求，无法理解时延、带宽、QoS 等更丰富的要求，不能针对业务特征提供差异化的保障。对下，传输层与网络层之间也仅能通过丢包、时延等参数来评估网络质量，拥塞控制手段也仅限于滑动窗口，无法对多路径调度等复杂问题提供完善的解决方案。

4. 缺乏移动性支持

早期网络的移动性需求不强，但随着移动互联网时代的到来及智能终端的普及化，在高速移动场景下保证业务连续性及网络质量已经成为普遍要求。高速移动场景下的网络接入点频繁切换，网络拓扑也快速变化，传统IP 地址身份标识兼具身份标识及拓扑定位双重属性的矛盾更为突出，基于网络拓扑结构的传统路由协议也无法很好地适应。如何在高速移动场景下保障通信不中断，并实现灵活、精确的切换控制是需要解决的重点及难点问题。

5. 缺乏准确感知手段

一方面，现有的网络监测系统通常采用设备定期主动上报的方式，实时性不强，并且采集的信息也比较简单，无法全面反映网络状态。另一方面，现有的网络监测大多采用带外的方式，即在业务流之外单独发送网络状态流，导致网络状态流与业务流转发可能存在路径不一致的现象，从而难以准确地反映业务流的转发路径和性能。以上两个方面共同导致了网络状态采集的全面性、实时性及准确性较差，难以支撑精确的网络管控决策。

6. 安全性无法满足

现有网络设计之初主要考虑的是连通性和效率，在身份认证、接入控制、攻击防护等方面存在天生的缺陷。现在的主流安全防御手段（例如，防火墙、入侵检测、入侵防护、漏洞扫描、安全审计等）虽然也增强了一定的安全性，但只能算是一种外挂、补丁式的被动防御模式。随着攻击手段的升级，安全暴露面不断增加，软硬件安全漏洞频出，重大安全事件层出不穷。传统的被动防御模式已经不能很好地适应新型网络和业务的安全需求，需要进行颠覆式的技术革新，让网络具备一定的原生安全特性。

5.1.3　数据网的代际式演进思路

基于现有网络的上述弊端，网络界也提出了各种演进式或颠覆式的解决思路，包括"下一代网络""未来网络""新型网络"等。其中，比较著名的有美国的 GENI 计划和 FIND

项目、欧盟的 FIRE、日本的 AKARI、中国下一代互联网示范工程（China Next Generation Internet demonstration project，CNGI）及国家自然科学基金支持的若干研究项目。

但这些计划的共同问题是以探索性为主，面向未来，思路较为发散，较少考虑现有网络的平滑过渡，对演进目标、技术边界、责任范围、里程碑节点等并没有明确的规定，从而导致研究方向与解决方案的集中度不高，与实际应用脱节。

反观近些年无线领域发展迅速，第二代移动通信技术（The 2nd Generation，2G）、第三代移动通信技术（The 3rd Generation，3G）、4G、5G 的稳步演进不仅引领了通信行业的发展，还为其他行业的创新提供了有力支撑，得到了社会各界的广泛认同。由无线接入技术的演进不难看出，相对于"未来""下一代""更快""更好"等概念，明确代际划分，每一代都提出较为明确的目标和技术边界，更有利于凝聚产业共识，聚焦演进目标，激发产业整体活性。

基于以上思考，数据网络分代研究的思路逐步形成。数据网络分代演进示意如图 5-1 所示。

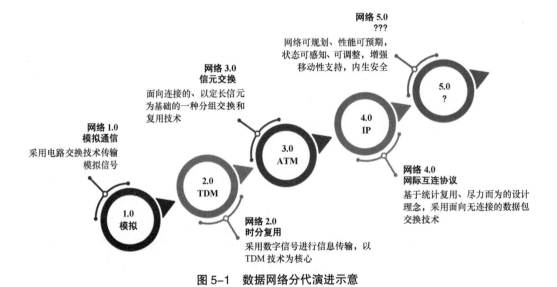

图 5-1　数据网络分代演进示意

① 模拟通信系统是指采用电路交换技术传输模拟信号的通信系统，是通信网络最初的技术形态，被称为网络 1.0 时代。

② 数字通信系统是指采用数字信号进行信息传输的通信系统。该系统采用时分复用（Time Division Multiplexing，TDM）技术，使线路利用率大幅提升，具有划时代意义，被

称为网络 2.0 时代。

③ 异步传输模式（Asynchronous Transfer Mode，ATM）是面向连接的、以定长信元为基础的一种分组交换和复用技术。该技术进一步提高了网络资源利用率，扩展业务的灵活性，能够满足语音、视频等多媒体业务在网络质量上的要求。对新业务支撑能力的提升，使 ATM 时代被称为网络 3.0 时代。

④ IP 网络是指基于统计复用、尽力而为的设计理念，采用面向无连接的数据包交换技术的网络。IP 网络的开放性、中立性和简洁高效的设计使其在技术竞争中战胜了 ATM，成为现代通信网络的核心与基础，被称为网络 4.0 时代。

⑤ 数据网络 5.0：面向未来 8～10 年典型应用对网络的需求，致力于持续增强网络自身能力，实现网络可规划和性能可预期，能够全面感知网络状态并及时调整，增强移动性支持，提供内生安全可信保障，从而更好地支撑万物智联时代层出不穷的各类应用。

5.2　未来典型场景对网络的需求

作为万物互联的基础，网络技术的发展与演进需要广泛考虑各种接入主体及上层应用的需求和特征。这里我们将重点分析信息基础设施、移动通信承载、产业互联网、新媒体通信、算力网络等典型业务场景对 IP 网络的需求。其中，信息基础设施、移动通信承载属于需求较为明确的近期目标；产业互联网各行业差异较大，且量化指标不明确，需要针对各行业特点进行单独分析；新媒体通信、算力网络则是中远期的、面向未来的需求。

5.2.1　信息基础设施

在新型基础设施建设及数字化转型的大背景下，以云计算为代表的新技术基础设施与以 5G 为代表的通信网络基础设施作为新型基础设施建设的底座，都面临转型升级，以更好地支撑各行各业全面数字化转型的要求。而打破传统 IT 与 CT 之间的壁垒，打造架构先进、设施完善、融合创新的云网融合的新型信息基础设施，是实现这一要求的必由之路。

云计算、大数据和人工智能是新型信息基础设施的核心，云计算是各种信息系统的载体，大数据负责对海量数据进行抽取、治理、建模、分析，从而支撑人工智能进行各种智能化的运营和决策。而网络就是连通这一切的桥梁，在无数用户、算力资源、服务提供者之间按需架设一条条高速、灵活、安全的通道。

云网融合的信息基础设施主要分为 3 个部分。

1. 云内网络

云计算作为一种全新的IT 服务模式，其资源池化、按需分配、弹性扩展等理念已深入人心，为产业带来颠覆性变化的同时，其核心的分布式、虚拟化技术也对传统数据中心网络提出了更高的挑战，主要如下。

（1）流量、流向方面的变化

随着大量应用迁入数据中心，以及大数据、分布式存储等技术的广泛应用，带宽数十、数百倍增长的同时，数据中心的流量也从以南北向流量（数据中心与外部互通的流量）为主向以东西向流量（数据中心内部服务器之间的流量）为主演进。

（2）网络池化、自动化的要求

随着虚拟机、容器技术的大量应用，硬件资源的共享率极大提升。一方面，需要为不同用户、不同业务在同一套底层硬件网络的基础上提供多租户隔离的虚拟化网络连接与服务；另一方面，在虚拟机和容器动态创建、关闭、迁移的时候，网络配置也要能够自动及时地调整。

（3）智能管理及安全的要求

随着数据中心云化及NFV 技术的大量应用，网元实体数量与互访关系比之前增加了数十倍，加之各种资源的动态迁移和弹性扩展带来的配置变化激增，传统的网络运维手段已无法满足要求，需要更加智能高效的管理手段。另外，各种软硬件漏洞不断涌现，攻击手段层出不穷，安全威胁全面升级，也需要更全面的安全保障。

2. 云间网络

随着分布式技术的广泛应用，现在的数据中心早已不是一座座"孤岛"，分散在各地的数据之间需要进行大量的信息交互，以完成各种复杂的协同运作。数据中心之间的网络一般被称为云间网络或 DCI。云间网络的需求就是能够根据业务要求即时建立或拆除各种用户级、业务级、协议级隔离的 VPN 通道，并能够动态地进行带宽、时延、可靠性等 QoS指标的调整。

3. 入云网络

入云网络可在任何时间、任何地点，为任何类型的用户提供多样化、差异化的二三层入云手段，核心诉求是屏蔽底层物理网络的差异性，在上层叠加网络上提供多样化的安全可靠接入。

5.2.2　移动通信承载

5G 为我们带来的不仅仅是更大的带宽，更重要的是容量的提升和时延的降低，这使更多的业务应用成为可能，从而推动多个产业的发展，对我们的生活产生了全面的影响。根据 3GPP 的定义，5G 主要包括 eMBB、mMTC、uRLLC 三大典型应用场景。这不仅意味着核心网和无线网技术将进行革命性的突破，还对承载网络提出了全新的要求。

其中，带宽的要求对于承载网而言压力不大，挑战主要在于时延可靠性、连接数、移动性等方面。

1. 时延可靠性要求

面向车联网、工业控制、智能制造、智能交通物流及垂直行业的特殊应用需求，3GPP 要求用户面时延小于 0.5 ms，控制面时延小于 10 ms。但目前最大的挑战还是接近 100% 的业务可靠性保证，目前基于统计复用的排队机制很难做到网络时延、抖动等方面的确定性。

2. 连接数要求

环境监测、智能抄表、智能农业等物联网应用，要求支持每平方千米百万连接数的连接密度。这会对网络控制面信令连接和用户面传输开销带来极大的挑战。

3. 移动性要求

移动互联网时代，高铁、车联网等高速移动下的网络访问已经成为普遍要求，需要网络能够对 500km/h 高速移动的终端提供不中断的业务体验。高速移动下频繁的接入点切换及位置更新给网络的移动性管理带来了很大的挑战。

5.2.3　产业互联网

万物智能时代，网络正在从消费互联网向产业互联网演进，不同于消费者的普遍需求，行业应用的需求存在着较大的差异性，对网络也有着个性化的要求。随着各个产业智能化、数字化进程的推进，IP 网络面临着越来越多的新挑战。本节以工业互联网、车联网、远程医疗、智能电网作为典型场景进行分析。

1. 工业互联网

工业互联网是工业系统与计算机、人工智能、物联网及通信技术融合的产物，本质是通过开放的平台把设备、生产线、工厂、供应商、产品和用户紧密地连接起来，高效共享各种要素资源，并通过自动化、智能化的生产方式降低成本、提高效率，从而推动制造业转型发展。现在全球制造业呈现智能化、柔性化、服务化、高端化等发展趋势，同时大量的信息交互对高性能、高可靠、高安全的网络环境需求也日益迫切。

工业场景下的典型应用具体如下，应用的共同特征是对时延和稳定性要求很高。

① 云化可编程逻辑控制器（Programmable Logic Controller，PLC）：集中化、软件化后，必然会走向云化。PLC 的优点是扩容灵活，部署方便，但对网络的稳定性要求很高，长距离传输时延抖动小于 1μs。

② AR 远程协助：大量的先进设备进入工厂，需要全球化的技术支持，而 AR 远程协助可以让专家协同作业如同身临园区现场，但要求网络时延小于 10ms，可靠性大于99.9999%。

③ 工业数据采集：工业数据信息化会产生海量数据，而工业大数据分析、智能巡检都需要基于实时高频（500～500000 Hz）采样数据，对抖动非常敏感，要求抖动必须小于采样周期的 1/2。

现有的网络由于其尽力而为的传输机制，无法解决抖动、丢包等问题，在时间敏感型场景无法使用，且存在安全风险。由于制造业自身的发展要求网络具备高可靠、低时延和安全性等一系列的条件，所以提出了确定性网络的要求。

2. 车联网

车联网是汽车、计算机、通信、人工智能等行业深度融合的新兴产业形态，借助人、车、路、云平台之间的全方位信息交互与协同工作，不仅可以支撑车辆获得比单车感知更多的信息，促进自动驾驶技术的进一步完善，还有利于构建智慧交通体系，促进汽车和交通服务的新模式、新业态发展。

V2X 交互的信息模式包括车与车、车与人、车与基础设施、车与网络、车与设备之间的通信。V2X 要实现车、人、路及基础设施之间的高效协同，需要一个高速、可靠、低时延的网络支撑。

参考 3GPP R16 中的建议，车联网典型场景网络性能需求见表 5-1。

表 5-1　车联网典型场景网络性能需求

应用场景	端到端时延	可靠性	带宽
车队之间的信息交换	<10ms	99.99%	65Mbit/s
自动驾驶	<3ms	99.999%	30Mbit/s
传感器数据	<50ms	99%	1000Mbit/s
远程驾驶	<20ms	99.999%	25Mbit/s

另外，在高速移动场景下，现有的网络接入、连接、切换的技术已经不再适用，无法保障车联网关键业务的持续稳定，为保证安全驾驶及用户体验，必须探索新的移动性解决方案。

3. 远程医疗

远程医疗可以在医学专家和患者之间建立起全新的联系，使患者在原地、原医院即可接受远程专家的会诊并在其指导下进行治疗和护理，可以节约医生和患者的大量时间和金钱，目前受到广泛关注。远程医疗包括远程诊断、远程会诊及护理、远程教育、远程医疗信息服务等医学活动，涉及数据、文字、语音、图像资料及操控信号的远距离传送，对网络的带宽、时延、可靠性等均有较高要求。

目前，远程医疗的主要场景包括远程监测、远程会诊、远程操作等，远程医疗网络性能需求见表 5-2。

表 5-2　远程医疗网络性能需求

远程医疗类型	场景概述	传输带宽要求	时延
远程生命体征监测	远程监测血压、血糖、血氧饱和度、心率等生命体征数据	3Mbit/s	<100ms
会诊与指导	生化分析、影像检查、电子病历资料传输	100Mbit/s	<100ms
远程操控	远程手术、远程机器人超声	1Gbit/s	<1ms

4. 智能电网

电网作为重要的基础设施，同样面临着数字化、智能化转型的挑战，能源互联网、泛在电力物联网等战略应运而生。智能电网业务呈现大带宽、高可靠、低时延、移动性等特点，而传统电力专网的建设成本高、业务开通时间长、服务质量不稳定，亟须进行技术升级，以提供先进、可靠、稳定、高效的通信保障。

更多的分布式能源上网，大大影响了配电网运行的稳定性，配网差动保护可以实现故障区间的快速定位与隔离，保障电网的稳定可靠运行，其对网络的需求也比较具有代表性，差动保护网络性能需求见表 5-3。

表 5-3　差动保护网络性能需求

网络指标	指标要求
可靠性	99.9999%
精确时钟	需要
时延	<1ms

续表

网络指标	指标要求
抖动	<50μs
性能管理	必须
冗余	需要
丢包	0.1%~1%

5.2.4　新媒体通信

现在的媒体通信与信息交互主要围绕"视觉"和"听觉"两个维度，传输的内容以文字、图像、视频、音频为主。而在未来新媒体通信时代，这种交互将延伸到"触觉""嗅觉""味觉"，构建一种真实和虚拟对象的全方位实时物理交互，带来全新的交互体验，真实世界与虚拟世界之间的界限将变得模糊。这也将给网络带来更大带宽、时延、安全性等方面的要求。

其中，全息通信与触觉互联网的发展相对较快，不久将广泛应用于我们的实际生活中。

1. 全息通信

在人类的众多感知途径中，视觉占据了 70% 以上的信息来源。从日常行为到复杂操作都高度依赖人类的视觉感知系统。然而，当前通信网络传输的信息大多为二维信息，这意味着人类只能通过二维"窗口"去观察三维世界，极大地限制了视觉信息的全面性、真实性和沉浸感。

高速通信网络与全息采集和显示技术结合，被称为全息通信系统，全息通信系统可以解决远程医疗、移动办公、观光旅游、赛事直播及游戏娱乐等应用场景中三维视觉信息丢失问题，具有十分广阔的应用前景。

当然，更好的视觉体验也带来了对网络的更高要求。对比传统的二维图像数据量，全息数据量有千倍的增加。以一个真人大小的全息记录面为例，其单个数据流就需要 1.9Tbit/s 的网络带宽。而且，类似于极致的二维图像游戏或者 VR/AR 游戏体验，良好的用户体验对全息图的刷新率需求是非常苛刻的，通常要求每秒 90 帧，甚至每秒 120 帧，网络传输时延需求通常达到毫秒级别。

2. 触觉互联网

触觉互联网（Tactile Internet，TI）是一种低时延、高可靠性、高安全性的互联基础设施，提供了一种新的人机交互方式，在视觉和听觉以外叠加了实时触觉体验，使用户可以用更自然的方式与虚拟环境进行交互操作。

TI 可以进行"技能"传输，"实时感知"和"同步动作"是 TI 的基本特征，可以实现远程触摸应用及对机器远程的操控，使远程传递技能、体验、服务等成为可能，在工业自动化、无人驾驶、设备的远程维护、远程医疗、虚拟现实、远程教育等领域都有着广泛的应用前景，有望彻底改变现有企业的运营模式，推动服务全球化的发展。

TI 的两大特征如下。

（1）触觉精密化

触觉精密化是指复制人体皮肤敏感性，通过计算机对触觉做定量控制。一个方向是将各种不同的触觉感受进行编码，通过不断进步的传感器更加精准地模拟人类皮肤；另一个方向是通过视觉、触觉学和运动学的融合算法，实现视觉、听觉和触觉的数据整合和跨模式的互动。

（2）低时延、高可靠

TI 的许多关键任务将被远程执行，所以对网络的可靠性要求很高。触觉数据的传输需要低时延支持动作和反应，同时也依赖靠近用户部署的边缘设备来保障数据处理的及时性，因此，对网络与边缘计算，以及安全性与隐私方面的要求很高。

5.2.5　算力网络

随着云计算、边缘计算、人工智能的发展，网络上不同距离、不同节点上遍布着许多中央处理器（Central Processing Unit，CPU）、图形处理器（Graphics Processing Unit，GPU）、专用集成电路（Application Specific Integrated Circuit，ASIC）等不同种类、不同规模的算力，这些算力资源通过网络为用户提供各类个性化的服务。

算力网络（也被称为算力感知网络、计算优先网络）是应对算网融合发展趋势提出的新型算网一体架构。无处不在的网络将算力使用者、算力资源提供者、算力服务提供者三方连接起来，将动态分布的多维度算力资源进行统一协同调度，使算力服务能够按需、实时调用各类计算资源，更好地为用户服务。在这种模式下，网络将从仅提供"连接"走向提供"连接+计算"，真正实现了网络内生算力及算力与网络一体化。

算力对网络的要求不仅仅在带宽、时延、安全等方面，还要求网络的控制与协议层面能够支持算力的发现、算力的注册、算力的灵活调度等。算力网络是目前各大电信运营商非常关注的一个重点领域。电信运营商长期以来一直在避免被管道化，算力网络就是一个很好的契机，通过网络与算力的深度融合，有望能够在这种全新的模式中发挥更重要的作用。

本书有专门章节对算力网络进行详细介绍，这里仅从其对网络的需求方面进行简单描述。

5.2.6　典型需求小结

1. "空-天-地-海"一体化的泛在接入

为了满足人们随时随地按需接入网络的需求，未来，面向"空-天-地-海"一体化的泛在连接，需要从深度和广度两个方面提升网络连接的性能质量与覆盖范围。一方面，需要实现多种网络之间的端到端协同，例如，将无线网络、物联网和卫星网络，与光纤固定网络结合起来，实现"空-天-地-海"一体化覆盖，以达到跨地域、跨空域、跨海域等多种业务场景的要求；另一方面，还要求能够屏蔽底层网络的差异性，将不同的网络能力进行统一呈现、集中调度，为用户提供无感知的一致性服务。

2. 大带宽、低时延、确定性保障

工业互联网、智能电网、车联网、远程医疗等领域都需要提供连接确定、时延确定、服务质量确定的可靠网络，这也成为其技术发展和产业升级发展的重要动力，VR/AR、全息通信等领域在此基础上还对带宽有着更高的要求。

网络的带宽、时延、抖动、丢包等都是衡量网络性能的关键指标。例如，在全息通信中，单人大小的单数据流的带宽需求为 1.9Tbit/s，如果是多数据流则要求更高。在工业互联网中，运动控制时延小于 1ms；在车联网自动驾驶场景中，端到端时延需求小于 3ms。抖动是一个与时延密切相关的性能指标，在工业互联网中，控制业务要求微秒级时延抖动。工业控制、智能电网等精细化控制类业务对于网络丢包极其敏感，关键指令的丢失可能会产生严重的后果，数据传输的丢包率需要低于 10^{-3}，风力发电系统甚至要求丢包率小于 10^{-6}。

3. 能够自治的智能网络

随着网络规模越来越大，功能越来越丰富，传统的以人工为主进行管理、配置、故障排除的方式已过时，利用人工智能为网络注智，最终实现无须人工干预的网络自治或趋势，包括网络自动规划、自动优化、自动功能演进等。我们可以根据业务发展预测，对未覆盖区域进行自动规划，并实现硬件自动启动、软件自动加载，从而完成自动扩容。全面感知网络状态，并对未来走势进行提前预测，对可能发生的故障进行提前干预，实现监控和优化的全面自动化。构建对网络需求与网络环境的认知能力，进而可实现对网络功能的演化路径进行分析和决策等。

4. 多种资源体系共存

未来网络并不仅仅是通信的主体,而是集内容、服务、算力、存储等各类资源为一体的综合信息化网络。因此,需要建立多语义的全新资源标识体系,既能体现不同类型资源的差异化特征,又能够进行统一管理和寻址。同时,网络控制面也要探索新的路由协议及控制方式,将各种类别的资源信息统一进行分发与调度,并与网络资源信息相结合,形成统一的资源视图,以实现异构资源的整合。

5. 内生安全可靠

网络信息安全是指一个网络系统能够不受任何威胁与侵害,保证自身的保密性、完整性、可用性、可控性和不可抵赖性,而当前互联网的"补丁式"安全方案难以完全实现。因此,未来网络需要一整套完整的、内生的安全可信机制,不仅要保证通信双方和网络基础设施的可信,还要保证端到端通信的真实性、可审计性、隐私性、完整性、机密性,以及面对网络故障和网络攻击下的可用性等。

5.3 网络5.0体系架构

5.3.1 网络 5.0 联盟

在网络 1.0～4.0 阶段,无论在技术方面还是在产业方面,中国都是追随者的身份,到了网络 5.0 时代,时机已经成熟,无论是产业规模还是技术积累,都足以支撑中国网络界去争取更多的话语权,并逐步向引领者迈进。中国信息通信研究院牵头,联合三大电信运营商及华为作为核心,共同成立了网络 5.0 产业和技术创新联盟。除了这些核心成员,还有中科院计算机网络信息中心、自动化所等研究机构,北邮、清华等重点高校,中兴、新华三、锐捷等主流设备厂商,包含了"产、学、研"各界的杰出代表。

网络5.0 产业和技术创新联盟致力于汇聚"政、产、学、研、用"各方力量,打造一个由中国主导的、面向国际的、开放的、有影响力的下一代数据通信网络技术标准前组织,探讨数据通信网络领域的中长期愿景需求,凝聚共识,提出面向未来的网络5.0 创新架构,有节奏地推进技术创新,牵引产业发展方向,推进数据网络产业健康可持续发展。

5.3.2 目标与愿景

网络 5.0 作为面向 2030 演进的未来网络架构,将基于现有 IP 网络的基础,在演进思路上采取"分代目标、有限责任"的策略，通过打造新型IP网络体系，协同管理、控制数据面，连通分散的计算、存储及网络等资源，构建一体化的ICT基础设施，向各相关产业提供网络能力、计算能力及数据能力服务。

网络5.0旨在持续增强IP能力，以解决万物互联的智能世界所需要的内生安全可信、网络可规划和性能可预期、大连接下的感知与管控、泛在移动性支持等需求，连通多种异构接入网络，实现万网互联，使更多的新服务接入网络，促进人们的沟通，丰富生活文化。

网络5.0瞄准的是未来8～10年内新应用对数据网络能力的需求，计划在具体实施过程中分阶段、分目标实现。网络5.0阶段性参考目标见表5-4。

表5–4　网络5.0阶段性参考目标

目标	阶段一（2020年）	阶段二（2025年）	阶段三（2030年）
连接数	100亿	1000亿	10000亿
带宽	每人100Mbit/s	每人10Gbit/s	每人Tbit/s量级
时延	毫秒	确定性亚毫秒	确定性亚毫秒
抖动	亚毫秒	微秒	亚微秒
丢包率	10^{-4}	10^{-5}	10^{-6}
安全性	补丁	补丁+内生	内生
感知	带外	带外+带内	带内
管控	粗粒度	细粒度	内生+细粒度
智能度	引入AI/初步自动化	AI提升/半自动化	AI使能全自动化

5.3.3　顶层设计原则

网络5.0从IDEAS（Intelligent，Deterministic，Elastic，Accessible，Secured）5个核心设计理念出发，推进网络架构的变革，网络5.0顶层设计原则示意如图5-2所示。

1. 智能化（Intelligent）

智能化是未来网络的发展方向，要想实现全面的智能化，需要对网络各层进行全面的升级改造。网络基础设施层需要结合云计算、大数据等技术，做到资源弹性及状态可知。网络控制层需要探索更多的智能寻址及路由技术，提供更加丰富的管控手段。网络管理层需要全面与AI结合，实现网络运维管理工作的全面智能化、自动化。

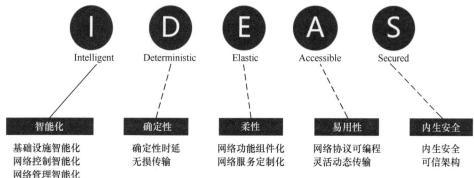

图 5-2 网络 5.0 顶层设计原则示意

2. 确定性（Deterministic）

智能制造、VR/AR 等新兴业务对网络的性能和 QoS 提出了"确定性"的要求，其关键是彻底解决现有网络"统计复用、尽力而为"原则带来的不确定性问题，将时延、丢包等指标控制在一个极低的范围内，并通过网络切片、时钟同步、流量排队等机制来实现确定性时延及无损传输。

3. 柔性（Elastic）

传统网络业务与网络硬件紧耦合，调整往往伴随着硬件割接或系统的重新开发，导致业务上线周期长，无法按需灵活调整。能够灵活编排和即时调整的柔性网络是未来发展的必然趋势，这就需要网络功能组件化和网络服务定制化的支撑。在资源层面将网络功能进行原子化解耦，形成一个个可灵活编制的功能组件，以支持网络能力设计与编排。在服务层面，根据网络专业特征、上层业务需求对网络功能组件进行初步整合后形成各种基础网络服务，以支持业务能力设计与编制。这样用户就可以根据自身需求对网络进行灵活编排，以实现业务自动化快速部署和灵活调整。

4. 易用性（Accessible）

未来网络需要根据不同的应用场景，支持网络协议层面的灵活配置，以及安全、隐私和服务质量等不同能力的集成，并通过可编程的控制器进行集中管控。同时未来网络还需要更加灵活的传输层，在实现各业务的统一承载的基础上，按需进行业务区分及动态灵活调度。

5. 内生安全（Secured）

从网络架构层面、路由层面来解决网络的安全防护和可信验证，构建具有内生安全特性的"去中心化"的网络架构、域间路由机制及域名系统，从根本上解决现有网络基础设

施的中心化、稳定性差、可靠性差等问题。

5.3.4 参考架构

根据 IDEAS 顶层设计原则，网络 5.0 参考架构 1.0 如图 5-3 所示，其总体目标是连接新网元、构建新管控、探索新协议和支撑新业务。

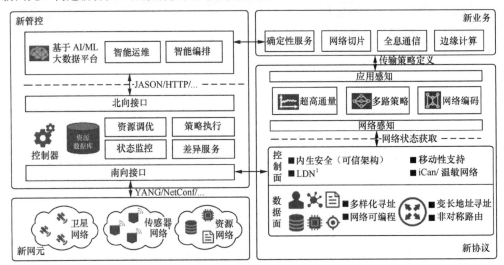

1. LDN（Large-scale Deterministic Network，大规模确定性网络）。

图 5-3 网络 5.0 参考架构 1.0

1. 新网元

在"空-天-地-海"一体化的泛在接入需求下，我们需要接入更多网络设备、网络元素，包括卫星网络、传感器网络和资源网络，要实现多种异构网络的互通。同时网络主体也更多，从主机到虚拟机，再到容器、进程、线程；从人到身份，从物体到器件；从实体到虚拟体，再到服务、微服务。

2. 新管控

以 AI 为核心构建网络大脑，可以实现网络的智能运维及智能编排。控制层作为网络大脑和基础设施的沟通纽带，一方面接收网络大脑下发的网络策略，并转化为网络可执行的控制指令，下发至基础网络，另一方面实时收集网络资源、状态等信息，并反馈给网络大脑以辅助决策。

3. 新协议

现在的网络以IP为核心，未来的网络一定是在统一的底层框架下，支持多样化寻址、

变长地址寻址、非对称路由等新的数据面协议，并可灵活编程，从而满足多种资源体系的差异化服务要求。同时控制层能够对下实现网络状态的实时感知，对上实现应用需求的感知，提供超高通量的传输能力、优化的多路策略及高效率的网络编码。

4. 新业务

新业务就是网络能够更好地满足近期的信息基础设施、边缘计算、移动通信承载、产业互联网等需求，提供确定性的网络服务。同时新业务能支持未来的网络切片、全息通信等新型业务模式。

5.4　网络5.0关键技术

5.4.1　意图网络

随着互联网规模的不断增大，网络管理和运维变得极其复杂，为应对这些问题，新的网络架构、组网方式及网络管理方法已经成为研究热点，而最理想的状况就是在AI的帮助下实现网络自治，这也是未来网络的发展趋势。

1. 意图网络的定义

基于意图的网络（Intent-Based Network，IBN）是一种在掌握网络"全息状态"的条件下，基于人类业务意图，借助人工智能技术进行搭建和操作的闭环网络架构。

根据 Gartner 的定义，IBN 系统由以下 4 个部分组成。

① 意图翻译和验证：系统从用户获取业务策略（意图），将其转换为网络配置，同时在网络模型上验证配置是否能满足业务策略。

② 自动化配置：通过网络自动化或网络编排完成网络基础设施上的配置。

③ 网络状态感知：实时获取网络和设备运行状态。

④ 意图保障和自动修复：充分利用 AI 技术，实时验证业务意图是否得到满足，在意图无法得到满足时自动修复或给出修复建议。

意图网络的目标是让网络更加智能，实现网络自治。

2. IBN 与 SDN

看到IBN，大家都会下意识地将其与 SDN 进行比较，下面简单描述一下二者各自的特点及二者之间的差异性。

SDN 是一种网络转发技术，其核心思想在于将控制面与转发面解耦，允许用户在应用平面对网络进行编程,提高网络管理运维效率。然而,用户在管理网络时仍然需要了解相关的底层实现细节。IBN 是一种全新的网络模型,IBN 通过分析用户意图,将意图转译为相应的网络策略,最终实现网络感知和控制策略的自动化部署。意图是 IBN 的核心,用户只须描述想要的结果,而不用描述如何实现,IBN 就可以自动地实现用户意图。

SDN 和 IBN 可以一起部署,也能单独部署,例如,IBN 可以调用 SDN 的北向接口来实现对网络的控制,因此,IBN 是 SDN 发展到更高级、更智能阶段的产物。但是 IBN 不限于 SDN,它是一种更加灵活、智能、自动化的网络模型。

3. 体系架构及关键技术

IBN 的体系结构目前还没有统一的形式,但是其从研究到实现工作均围绕着意图进行,意图可以消除高级别管理需求与低级别配置语言之间的鸿沟,提升网络管理的灵活性和智能化程度。

IBN 的实现按照意图获取、意图分析与转译、策略验证、策略下发与执行及意图的实时反馈的顺序执行,形成一个优化闭环,IBN 实现流程如图 5-4 所示。

（1）意图获取

意图是 IBN 的核心,以一种声明形式来描述用户想让网络所达到的状态,而不用描述如何实现意图。当然,由于技术所限,用户意图实现的自动化程度与意图实现的场景成反比关系,也就是说,一个简单的只适用于特定场景的意图,其自动化程度相对较高,复杂场景的意图自动化程

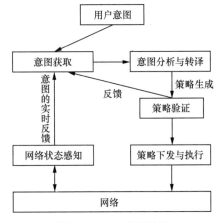

图 5-4 IBN 实现流程

度相对较低。IBN 的自动化程度根据意图抽象的级别从低到高分为全面自动化网络、自优化网络、部分自治网络和全面自治网络 4 个阶段,目前,研究仍处于全面自动化网络阶段,未来将逐步向更高层次演进。

（2）意图分析与转译

意图只是表达了用户对网络应该达到的状态的期望,并没有指出如何实现。需要根据意图中的内容及当前网络状态将用户意图转化为相应的网络配置策略,这就是意图分析与转译过程。

目前，用户意图分析与转译主要采用自然语言处理的方法，对用户意图进行关键字提取、词法分析、语义挖掘等操作，从而获得用户期望的网络运行状态，并使用智能化的方法生成网络策略。网络策略描述了网络为实现某一目标而执行的一系列指令，可以把一条网络策略分解为多条子策略以实现灵活性，也可以把多条策略组合起来以解决复杂任务。

（3）策略验证

通过意图分析与转译工作，能够得到相应的网络策略，然而这些策略不能直接下发到实际的网络中。为了保证策略的有效性，在策略下发之前必须对其进行验证。目前，对策略的验证主要围绕网络资源的可用性、策略的冲突性及策略的正确性 3 个方面进行。验证网络资源可用性的前提是能够对当前的网络状态进行全面感知，以查看执行当前策略所需要的网络资源是否充足。同时还需要检测待下发策略与网络当前的策略是否存在冲突，如果存在则要进行冲突的消解。策略的验证是 IBN 中一个十分重要的步骤，它关系到 IBN 的稳定程度，确保用户意图可以在不破坏现有网络正常运行的情况下被正确地执行。

（4）策略下发与执行

策略在经过验证之后，会下发到网络层，对各种转发设备进行配置。此过程需要对网络进行全局控制，以实现从一个单点集中式的意图需求到分布式全局网络配置的转换。目前，IBN 大多在 SDN 环境下实现，这是因为 SDN 的控制器可以收集网络的状态信息，为 IBN 的验证工作提供便利。

（5）意图的实时反馈

在策略下发与执行之后，需要对网络的状态信息进行实时监控，确保执行结果符合用户意图。此外，网络的状态是不断变化的，执行之初的网络状态与运行过程中的网络状态可能不一致，IBN 需要自动地根据期望达到的状态及当前的网络状态对策略进行适当的优化与调整，保证网络始终满足意图需求。

4. 面临挑战

IBN 是一种全新的网络模型，综合了多种现有的技术，并需要开发许多新技术。目前，IBN 已经得到了广泛的关注，学术界和产业界都已经开始对 IBN 进行深入研究与应用探索。然而，IBN 在迅速发展的同时也面临着一些挑战。

（1）意图转译挑战

目前，意图的转译工作还没有统一的实现方法，仍停留在实验阶段，缺少一个较为完善的解决方案。自然语言处理技术的发展也限制了复杂意图的理解与挖掘，导致目前仅能有效地处理一些简单的、特定环境下的意图描述。

（2）策略验证挑战

策略的验证工作是 IBN 实现不可缺少的一步，我们要对策略验证的内容要有一个全面的考虑。但网络规模和复杂性的提升，可能会导致状态空间爆炸这一严重的问题，从而使系统无法正确求解或者无法求解。另外，还要考虑验证的效率问题，策略的验证工作一定要高效并且全面，这都是目前亟待解决的问题。

（3）IBN 部署挑战

IBN 的实现很大程度上依赖于对全局网络信息的感知，意图转译工作需要参考全局网络信息，策略的验证工作更是基于全局的网络信息进行的。而在实际部署中，出于安全、隐私保护等因素，很难跨域获取到足够的网络信息，因此，IBN 中跨域通信、多域通信的问题是 IBN 今后需要进一步研究的问题。同时，IBN 在整个系统的运行期间需要考虑持续优化问题，也需要不断实时地收集网络的状态信息，验证网络策略并及时给出反馈。因此，IBN 的全局优化也是一个值得讨论的问题。

5.4.2 确定性网络

确定性网络可以保障时延、抖动、丢包率等的确定性，提供极致的网络承载服务。标准组织很早就启动了网络确定性的研究和标准制定工作，代表性的技术有 IEEE 802.1 的 TSN 和 IETF 的确定性网络（Deterministic Networking，DetNet）等。

1. TSN

（1）TSN 的定义

TSN 是指能保证时延敏感流的服务质量，实现低时延、低抖动和零丢包率的网络。TSN 基于标准的以太网，通过时钟同步、资源预留和流量整形等技术，提供确定性的报文传输，保障了网络的低时延、确定性传输及可靠性等。IEEE 802.1 TSN 是一组开放系统互联参考模型（Open System Interconnection reference model，OSI）二层协议的总称，大部分相关标准已经定稿发布。

时延敏感流可分为周期时延敏感流（Periodic Time Sensitive，PTS）和非周期/零星时延敏感流（Sporadic Time Sensitive，STS）。典型 PTS 有工厂里的循环控制指令、同步信息等，典型 STS 有事件告警信息等。

（2）调度整形机制

调度整形机制是交换机中的两种服务质量保障机制，调度是指队列调度，一般实现在交换机的输出端口，包含进入队列、根据调度算法选择发送队列和出队传输 3 个部分；整形是指流量整形，通过限制端口的转发速率，从而防止交换机内部或下一跳出现拥塞。PTS的处理一般采用同步的调度整形机制，即要求全网设备进行精准的纳秒级时钟同步；STS 一般采用异步的调度整形机制，即不需要全网时钟同步。

由于异步调度整形机制无法保证包的最坏时延满足一定阈值，只能保证包的平均时延和同步方法相当，且时延抖动比较大，在网络拥塞的情况下时延敏感流很容易发生丢包事件。当前的异步调度整形机制并不成熟，为更好地阐明时延敏感网络的本质，后文着重讨论使用同步机制传输 PTS 的场景。

（3）低时延、低抖动保障

网络的每跳时延可分为链路传播时延、交换机处理时延和出端口排队时延 3 个部分，链路传播时延和交换机处理时延基本为固定值，所以想要减少时延必须要减少排队时延，即时延敏感网络的本质就是不排队。

具体的处理方法是先通过优先级队列将时延敏感流和尽力而为（Best Effort）流隔开，再从时间（划分时隙）上或空间（规划路由）上将同样的时延敏感流隔开，从而最大限度地保证时延敏感流在确定时间内能够得到转发。这样由于不再产生排队，降低了丢包率；同时低时延降低了最坏时延，让时延上界靠近时延下界，减小了时延的变化区间，从而也实现了低抖动。

（4）TSN 的时隙配置

TSN 采用类似时分复用的方式，为每一个包配置时隙，保证其有足够的时间进行转发。主要有以下 3 种典型的时隙配置方法。

① 时间触发以太网（Time-Triggered Ethernet，TTE）：把时间戳打在包上，通过时间表控制包的发送，让每个包知道自己的发送时间，并在发包侧将各个包的发送时间隔开，严格保证时延抖动满足要求。

② 时间感知整形器（Time Aware Shaper，TAS）：利用优先级门控队列，即在优先级门控队列后加上门控开关，通过门控时间表控制门控开关的打开/闭合来保证时延抖动要求。TAS 可以阻断尽力而为流的持续转发，让高优先级的包得到稳定的间隔转发时间。和TTE 相比，TAS 让优先级队列决定包何时被转发，降低了对发端的要求，同时保证时延抖动粒度弱一些。

③ 循环排队转发（Cyclic Queuing and Forwarding，CQF）：把 TAS 里只用一个最高优先级队列来接收的时延敏感流，变为用奇偶两个队列循环接收，即所谓的乒乓队列，这样可以解决流聚合的问题。

143

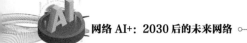

（5）TSN 实践常见问题

当然，TSN 在具体实践中仍然存在一些常见问题。

① 流聚合：当拓扑复杂、拓扑不对称、存在多个分支节点时，得到毫无排队的时隙配置会非常困难，下游聚合节点会产生流聚合现象，导致PTS 流排队。CQF是一种解决流聚合的机制。

② 流增量：每当有新的设备加入网络时，需要考虑逐个规划时延敏感流的时隙配置，同时保证已下发的配置不受影响，这给 TSN 的配置带来了极大的挑战，目前结合 SDN 进行时延敏感网络增量调度是一个可行方案。

③ 流突发：当网络中有零星时延敏感流时，很有可能与周期时延敏感流的转发产生冲突，扰乱已有的时隙配置。混合时延敏感流调度是当前还没有很好地被解决的一个问题。

④ 时钟同步：PTS 调度整形机制需要严格的全网时钟同步，但当前的时钟同步机制只能保证 7 跳以内大小的局域网内的时钟同步，如何在更大的范围内实现时延抖动的保障仍是待解决的问题。

（6）5G+TSN

5G 具有灵活的上行链路调度和精确的时间同步，这将进一步加强 5G 对 TSN 流量的支持。通过在所有架构节点之间实现时间同步，将新兴的 IEEE 802.1 TSN 标准整合到 5G 网络中，将进一步推动 5G 在智能制造、车联网等低时延场景下的应用。

在 R16 中，3GPP 对 5G NR 工业互联网进行了新的研究，目标正是 5G 和 TSN 网络的集成，进一步增强可靠性、上行链路调度的灵活性、精确的时间同步及对工业自动化的支持。TSN over 5G NR 将在分组分发、自动寻址和服务质量（QoS）等领域满足工业企业的需求。3GPP R17 预计将继续开展更多的工作。

2. DetNet

（1）DetNet 的定义

DetNet 是一项控制并降低端到端时延的技术，帮助 IP 网络实现从"尽力而为"到"准时、准确、快速"的转变。2015 年，IETF 成立 DetNet 工作组，整合了 TSN 在二层网络的技术机制和架构，专注于在第 2 层桥接和第 3 层路由段上实现确定传输路径，这样就将TSN 的应用范围从局域网扩展到广域网。

（2）DetNet 的基本特征

DetNet 的基本特征主要包括以下 3 个方面。

① 时钟同步

所有网络设备和主机都可以使用IEEE 1588精确时间协议实现μs级的时钟同步精度。大多数确定性网络的应用程序都要求终端站同步，一些队列算法还要求网络节点同步，而有些则不需要。

② 零拥塞丢失

拥塞丢失是网络节点中输出缓冲区的统计溢出，是尽力而为网络中丢包的主要原因。通过调整数据包的传送并为临界流（Critical Flow）分配足够的缓冲区空间，可以消除拥塞。

③ 超可靠的数据包交付

丢包的另外一个重要原因是设备故障。DetNet 可以通过多个路径发送序列数据流的多个副本，并消除目的地或附近的副本，不存在故障检测和恢复周期。每个数据包都被复制并被带到或接近其目的地，因此，单个随机事件或单个设备故障不会导致丢失任何一个数据包。

（3）DetNet+TSN 组网

目前，IETF DetNet 工作组和 IEEE 802.1 TSN 任务组正在合作推进解决方案，IETF DetNet 工作组关注 DetNet 的整体架构、数据平面规范、数据流量信息模型、建模语言（YANG）；IEEE 802.1 TSN 任务组关注具体技术及其算法。

DetNet 和 TSN 提供了一系列确定性网络的基础技术，目前，业界较为公认的组网方案是通过 DetNet 连接各个 TSN 子网，在 DetNet 和 TSN 之间通过设备完成二层网络和三层网络的转换，DetNet+TSN 组网如图 5-5 所示。

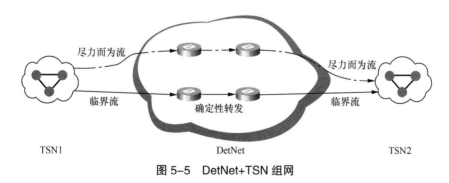

图 5-5　DetNet+TSN 组网

（4）与 BE 流的服务共存

从某种意义上说，DetNet 只是尽力而为网络提供的另一种 QoS。除非被过多的临界流

145

挤占了大量资源，大部分 QoS 保障（例如，优先级调度、分层 QoS、加权公平队列等）仍可按正常方式运行。

在确定性网络中，临界流被赋予比所有尽力而为流更高的有效优先级，因为临界流的带宽有限，所以不会对网络造成重大影响。所有确定性队列选择机制不允许一个临界流使用另一个临界流未使用的带宽以高于正常速率的速率传输。但是，临界流未使用的带宽都可以被非临界流使用。

3. DIP

除了 TSN 和 DetNet，业界也有基于这两种技术扩展而成的其他方案，例如，华为主导的确定性 IP（Deterministic IP，DIP）。

现有网络 QoS 技术无法实现时延确定性的原因就是微突发的存在。微突发是指多个数据流同时到达同一个网络设备端口时，会引发排队机制，排队的产生会挤压原本流内报文的间隙，形成微突发。在最坏的情况下，流量经过多个网络节点都产生排队，微突发逐跳积累，导致时延完全失控。因此，传统IP 转发即使配合了资源预留及优先级调度，也无法实现确定性时延。

确定性 IP 的关键使能技术为大规模确定性网络（Large-scale Deterministic Network，LDN）。通过引入周期调度机制来严格避免微突发的存在，从而保证了确定性时延和无拥塞丢包。LDN 技术的异步调度、支持长距链路、核心节点无逐流状态等特点使其适用于大规模网络部署。

（1）等长周期划分

LDN 首先要求全网设备频率同步，LDN 设备各自以一定的时间为单位划分为等长周期，并为每个数据报文合理安排进、出本跳的周期。不同设备的周期可以从不同的时间开始，在不同的时间结束，但任意两个设备的周期边缘之差保持不变。

（2）资源预留

每条确定性流在正式发送数据报文之前，需要为其预留沿途的所有资源。每条确定性流都有一个最小预留资源量，设置最小预留资源量的目的是确保每条流在每个周期内都能发送至少一个数据报文。为某条确定性流所预留的资源，哪怕在某段时间没有被使用，也不得为其他的确定性流所用，但这部分空闲资源可以用于转发 BE 报文。

（3）周期映射关系学习

每对邻居LDN 路由器之间都有一个稳定的周期映射关系。该周期映射关系指导着后续 LDN 路由器的数据分组转发行为。周期映射关系的构建可以通过 SDN 控制器进行配置，也可以通过自适应的方式学习得到。通过学习报文获得周期映射关系之后，后续的数据分组均可以简单地据此映射关系转发。

（4）循环队列调度

每个 LDN 路由器将自己的时间划分为等长周期。LDN 路由器对周期进行循环编号，每个周期对应一个队列。在一个周期内只有其对应的队列会打开，存储于该队列中的数据报文得以发送，其余队列处于关闭状态，只能用于接收数据分组。

DIP 技术不仅可以实现对端到端时延及抖动的确定性保障，还适用于大规模部署，是应对 5G 承载、工业互联网等未来场景时极具竞争力的一项技术。

5.4.3　新的寻址路由机制

未来，数据网络技术将打破现有 IP 的弊端，采用变长网络地址、多样化的寻址方式，同时支持网络可编程，从而更好地支撑未来网络业务。

1. 变长网络地址

新的网络层协议将采用变长的、结构化的地址设计。网络设备可以为不同长度的地址建立统一的路由转发表项。不同的网络地址将共存于数据报文中，网络设备则根据任意长度的地址进行路由表查找操作，从而决定数据报文的下一跳。据此，可根据网络规模平滑扩充地址空间，而无须修改旧的网络地址配置。网络互联和扩容不依赖协议转换或者地址映射网关设备，使组网方案更加灵活。因此，未来的数据网络可以同时满足海量通信主体引起的长地址需求及异构网络互联带来的短地址需求。

2. 多样化寻址

未来网络地址不仅标识主机，还包括内容、服务、算力、存储等各类资源。随着业务形态的不断丰富及需求的多样化，建立多种寻址方式与路由体系共存的多模态网络模型是必然趋势。

该模型包括基态层和多态层两层结构，基态层定义了网络寻址、路由功能的基础要素与能力；多态层则通过个性化的定制派生出基于名称、内容、服务等的多种路由协议，并可定义不同的功能、安全、服务等特性，以满足多样化的业务特征要求，多态路由体系如图 5-6 所示。

多态路由协议是基于基态路由协议生成的多种运行形态的协议，既可表示为通过基态路由协议加入个性化要求而形成的不同协议体系，也可以表示为一种协议体系的多个运行态。多态路由协议可有效解决多种网络寻址方式共存的问题，支撑网络向内容化、服务化、算力化转型的趋势。

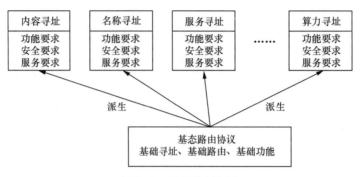

图 5-6　多态路由体系

3. 用户可定义

现有的 IP 无法支撑将用户需求完整并及时地传递给网络侧，同时用户也缺乏全面、准确感知网络状态的能力。新的设计理念将指令、信息封装在数据报文中，由这些指令、信息来确定网络设备的处理逻辑，从而达到可编程网络协议的效果，以灵活支撑未来各种网络业务。例如，用户可明确告知网络所需带宽、时延、抖动、丢包等要求，网络可反馈网络状态、传输路径、是否拥塞等信息。

5.4.4　新传输层

针对现有传输层存在的问题，新传输层主要从主动感知业务特征、可接收应用层要求和强化多路径调度能力 3 个方面来解决。

1. 主动感知业务特征

现有传输层只依赖协议或应用进行粗颗粒度区分的方式过度依赖上层应用开发者的能力，很难完美地解决服务质量与网络资源消耗之间的矛盾。每一个应用都会有多种数据对象，各数据对象的类别、重要性、优先级等特征各不相同。新传输层需要主动感知业务特征，区分数据边界，识别数据对象，并可以根据数据对象类型进行差异化处理，从而极大提升保障的准确性。

2. 可接收应用层要求

除了主动感知，新传输层还能通过标准接口接收上层应用对传输性能的指定性要求，例如，数据优先级、服务质量、损失容忍的能力等，从而选择匹配的传输策略，达到传输层可定义的要求。

3. 强化多路径调度能力

在面对多种要求各不相同的数据源的情况下，传输层首先需要能够对业务特征进行更加精细的感知。在接受上层应用的明确需求后，传输层的核心挑战就是如何有效地调用并组合网络中多条性能不一的不相交瓶颈链路，来满足各业务的最低服务质量要求，并且很多业务的吞吐量还超过了网络中最大的单链路带宽。

为解决上述问题，新传输层采用一种新型的两级调度机制。

（1）一级调度

一级调度作为数据子流级别的调控，负责数据子流在物理路径间的迁移及基于策略分配应用数据对象至数据子流，充分利用网络资源，实现最优传输效率。

① 多路径：多路径调度的前提之一是网络架构具有多物理路径，例如，端侧具备多接口，或者网络设备具有规划出若干真实瓶颈链路的能力。因此，新传输层可以充分利用未来网络的带宽资源，基于各种真实瓶颈链路的数据流带宽公平性，实现多路径带宽叠加。

② 数据对象分配：通过应用层配合，数据对象分配机制可在传输层感知数据对象的边界和其他特征，例如，重要性、优先级、分类等，并基于策略将数据对象分配至已有数据子流内传输，突破"同源同溯"的限制。

一级调度实现的数据子流迁移和数据对象分配机制基于物理多路径的传输能力，使能"流"级别和"块"级别的调度，最大化地满足吞吐和应用等维度的多重需求。

（2）二级调度

二级调度是各数据子流自身的调控，负责决定自身的拥塞控制算法、传输可靠性等控制机制。由于不同物理路径的传输能力和状况不同，对数据子流使用单一的拥塞控制算法必然限制传输能力，例如，随机分组丢失发生频繁的链路使用基于分组丢失的拥塞控制算法将极大地限制带宽利用，这时需要二级调度将该数据子流的拥塞控制算法调整为基于时延的算法，以提高带宽利用率。并且，当某条数据流传输的是次要数据时，该数据流可以调整为不可靠传输，以减少头阻塞带来的影响，提升传输效率。

5.4.5　面向服务的网络

服务涵盖了传输与应用的概念，通过数据资源、计算资源、存储资源、网络资源的整合，完成各种复杂的信息处理任务。面向服务的本质是以服务为中心，改变"网络傻瓜"、终端智能的现有网络模式，将网络定义成一个内涵丰富的综合服务资源池，而非简单的传输通道。

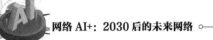

面向服务的网络体系核心技术主要包括服务标识、注册与查询、服务感知、标识与位置的映射、服务寻址与路由等。

1. 服务标识

在面向服务的网络中，以服务标识作为网络体系的核心，取代了现有网络中 IP 地址的位置。服务标识是服务的逻辑描述，与之对应的是服务的位置，标识与位置分离的设计可以有效避免现有 IP 网络语义过载带来的安全性、移动性问题，保障服务的连续性。

为了实现服务的普遍化，需要对服务标识进行统一命名与描述，解决方式是采用层次化的服务标识管理办法，类似现在的域名管理，例如，按照地域、行业、服务类型等维度对服务进行分类，这样可以实现多维度、多粒度服务的统一控制与管理，并具备良好的扩展性。

2. 注册与查询

服务标识解决了服务资源与位置分离的问题。但是用户要想获取服务，还必须完善服务提供者向网络注册服务，以及服务使用者查询所需要的服务这两个功能。

为解决扩展性问题，服务标识查询系统多采用层次化的分布式部署方案。在服务注册时，服务提供者必须将服务标识及其服务行为描述信息提供给所有域的服务标识查询系统。服务标识查询系统一方面将信息进行本地化存储，另一方面向上层服务标识查询系统进行信息上报，从而完成网络服务的注册。服务查询时，本地服务标识查询系统优先进行本地化匹配，如果能匹配，则直接提供服务，否则向上级查询系统转发查询要求。

3. 服务感知

为了能够更好地实现服务提供者与使用者的匹配，网络必须能够动态、准确地感知服务需求和行为变化，主要包括以下 3 个方面。

① 服务提供者应能感知测量用户的需求，根据用户的服务请求，为用户提供个性化服务。

② 当网络组件转发用户服务请求时，感知用户需求服务的描述信息，并通知服务标识查询系统，该系统统筹各种服务请求的分布特征，确定其流行度等级，并根据流行度等级决定是否对该服务进行缓存。

③ 动态感知服务行为的变化，并提取相应的描述信息，以合理分配网络资源。

4. 标识与位置的映射

由于采用了标识与位置分离的结构，为查询到所需的服务，必须建立服务标识与位置之间的映射系统。如果服务标识都是层次化、可汇聚的，可以采用传统的分布式哈希表（Distributed Hash Table，DHT）构建映射系统，但实际使用中往往需要面对大量扁平化结

构的服务标识，这就带来了新的挑战。

一种解决思路是建立分层映射系统，这样既能够支持扁平标识，又可最小化域间查询流量。具体做法是在网络的每个域内构建独立的位置感知 DHT 覆盖网络，然后在 DHT 域上再构建更高层次的 DHT 覆盖网络，高层次覆盖网络可作为不同低层次覆盖网络之间的通信转发网关，这样可平衡扁平化标识处理带来的性能瓶颈及系统可扩展性问题。

5. 服务寻址与路由

为了满足多样化的业务需求，面向服务的网络采用服务寻址及服务路由机制来实现服务到业务的映射。面向服务的网络还需要具备服务编排的能力，根据网络情况对位于多个服务节点的服务进行组织，形成一条按既定顺序经过所需服务节点的路径，即服务路径或服务链。如何根据上层用户的服务请求构建一条最优的服务路径并部署相应服务，是服务寻址与路由技术研究的核心。

5.4.6　温敏网络

随着智能时代的来临，网络承载的业务从公众网络渗透到垂直行业，新型业务的低时延和大带宽需求，流量波形、流向在毫秒级周期内变化剧烈，给流量调度带来了很大的挑战。传统的技术关注粗粒度的链路质量监控，缺乏对业务流的微观刻画，难以自适应网络质量的快速变化，只能以轻载来换取对业务的保障。

温敏网络由中国电信与华为联合实验室提出，"温"指网络质量，"敏"指反应速度。温敏网络相当于给网络安装了高精度的智能传感器，可快速感知网络质量的变化，及时对网络进行调整优化，以满足业务质量保证、网络高可靠和最大通量。实验表明，部署温敏网络后，网络可极大优化实时业务的 SLA，有效应对流量微突发，大幅提升网络可靠性，温敏网络将成为下一代智能承载网的关键能力。

1. 温敏网络关键能力

温敏网络包含 nTouch、xRecognition 和 iX 3 个关键能力单元。

（1）网络感知（nTouch）

nTouch 是指高精度的智能传感器，包含毫秒级精度的网络质量测量和网络拥塞评估两个关键能力。

① 毫秒级精度的网络质量测量

温敏网络的 nTouch 能力单元的网络质量测量技术精度为毫秒级，要求测量发起、测量数据收集都在设备数据面完成。

网络测量包括带外测量和带内测量两个技术分支，传统的单向主动测量协议（One-Way Active Measurement Protocol，OWAMP）和双向主动测量协议（Two-Way Active Measurement Protocol， TWAMP）属于典型的带外技术，其原理是生成测量报文插入业务流中进行测量。现在热门的随流检测方案（insitu Flow Information Telemetry，iFIT）和智能操作维护（intelligence Operation Administration and Maintenance， iOAM）属于带内测量，其原理是给业务报文中插入测量报文字段，俗称"染色"。带内技术的特点是轻便，一方面可以极大提高测量频率，获取更准确的网络状态；另一方面可微观到具体业务流的质量，支持进行业务粒度的故障定位。二者通常结合使用，对不同的测量对象采用不同的测量方法。监测粗颗粒度的拓扑、路径等信息，可以采用带外测量技术；细致到业务流的监控可采用带内测量技术。

② 网络拥塞评估

传统网络拥塞评估是通过检测链路利用率和分组丢失率两个指标来衡量的，设备上收集的网络性能数据会直接上传到外部系统做拥塞评估，其最大的问题是检测对象单一、缺乏端到端视图。温敏网络nTouch 的拥塞评估分为路径、链路等层级，不管选择带外还是带内测量技术，都需要考虑多负载分担路径的场景，协议上要具备扩展能力。

路径级：路径是一个端到端的概念，从始至终，中间可以跨越多跳网络设备。确定的起点和终点之间可以有多组负载分担路径。

链路级：链路是指两个相邻节点之间的物理连接（包括有线和无线的），网络术语中常称其为"一跳"。链路相比路径粒度更粗，例如，一条物理链路可以承载多条业务路径。

（2）业务识别（xRecognition）

xRecognition 相当于一个小型数据库，缓存了毫秒级精度的路径或者业务流统计信息。应用 xRecognition 的前提为网络是负载分担的，如果网络是非负载分担模式，只能通过扩容来解决。如果网络是负载分担模式，则 nTouch 可以联动 xRecognition 和 iX 能力单元进行智能负载分担。

下面，我们从路径和链路两个方面分别进行描述。

① 如果路径发生拥塞，流识别能力单元会从拥塞路径中挑选出合适的业务流，由 iX 将业务流调整到其他轻载路径来解除拥塞。

② 链路拥塞时，路径识别能力单元会从拥塞链路中挑选出需要调整的路径，由 iX 进行重新计算，绕行拥塞链路来解除拥塞。

（3）智能调度（iX）

iX 的关键能力是智能算法。基于设备级和路径级负载分担能力，温敏网络 iX 提供了智能负载分担算法，即根据流量的变化调整负载分担，最终达到网络的负载均衡。

iX 包含智能流（iFlow）和智能路径（iPath）两大组件。

① iFlow：路径拥塞时，iFlow 从 xRecognition 中获取合适的流填充进负载分担轻载路径中。在理想状态下，iFlow 启动调整之后不会引发轻载路径拥塞。关键是看被调整的流量属于什么流量，如果时延要求比较苛刻，则需要一直保持路径最小时延；如果质量要求比较宽松，则路径被要求不分组丢失即可。

② iPath：链路拥塞时，iPath 从 xRecognition 获取合适的路径进行重新计算以绕行拥塞链路。

2. 温敏网络部署模式

温敏网络部署模式可分为分布式和集中式，分布式模式下的设备从本地收集到网络质量信息后可直接就地决策，其特点是快，但常常只能解决小范围内的问题。而集中式控制器可以从网络的每个节点收集全网信息，集中决策，擅长做全局资源调整，它的特点是慢但更全面。

选择分布式还是集中式，首先要看各自拥有的完整业务视图范围。分布式设备的头节点具备多个负载分担路径的完整视图，集中式控制器拥有一个链路承载的多个路径视图。如果要解决网络微突发引发的网络拥塞问题，分布式架构的处理时效可以满足其需求，而且路径视图更接近业务视图，对于业务流量的微突发更易感知和处理。如果要解决链路拥塞问题，那么拥有全网路径视图的集中式处理是最为合适的。

最终方案汲取了集中式和分布式的优点，将集中式和分布式结合，兼顾宏观路径和微观流，取长补短，最终获得全网负载分担均衡、最高通量和最佳时延体验，充分释放网络基础设施的潜能。

5.4.7　内生安全机制

通信网络设计之初主要考虑的是连通性和传输效率，在身份认证、接入控制、网络通信和数据传输等层面存在着诸多天生缺陷。尤其随着网络云化、IT 化持续演进，以及网络规模和业务场景的进一步扩展，网络和业务对安全可靠性的要求大幅提升，安全暴露面不断扩展，开源的通用软硬件安全漏洞频出，安全边界更加模糊，攻击手段不断升级，传统

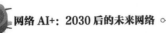

"打补丁式"的被动防御模式已经不能很好地适应新型网络和业务的安全需求，需要网络具备一定的原生安全基因，为上层业务提供更加灵活的安全能力。

考虑到未来网络业务对安全可信的需求及当前网络的安全可信脆弱性，我们希望借鉴当前的经验和教训，自顶向下地设计一套完整的、内生的网络安全架构。我们把网络需要解决的安全可信问题归纳为"端到端通信业务的安全可信"和"网络基础设施的安全可信"两大类，并分别提出相应的使能技术。

1. 协议内嵌的安全功能

端到端网络通信在IP地址真实性、隐私保护与可审计性的平衡、密钥安全交换、拒绝服务攻击等方面存在较大的安全威胁。面对以上安全威胁，未来网络可以根据安全目标及需求划分不同的安全域，将不可信、攻击流量阻断在安全域外，将域内安全问题控制在安全域内，限制安全问题的扩散。在划分安全域的基础上，通过在不同安全域中的网络元素及协议中内嵌关键安全技术，提供可信身份管理、真实身份验证、审计追踪溯源、访问控制、密钥管理等安全模块，可实现端到端通信的身份/IP 真实可靠性、个人隐私信息最小化、不合法行为可追踪溯源、DDoS 攻击可逐级防御、密钥安全可信等特性。

2. 芯片级可信计算技术

在网元中引入芯片级可信计算技术，从而在网元底层基础上构建一个可信的、安全的软硬件运行环境，实现从硬件平台到操作系统，再到应用的逐级验证，从而确保整个系统的机密性与完整性。

3. 基于区块链技术的网络基础数字资源安全管理

以区块链技术来构建网络基础数字资源，例如，IP 地址、域名、自治系统（Autonomous System，AS）号等的可信体系，通过分布记账和共识机制，保证资源所有权和映射关系的真实性，防止 IP 篡改、路由劫持、域名假冒等安全问题。

4. 基于人工智能的安全策略动态规划

由于用户业务规模与复杂性的增长，安全策略的数量与复杂性呈现指数级增长，传统的基于人工方式的安全策略规划难以适应，网络要打造流量和业务特征自学习及建模能力、基于特征模型的风险预测和安全策略编排能力、安全策略冲突检测及自动调优能力。

5.4.8　"去中心化"互联网基础设施

域间路由系统、域名系统和公钥基础设施等是互联网重要的基础设施，它们是互联网

的网络连通性、服务可用性和通信可信性的基础。然而，这些基础设施或其背后的可信模型是中心化的，存在中心节点权限过大、单点失效等问题，降低了互联网的安全性、可靠性和平等性。中心化的基础设施及其安全信任模型已经难以适应互联网的全球化属性，甚至有可能阻碍互联网长期可信和健康发展。

为了构建一个更加安全、可靠、平等和开放的互联网，对基础设施进行"去中心化"改造，形成一个"去中心化"互联网基础设施（Decentralized Internet Infrastructure，DII），从而加强互联网的可信与平等基础，促进互联网的可持续发展势在必行。

互联网基础设施的"去中心化"议题已经得到了越来越多的关注。IETF 成立了"去中心化"互联网基础设施研究组。斯坦福大学的研究团队提出了适合互联网基础设施的"去中心化"一致性协议；伯克利大学提出"去中心化"的映射系统；"去中心化"身份基金会（Decentralized Identity Foundation，DIF）推动"去中心化"身份系统应用，受到了学术界和工业界的广泛关注。

DII 的架构包含 3 个层次：底层基于区块链的分布式账本技术，构建基础的"去中心化"能力；中间网络资源层构建地址和域名等互联网名字空间的"去中心化"可信管理机制，并支持安全可信的域间路由和域名映射系统；顶层为开放的应用层，支持和促进创新、可信的"去中心化"互联网应用。

分布式账本层构建"去中心化"的底层基础平台，为网络资源层提供"去中心化"的基础能力。网络资源层在分布式账本层提供的基础平台上，实现各种资源的"去中心化"，同时又为依赖这些资源的应用层提供可信基础，DII 整体架构如图 5-7 所示。

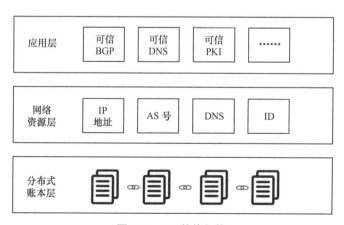

图 5-7　DII 整体架构

1．分布式账本层

DII 基于区块链技术的分布式账本能力，构建"去中心化"的互联网基础设施，确保系统参与者（例如，真实的电信运营商）的身份真实、合法，主要包括以下内容。

① "去中心化"的系统结构：没有恒定的特权节点，尽管在某段时间内有些节点拥有更大的权利，但长期来看所有节点的地位是平等的。

② 分布式共识机制：分布式账本技术的核心，所有节点采用"去中心化"的机制达成共识，来保证上层网络资源所有权的唯一性及相关应用的一致性。

③ 智能合约：智能合约允许在没有第三方的情况下进行可信交易，可以用来实现"去中心化"的资源申请、分配、交易、付费等。

2．网络资源层

这里的网络资源层包括传统的IP地址、AS号、域名系统（Domain Name System，DNS）等互联网基础的名称或号码资源，也包括面向物联网、虚拟物体的身份标识（Identity Document，ID）/身份资源，网络资源层负责处理这些资源的申请、转移、回收、仲裁等工作。

① IP 地址和 AS 号管理：已有 IP 地址的转移可以采用交易的方式在分布式账本上完成，过程相对简单。对于新地址的申请，可由申请者发起一个分布式账本交易，并支付地址使用费，其他节点收到该交易后，通过智能合约检查申请者的合法性和使用费，并采用稀疏委托算法为申请者计算出一个适合它的地址前缀。AS 号也可以通过类似方法得以实现，受限于篇幅，本节不再赘述。

② 域名管理：域名的管理与 IP 地址有所不同。首先，域名是层次化的，IP 地址空间是扁平化的；其次，域名空间在现实中是不可耗尽的，而 IP 地址空间是有限的。

".com"".net"".cn"".us"等一级域名一般不会变化，多采用线下协商的方式管理。而三级域名一般由二级域名的拥有者进行管理，因此，DII 对于域名管理的重点放在二级域名。域名管理逻辑可以在单独的智能合约中实现，由于域名申请者很多为个人或小型机构，所以可以利用当前域名管理体系中的域名中介代替申请者参与"去中心化"域名申请过程，同时要避免权力的集中化。

由于域名解析数据量巨大且动态性极高，把全部解析数据都存储在分布式账本层上是不现实的，因此，DII 仅将对安全域名解析最关键的信息，例如，公钥和权威服务器的地址等存储在分布式账本层中，而将存储量大、动态性高的信息存储在权威服务器中。

③ ID 管理：ID 管理模式类似于 IP 地址与 AS 号。

3. 应用层

底层分布式账本的基础能力和中间层可信的名称、号码等资源管理能够支撑安全可信的"去中心化"网络应用，例如，"去中心化"的 BGP 源地址验证、BGP 路由泄露检测、"去中心化"的公钥基础设施等。

① BGP源地址验证：明确了地址和AS号归属权后，地址的拥有者就可以发布路由起源认证（Route Origin Authorization，ROA）在路由系统中保护自己的前缀。其他节点接收到该交易后，先验证地址的所有权，验证通过后再写入该ROA。此过程中地址的所有者对ROA有完全的控制权限，并不依赖任何第三方权威或者相关资源证书，这种"去中心化"的ROA认证能极大提高BGP路由的可靠性。

② BGP 路由泄露检测：简单来说，路由泄露就是路由的传播范围超过了其应有的区域，这样极易造成严重的大范围网络故障，IETF 的标准 RFC 7908 中针对 BGP 路由泄露进行了详细分类。DII 系统提供的域间邻居关系同样也可以支持BGP 路由泄露检测，当一个 AS 收到来自对等 AS 的前缀更新消息时，可以通过查询 AS 域间邻居关系并结合 AS path 对路由通告的合法性进行检测。

③ "去中心化"的公钥基础设施：传统网络通过证书颁发机构（Certificate Authority，CA）颁布的各种证书来进行身份验证，导致了中心化依赖。而 DII 可以利用智能合约提供的信息来提供网站运营者对该域名的所有权，网站运营者可以自行向其用户提供智能合约的相关信息来证明其对该域名的所有权。在此基础上，可以在 DII 中引入 CA 角色作为参与节点。CA 节点可以通过智能合约发布对其他节点账户的身份背书信息。

5.5　标准及产业推进

网络 5.0 产业和技术创新联盟只是一个标准前组织，负责技术研究和产业推进，具体的标准化还需要与国内外的标准化组织进行深度合作。

5.5.1　国内外标准推进

1. CCSA

CCSA 中成立了"网络 5.0 技术标准推进委员会"（TC614），下设 7 个 WG，TC614 工作组设置见表 5-5。

表 5-5　TC614 工作组设置

WG 名称	WG 研究范围
WG1 网络 5.0 需求组	负责汇总行业信息，开展各场景下的需求沟通事宜，通过分析不同的应用场景梳理出行业关键需求
WG2 网络 5.0 架构组	研究并输出技术架构，面向行业发布相关解决方案
WG3 网络 5.0 接口与协议组	负责相关协议标准的研究与制定，并通过与相关标准组织的对接，推动协议标准化进程
WG4 网络 5.0 标识与映射组	负责组织开展标识解析体系架构与关键技术的研究
WG5 网络 5.0 安全与可信组	负责调研、论证网络 5.0 安全与可信问题，提炼相关行业安全需求；建立网络 5.0 安全可信标准、规范体系
WG6 网络 5.0 管理与运营组	负责相关协议标准的研究与制定，并通过与相关标准组织的对接，推动协议标准化进程
WG7 网络 5.0 验证与基础设施组	负责进行试验平台的搭建与测试、开展应用试点示范等相关工作

TC614 的主要任务是分析新应用对数据网络的需求及现网存在的问题，明确网络 5.0 的目标愿景与具体指标，构建网络 5.0 技术体系架构，进行创新研究和规范，推动相关技术点的验证、部署与运营，组织与建设产业链，推进产业化进程。

2. ITU-T

ITU-T 的网络 2030 焦点组（FG NET-2030）于 2018 年 7 月底成立，旨在探索面向 2030 年及以后的网络技术发展，包括新的媒体数据传输技术、新的网络服务和应用及其使能技术、新的网络架构及其演进等。

网络 5.0 产业和技术创新联盟与 FG NET-2030 在未来网络场景及需求、架构与关键技术等方面建立了良好的合作关系。网络 5.0 产业和技术创新联盟的各成员单位在 FG 各子工作组中提交了多篇文稿，涉及整体架构、光场三维显示、沉浸式技术支撑的工业监测、远程医疗等应用场景的需求分析等领域。双方专家也多次在相关会议上讨论研究进展、发表技术观点、提出工作建议等。

3. IETF/IRTF

网络5.0产业和技术创新联盟自成立以来，在 IETF/互联网研究任务组（Internet Research Task Force，IRTF）中进行了多个关键技术的推动研究，例如，确定性网络技术从架构、调度机制、协议扩展、数据面封装等方面分别在 DetNet、TSVWG、Spring、6man、LSR、

MPLS 等多个工作组进行推动；变长寻址技术在 HotRFC 宣讲并组织了相关旁听会议进行讨论；非对称地址在物联网领域发布了个人文稿，将在 6LoWPAN 工作组推动；自组织网络技术在 ANIMA 工作组推动；DII 技术在 IRTF 中进行了相应的宣讲。

4. ETSI

2015 年年底，华为、博通等单位在 ETSI 联合发起成立了 ISG NGP，旨在联合业界伙伴共同推进网络协议的持续演进。目前，已发展成员近 30 家，思科、沃达丰、三星等均为重要产业成员。网络 5.0 产业和技术创新联盟的多家成员单位已在 ISG NGP 推动了多个标准立项，包括自组织控制与管理、新传输层技术、网络切片及确定性 IP 等。

5.5.2 相关研发计划

2018 年 7 月，网络 5.0 产业和技术创新联盟 8 家成员单位（中国信息通信研究院、华为、中兴、新华三、锐捷、中科院、盛科、迈普）联合承担的通信软科学研究计划项目"下一代数据网络演进技术路径研究"成功通过结题答辩。该课题提出了下一代数据网络升级演进和技术创新的新思路，即采用有限目标、分代研究的方法持续推动数据网络技术继续向前发展。

2019 年 5 月，网络 5.0 产业和技术创新联盟 10 家成员单位联合承担的 2018 年国家重点研发计划"宽带通信和新型网络"重点专项"新型网络技术"创新链之"基于全维可定义的新型网络体系架构和关键技术（基础前沿类）"重点研究任务通过评审答辩。该项目将以网络技术创新为驱动，以 IP 为突破口，设计全维度可定义、协议操作灵活、安全机制内生化的 New IP 下一代网络协议体系，突破寻址、路由、确定性 QoS、内生安全等下一代网络核心技术。

2020 年 10 月，网络 5.0 产业和技术创新联盟 9 家成员单位成功联合申请了 2020 年国家重点研发计划"宽带通信和新型网络"重点专项"新型网络技术"之"大规模确定性骨干网络架构及关键技术研究"，研究软件定义的确定性骨干网体系架构、MB 级别 L1/L2 协同的确定性硬隔离切片技术、基于时隙映射的细粒度三层软切片及面向 New IP 的确定性转发技术、大规模确定性骨干网控制技术，并开展大规模确定性骨干网络示范验证。

5.5.3 产业推进

1. 中国电信

（1）发布白皮书

中国电信于 2020 年 11 月发布了《云网融合 2030 技术白皮书》，全面阐述了云网融合的

内涵、意义、需求、特征、愿景、原则等。在此基础上，该白皮书还系统介绍了中国电信云网融合的技术架构、三阶段发展路径和目标，对云网融合未来演进的重点技术领域进行了深入剖析，并结合中国电信的实践需求，提出了近期将开展的关键举措及六大技术创新方向。

（2）算力网络

2019 年 10 月 14 日至 25 日，在 ITU-T SG13 会议上，由中国电信主导，中国联通、中国移动、华为、北京邮电大学联合起草的标准建议 "Framework and Architecture of Computing Power Network（算力网络架构与框架）" 的立项获得 SG13 全会通过。本次立项的 Y.CPN-arch 标准定义了算力网络的顶层架构，包括算力网络的典型应用场景、框架架构以及重要功能模块等。

算力网络方案一经提出，就受到业界的广泛关注。在同期举行的 ITU-T FG NET-2030 焦点组会议上，由中国电信展示的算力网络原型系统得到了焦点组主席 Richard 的高度评价，与会各方专家积极讨论后，将算力网络作为未来网络发展方向之一，纳入 FG NET-2030 研究报告。

（3）探索工业领域确定性网络

① 探索工业互联网生态

2020 年 11 月，中国电信发布《5G+工业互联网生态合作白皮书》，从网络、终端、生态、应用等全方位探索了与工业企业合作进行产业创新的模式。

② 确定性专线承载 AGV 工业控制流量试点

中国电信 5G 开放实验室联合华为进行了确定性专线承载自动导航车辆（Automated Guided Vehicle，AGV）工业控制流量试点工作。试点结果表明：以 DIP 为代表的确定网络技术在大干扰流的网络拥塞环境下，仍然可以提供确定性、低时延、低抖动的传输通道，可为工业高精度控制流量提供可靠的传送通道。

③ 云化 PLC 试点

上海电信与华为等合作伙伴一起进行了确定性广域网面向工业互联网的场景化试验，云化 PLC 是工业互联网的关键业务场景之一。实验结果表明：在未启用确定性广域网技术的情况下，当网络出现拥塞、云化 PLC 控制信号传输时延出现剧烈抖动、时延超过 12ms 时，就会导致远端模块掉站、停机。而在启用确定性广域网技术的情况下，无论网络轻载还是出现拥塞，都可以保证云化 PLC 控制信号的传输时延满足要求。

2. 中国移动

（1）发布未来 IP 网络白皮书

中国移动于 2020 年年初发布了《未来 IP 网络 IDEAS 关键技术白皮书》，从"新路由"

"新 QoS""新算力""新互联""新安全" 5 个角度出发，提出了针对未来 IP 网络关键技术的 "IDEAS" 创新网络。"IDEAS" 创新网络遵从 Internet "开放互联" 的原则，在 IP 网络上逐步增加新的能力，构建持续创新演进的未来 IP 网络。"IDEAS" 可以分解为五大技术领域，即智能路由、确定性网络、算力网络、无障碍连接和安全性，构建面向未来IP网络的技术体系。

（2）发布 2030+系列白皮书

中国移动于 2020 年 11 月，发布了《2030+系列白皮书》，包括《2030+愿景与需求白皮书》《2030+网络架构展望》《2030+技术趋势白皮书》。

《2030+系列白皮书》对未来10年内的网络需求、网络架构、网络关键技术进行了全面预测与探讨，有效地引发了产业界的讨论与思考，后续中国移动将联合学术界和工业界共同完善和更新未来网络的愿景与需求，持续推进潜在使能技术的研究工作。

（3）算力感知网络

中国移动从技术研究、原型验证及标准推进 3 个方面进行算力感知网络研究和实践工作。

① 技术研究：在 2019 年边缘计算产业峰会（ECIS2019）上，中国移动研究院正式发布了《算力感知网络技术白皮书》。该白皮书由中国移动研究院联合华为撰写，首次向业界介绍了算力感知网络的背景与需求、体系架构、关键技术、部署应用场景及关键技术验证等内容。

② 原型验证：为了进一步推动算力感知网络的研究，中国移动联合华为在中国移动浙江公司多个 MEC 站点启动了算力感知网络实验网部署，节点间平均距离约 30km，Ping 平均时延约 4ms，平均通量接近 1000Mbit/s。本次测试有力证明了算力感知网络使能边缘计算节点成网，并通过网络计算协同调度将服务请求分配到更优的边缘节点，实现边边协同、整体系统负载均衡优化、资源利用率优化和用户体验优化。

③ 标准推进：在 2019 年 10 月召开的 ITU SG13 全会上，中国移动主导的 "算力感知网络的需求及应用场景" 项目获得全会通过，此项目成为算力感知网络首个国际标准项目。在 2019 年 11 月召开的 IETF 会议上，中国移动联合华为组织了算力感知网络路由层关键技术的 "计算优先网络（Computing First Networking，CFN）" 技术研讨会，主导提交了 3 篇核心提案。

3. 中国联通

（1）发布中国联通 CUBE-Net 3.0

中国联通于 2015 年正式发布新一代网络架构 CUBE-Net 2.0，提出 "新网络、新服务、新生态"的网络发展愿景，打造面向云端双中心的解耦集约型网络架构。2021 年 3 月，中国联通在对国际国内形势、行业发展趋势及前沿技术走势全面研判的基础上，将 CUBE-Net 2.0 升级为 CUBE-Net 3.0，继承和发展 CUBE-Net 2.0 网络转型经验和创新基础，通过架构创新和融合创新构建支撑数字经济高质量发展的新一代数字基础设施，提供 ICT 智能融合服务，创造高品质信息生活，赋能千行百业数字化转型和智能化升级。

CUBE-Net 3.0 作为新时期中国联通网络创新体系，旨在携手合作伙伴共同构建面向数字经济新需求、增强网络内生能力、实现"联接+计算+智能"融合服务的新一代数字基础设施。在 CUBE-Net 2.0 所倡导的"新网络、新服务、新生态"网络发展使命的基础上，CUBE- Net 3.0 的使命内涵增加以下 3 层新含义：CUBE-Net 3.0 是数字基础设施型"新网络"的构建者、确定性智能融合"新服务"的创建者、云网边端业协同化"新生态"的贡献者。

（2）算力网络

中国联通研究院于 2019 年发布《中国联通算力网络白皮书》，于 2020 年发布《算力网络架构与技术体系白皮书》，系统阐述了算力网络的架构、技术、标准和生态合作等方面的现状与展望，2021 年发布了《异构算力统一标识与服务白皮书》《云网融合向算网一体技术演进白皮书》，对算力网络的研究更加深入，与电信运营商现网的结合也更加紧密。

5.6 总结与展望

IP 网络在"面向终端、尽力而为"的核心理念下，以其强大、优异的泛在连接能力，简单、尽力而为的传输能力，以及端到端的业务和应用模型，经过 50 年的发展，构建起一个开放性、中立性和简洁的技术体系，实现了全球网络的广泛互联互通，建立了以消费互联网为代表的完整应用生态，推动人类社会进入网络时代。

以信息技术、人工智能为代表的新兴科技快速发展，大大拓展了时间、空间和人们的认知范围，人类正在进入一个人、机、物三元融合的万物智能互联时代，网络空间也已经成为继"空-天-地-海"之后的国家第五疆域。在新的历史阶段，网络生产力发展的重心已从"广泛互联"向"产业支撑"转移，给网络技术在确定性、安全性、管控能力等方面带来了新的挑战。IP 网络面向终端的设计理念，以及不断打补丁的演进方式，已难以胜任产业应用对网络质量、效率、安全、管控、能耗的严苛要求，特别是端到端的安全模型，导致网络空间安全边界模糊，负面作用凸显。

在现有 IP 网络协议的基础上，网络 5.0 提出"以网络为中心、能力内生"的核心主旨，

通过打造新型 IP 网络体系，连通分散的计算、存储及网络等资源，赋予网络安全可信、确定性传输、算网融合、差异化服务等内在能力，构建一体化的 ICT 基础设施。网络 5.0 立足改变现有网络"端强网弱"的网络生产关系，通过做强网络，主动向各类产业应用提供网络能力、计算能力及数据能力服务，降低端侧应用复杂度，提升服务质量、网络效率，保障可信安全，形成以网络为能力主体与责任主体的全新网络产业生态与治理体系。

网络 5.0 是技术上的继承和发展，是网络设计理念上的创新和引领。将"以网络为核心"作为网络建设指导思想，有利于解决网络技术难题，推动消费互联网、产业（工业）互联网的快速高质量发展。"以网络为核心"作为一种全新的创造性设计思路，现阶段可基于过渡技术，继承现有技术优势，由现网平滑过渡。

参考文献

1. 网络 5.0 产业和技术创新联盟. 网络 5.0 技术白皮书 1.0 [R]. 2019.

2. 网络 5.0 产业和技术创新联盟. 网络 5.0 技术白皮书 2.0[R]. 2021.

3. 中国联合网络通信有限公司研究院. 中国联通 CUBE-Net 3.0 网络创新体系白皮书 [R]. 2021.

4. 确定性网络产业联盟. 5G 确定性网络产业白皮书 1.0[R]. 2020.

5. 兰巨龙, 胡宇翔, 张震, 等. 未来网络体系与核心技术[M]. 北京：人民邮电出版社, 2018.

6. 万俊杰, 李泰新. 新传输层技术[J]. 电信科学, 2019, 35（10）：43-50.

7. 李福亮, 范广宇, 王兴伟, 等. 基于意图的网络研究综述[J].软件学报, 2020, 31（8）：2574-2587.

8. 孙嘉琪, 杨广铭, 党娟娜, 等. 温敏网络的关键能力和架构体系[J]. 电信科学, 2019, 35（9）：52-57.

9. 江伟玉, 刘冰洋, 王闯. 内生安全网络架构[J]. 电信科学, 2019, 35（9）：20-28.

10. 刘冰洋, 杨飞, 任首首, 等. "去中心化"互联网基础设施[J]. 电信科学, 2019, 35（8）：74-87.

11. 强鹍, 刘冰洋, 于德雷, 等. 大规模确定性网络转发技术[J]. 电信科学, 2019, 35（9）：12-19.

12. 郑秀丽, 蒋胜, 王闯. NewIP：开拓未来数据网络的新连接和新能力[J]. 电信科学,

2019，35（9）：2-11.

13. 陆忠梅，陈巍，魏杰，等. 车联网极低时延与高可靠通信：现状与展望[J]. 信号处理，2019，35（11）：1773-1783.

14. 杜渐. 全球触觉互联网技术发展概述[EB/OL]. 2019-5-20.

15. 中国联通网络技术研究院，中国联通广东省分公司，华为技术有限公司. 云网融合向算网一体技术演进白皮书[R]. 2020.

16. 中国移动研究院，华为技术有限公司. 算力感知网络技术白皮书[R]. 2019.

17. 中国联通网络技术研究院，华为技术有限公司. 中国联通算力网络白皮书[R]. 2019.

18. 中国联通研究院. 算力网络架构与技术体系白皮书[R]. 2020.

19. 中国联通算力网络产业技术联盟. 异构算力统一标识与服务白皮书[R]. 2020.

20. 中国移动研究院. 未来 IP 网络 IDEAS 关键技术白皮书[R]. 2020.

第6章　算力网络

6.1　产业发展催生算力时代

人工智能凭借什么可能战胜人类？人类对未来世界的了解为何能越来越迅速、精准？答案是海量数据背后的超级算力。算力改变世界，算力驱动未来。算力究竟是什么？

算力，顾名思义就是计算能力。计算是人类认识世界和改造世界的重要方式。无论是集成电路时代大规模生产制造的设备计算，还是信息化时代全球互联互通的移动计算，计算已经深入人类生活的方方面面，智能社会对计算的需求也越来越强烈。小至手机、计算机，大到超强服务器集群、超算中心，算力存在于各种硬件设备中，没有算力就没有各种软硬件的正常应用。

随着芯片技术的发展，各类设备的计算能力突飞猛进，但算力的利用率却在大幅降低。IDC 咨询的一项统计显示，数据中心、服务器、计算机及终端等各类计算资源的平均利用率低于15%。以计算机为例，很多家庭可能不止有一台计算机，但并不是每一台计算机都可以物尽其用，计算机大部分时间是处于闲置状态的。而在企业的私有数据中心、科研机构的超算中心中，各类计算资源的闲置率更高。大量算力的浪费，对于家庭或企业而言都是一种经济上的损失。与此同时，算力池的建设成本与所占用空间的租金成本、电力成本相比，比重已经占得比较小。也就是说，只要有足够的空间和电力，任何单位或个人都可以成为算力的提供者。这些空闲的算力资源如何发挥作用，并且为所有者提供一定的经济回报，成为一个值得探讨的问题。

从资源消费方来看，从政府到企业，从家庭到个人，各类算力使用者对算力的需求越来越大，越来越多元化，也愿意支付相应的费用，因此，算力资源的市场也越来越大，既有业务需求，也有资源出租的动力，业界正在考虑搭建一种新型算力交易平台，将二者有机地结合，使闲置的算力可以在网上进行交易，减少资源浪费，提高企业、个人的经济效益。这样，传统的云计算平台、新兴的边缘计算平台，甚至是企业闲置的服务器、计算机、终端等，都可以成为网络上的算力提供者，为算力使用者提供多元化的选择。算力网络作为解决方案应运而生。2019 年，"算力网络"概念被正式提出，引发业界的广泛关注。

目前，大量的算力资源呈现"形态多样化、分布离散化、来源多元化"等特点，以孤立或碎片的形态存在，单个站点的算力资源有限，而站点之间又不能相互感知，无法协同工作，不能成为算力资源有效的提供者，必须由灵活高效的通信网络将孤立或碎片形态存在的算力资源连接起来，组成算力基础设施，提供给算力资源使用者，满足智能社会的多元化需求。算力将和水、电、网一样成为一种基础设施，可实现泛在接入、灵活便利、按需使用、按量付费、性能保证、安全保障等。

与此同时，计算的形态也在发生着变化，云负责大体量的复杂计算，边缘负责简单的实时计算，终端负责感知交互和执行，计算正由以云计算代表的"中心计算"向"云-边-端"统一协同的泛在计算发展，以满足智能社会多样化的算力需求。

根据未来计算形态"云-边-端"泛在分布的形势，计算与网络的融合将会更加紧密。算力网络的目标是聚合散落在全网中的"资源孤岛"，打造"云-边-端"的协同计算体系，将计算单元和计算能力嵌入网络，提升全网算力的资源利用率，实现"云-网-边-端-业"的高效协同。

数字化智慧社会的 3 个要素是数据、算力、算法：数据是基础，海量数据来自各行各业的人和物；算力是智慧应用的基础平台，大数据的处理需要大量算力；算法是构建平台的核心，需要科学技术人员研究实现。

算力网络汇集计算芯片、存储设备、传输信道、感知网络、算法资源，通过网络分发服务节点的算力、算法、存储等资源信息，针对用户的不同类型需求，提供最佳的资源分配及网络连接方案，实现多方、异构的资源之间的信息关联与交易，解决不同类型节点的算力分配与资源共享需求难题。任意位置接入的用户不需要关心计算资源的物理位置和部署状态，算力网络基于用户的 SLA 需求，综合考虑计算资源和网络资源的实时状况，通过网络灵活匹配，将业务流量动态调度至最优节点，保证用户体验的一致性。未来网络需要感知、互联和协同泛在的算力与服务，算力网络的"去中心化"特性可以实现资源的全局优化，便于未来应用能够随时、随地、随需地获取资源。

算力网络可以提供以下 3 种服务模式。

① 算力的 IaaS：计算和存储等基础算力，这种场景对网络的要求极高，一般来说，只有具有计算机并行总线的数据通信能力，才能将基础算力用得很好。

② 算力的 PaaS：间接使用基础算力，用户使用的是加载在算力节点的平台软件。

③ 算力的 SaaS：间接使用基础算力，用户使用的是加载在算力节点的应用软件，例如，VR 与 AR 的渲染、不同语言之间的实时和非实时翻译等。

算力网络依托计算和网络两大 IT 与 CT（IT 对应计算，CT 对应网络）基础设施，使能算力服务，是响应国家产业政策、具备商业前景、顺应技术演进趋势的新方向，也是电信运营商摆脱被"管道化"、重新占据产业高地的新契机。

① 从政策导向看：国家发展和改革委员会明确将算力基础设施作为新型基础设施建设的核心内容之一，通过顶层设计、政策环境、统筹协调等方式促进算力基础设施的持续发展、成熟和完善。

② 从商业模式看：从开放共享的服务模式出发，打造多维有序的生态圈是算力网络成功运营的关键。电信运营商具有数据中心、5G 网络、IP 承载网和光纤骨干网等众多优质资源，在算力网络运营领域有望占据主导地位。

③ 从技术成熟度看：以云原生为代表的资源管控调度技术和以 SRv6 为代表的网络调度技术日趋成熟，可以实现云数据中心内外部网络的统一调度和智能路由，促进算力网络的落地实现。

在数字经济时代，拥有更强大的算力意味着掌握更多的话语权，国家之间的核心竞争力之一是算力网络的能力水平，包括计算速度、计算方法、通信能力、存储能力和数据总量。通过帮助海量的计算存储资源、海量的应用及功能函数构建一个开放的生态圈，为智慧地球应用提供数字动力，算力网络有望成为未来网络最值得期待的信息基础设施之一。

算力网络是推动"数字中国"高质量发展的重要引擎。算力就是生产力，当万事万物都离不开算力时，一个崭新的算力时代就会到来。

6.1.1　AI

AI 概念诞生于 1956 年，经历过 3 次"浪潮"，也遭遇过两次"寒冬"。近十年来，随着计算能力的不断突破、核心算法的精进创新及移动互联网发展中海量数据的强力支撑，AI 终于迎来质的飞跃，从科幻走进现实，呈现深度学习、人机协同、跨界融合、高度自治的新特征，成为全球瞩目的科技焦点。AI 是研究、开发用于模拟和扩展人类智慧的理论、方法、技术及应用系统的一门新的技术科学，涉及概率论、信息论、逻辑学、计算机科学、生物学、仿生学、心理学和哲学等自然和社会科学。

人工智能、机器学习、深度学习三者之间的关系如图 6-1 所示。简单地说，这三者呈现的是"同心圆"的关系。

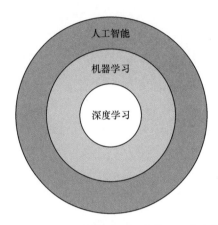

图 6-1 人工智能、机器学习、深度学习三者之间的关系

"同心圆"的最外层是人工智能，从概念提出到现在，人工智能出现过多种实现思路和算法；"同心圆"的中间层是机器学习，机器学习属于人工智能的一个子集，互联网的许多推荐算法、相关性排名算法依托的基础就是机器学习；"同心圆"的最内层是深度学习，深度学习以机器学习为基础进一步升华，是当今人工智能大爆炸的核心驱动。

当前，深度学习是人工智能的热门技术，原因有两个：一是人类已经拥有了超强的计算能力；二是大数据、超大数据、海量数据具有强大的力量。大数据和日益强大的机器运算能力让深度学习迅速发展。深度学习就像造火箭，火箭需要巨大的引擎，也需要燃料。深度学习的引擎就是超强的计算能力，燃料就是大数据，二者结合，深度学习才能越来越成熟。

AI 不仅可以服务于千行百业，还可以为网络赋能。AI 可以助力算力网络感知、互联协同并灵活调度泛在的算力资源。AI 赋能的算力网络将成为支撑智能化社会发展的重要基石。

6.1.2 新型基础设施建设

新型基础设施建设是智慧经济时代贯彻新发展理念，吸收新科技成果，实现国家生态化、数字化、智能化、高速化、新旧动能转换，实现经济结构对称态，建立现代化经济体

系的国家基本建设与基础设施建设。新型基础设施建设是以新发展为理念，以技术创新为驱动，以信息网络为基础，面向高质量发展需要，提供数字转型、智能升级、融合创新等服务的基础设施体系。

新型基础设施建设覆盖三大重要方向，分别是信息基础设施、融合基础设施和创新基础设施。信息基础设施如图 6-2 所示，融合基础设施如图 6-3 所示，创新基础设施如图 6-4 所示。

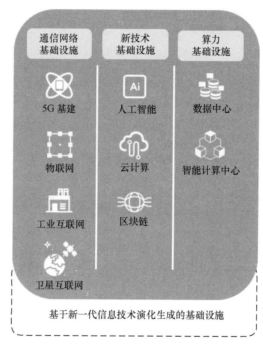

图 6-2　信息基础设施

图 6-3　融合基础设施

图 6-4　创新基础设施

新型基础设施建设"新"在何处？

① "新"在数字：新型基础设施建设更多地体现在对数字经济的支持作用上，既包括以数字为核心的全新信息基础设施，又包括对传统基础设施数字化改造的融合基础设施。

② "新"在民生：新型基础设施建设将更多的民生方向的基础设施建设纳入政府统筹范围，在层面上下沉至基层，未来将全面支撑基层社会组织的公共服务能力和数字化治理水平。

③ "新"在应用：城市从"数字化、网络化"向"智能化、智慧化"迈进，新型基础设施建设背景下的新兴技术正从"技术攻关"向"行业应用大规模落地"转变。

新型基础设施建设带来新改变，开启智能经济新图景。

① "零离线"：从万物互联到万物智能。伴随着感知、连接能力全面提升，人与物将在数据构筑的智能环境中进行实时交互，最终实现"零离线"。

② "零偏差"：从"数据 1.0"到"数据 2.0"。数据从作为附属物而存在转向具有实时性、动态性，可以用在全局流程及价值优化，能够支撑量化分析决策与智能预测。

③ "零错配"：从产业链到协同生态。从单点应用拓展到全链条服务能力后，数据积累实现行业经验跨域复制，形成产业协同生态。协同生态系统的资源配置可以整体实现"零错配"。

④ "零缝隙"：从物理世界到孪生世界。物理世界的数字镜像将从分时到实时、从宏观到微观，形成一个完整的数字孪生世界。其作用从辅助物理世界改造，进化到决定物理世界改造，甚至创造超越想象的新世界，最终实现两个世界的"零缝隙"。

在智能经济形态下，任何经济组织和社会形态都将完成微粒化的解构和智能化的重组。这一切都需要以"算力+网络"为核心的算力基础设施为基础。

2020 年 4 月，国家发展和改革委员会明确将以数据中心、智能计算中心为代表的算力基础设施纳入新型基础设施范畴，成为新型基础设施建设的重要组成部分。这也是"算力基础设施"这一概念在国家层面首次提出。

新型基础设施建设将极大地调动社会各方对算力基础设施的建设热情，也将极大推动整个社会向数字化、智能化转型升级。电信运营商通过连接高度分布的计算资源，构建算力网络，驱动算网融合。

6.1.3　数字化转型

全球已经掀起行业数字化转型的浪潮，数字化是基础，网络化是支撑，智能化是目标。

数字化转型建立在数字化转换、数字化升级的基础上，开发数字化技术及支持能力，新建一个富有活力的数字化商业模式。数字化转型可以实现信息数字化、流程数字化、业务数字化。对于企业而言，只有对其业务模式、流程管理、组织架构和员工能力等所有方面进行系统的、彻底的重新定义，才可以实现数字化转型。

2020 年 5 月 13 日，国家发展和改革委员会等共同发布"数字化转型伙伴行动"倡议。该倡议提出，政府和社会各界联合，共同构建"政府引导+平台赋能+龙头引领+机构支撑+多元服务"的联合推进机制，以带动中小微企业数字化转型为重点，在更大范围、更深程度上推行普惠性"上云用数赋智"服务，提升转型服务供给能力，加快打造数字化企业，构建数字化产业链，培育数字化生态，形成"数字引领+抗击疫情+携手创新+普惠共赢"的数字化生态共同体，支撑经济高质量发展。

数字化转型带来物理世界与数字世界的深度融合。数字世界通过 AR、VR、IoT 等技术提供的执行器和传感器，与物理世界产生互动。网络作为物理世界和数字世界连接的桥梁，一侧是 IoT 的执行器和传感器的 I/O 产生的海量数据，对网络提出更大带宽、更低时延、更高可靠、更强安全的需求；另一侧是 AI 需要的数据、算力、算法，实现数据价值化。

全球从百亿量级的智能终端，到十亿量级的家庭网关，到每个城市数千个边缘云节点，再到每个国家数十个核心云 DC，海量的泛在算力从各处接入互联网，形成计算和网络的深度融合。

算力网络旨在打造算力即服务（Computing Power as a Service，CPaaS）。电信运营商可以借助算力网络，为合作伙伴的数字化转型提供智能云服务，做好云端应用及平台的安全保障。算力网络在不远的将来必定会成为数字化转型的重要基石。

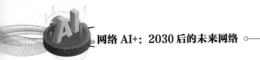
6.2　算力网络标准与生态

2019 年，"算力网络"概念被提出，引发了业界广泛关注，国内外多个标准化组织着手准备算力网络标准化制定工作。

3GPP 定义了 5G 大带宽、低时延、核心网控制面与用户面分离架构的标准，为算力网络奠定了基础；ETSI 定义了边缘计算相关的架构和接口标准；IETF 讨论了智简网络和计算优先网络的相关标准和协议；宽带论坛（Broad Band Forum，BBF）完成了"城域算网"立项；2019 年 ITU-T SG13 全会上，中国电信、中国联通、中国移动、华为、北京邮电大学共同提出了 Y.CPN-arch 文稿，阐述了算力网络顶层架构，中国移动主导提出了 Y.IMT-2020-CAN-Req 文稿，阐述了面向 5G 的算力感知网络场景需求；在 IETF，华为主导"计算优先网络场景与需求"立项；IRTF 成立了网络计算研究工作组，研究计算与网络融合的控制平面、数据平面及端到端计算、网络、存储的动态编排技术；CCSA 的 TC3 WG1 立项了"算力网络需求与架构"研究课题，TC1 WG2 立项了"面向业务体验的算力需求量化与建模"研究课题；在国内 IMT-2030 推进组，算力网络已经成为 6G 网络研究的重要课题之一。

"计算优先网络""算力感知网络"与"算力网络"是在不同时期由不同企业提出和倡导的概念。"计算优先网络"由华为提出，"算力感知网络"由中国移动提出，"算力网络"是中国电信和中国联通倡导的概念。CCSA TC3 会议将三者统一为"算力网络"。

2020 年，网络 5.0 产业和技术创新联盟成立了"算力网络特别任务组"，依托联盟的平台和资源，聚集联合多方力量，构建算力网络生态圈。该工作组首先对第一代算力网络进行顶层设计，提出在第一代算力网络中的典型应用场景，然后提炼出关键和核心的技术需求，设计算力网络架构，制定算力网络技术规范和测试规范，并计划在中长期内致力于构建全新的算力基础设施，打造全新的算力商业生态。

云网时代，核心需求来自云计算和 IT 产业，美国在这个领域处于领先地位，因此，在云化网络的标准、架构和生态上发挥了主导作用，引领了过去10年的技术创新和网络演进。算网时代，5G 与 AI 结合的各行各业的智能化诉求涌现，中国在这些领域已经处于产业的第一阵营，未来，有可能在算力网络的标准、架构和生态上发挥主导作用，为构建全球智能社会做出重大贡献。

6.3 算力网络概念

6.3.1 算力网络定义

电信运营商正在从服务消费互联网向服务产业互联网转变。5G 时代，电信运营商因网络资源和计算资源丰富而成为全社会 ICT 基础设施的提供方。同时，AI 已经成为全社会的焦点，智能社会正在快速到来。在 5G+AI 的产业背景下，电信运营商也在思考在流量业务之外，是否还存在适合电信运营商经营、标准归一化的新业务形态。

未来网络要从以信息传输为核心的信息基础设施，向融合感知、处理、计算、存储、网络为一体的智能化信息基础设施转变，这对业务处理节点的功能、节点之间的连接技术提出了新的要求：节点从"只处理电信业务的封闭模式"向"可对外提供算力服务能力的开放模式"发展；连接从"对业务无感知"向"感知客户业务需求，为数据和算力服务之间建立按需连接"发展；客户的管理认证、网络资源开放与服务化从"传统中心化、静态方式"向"去中心化、动态、安全、可信方式"发展。

在此背景下，算力网络应运而生。为了满足未来社会对信息处理的巨大算力需求，需要将大量闲置算力进行统一管理和调度，通过网络将闲置计算资源节点连接在一起，再通过网络将计算资源提供给需要的应用和服务，供用户使用。这种基于网络汇聚计算资源，对算力进行统一管理和调度，实现连接和算力的全局优化，为上层业务提供算力服务，并最终为用户提供应用的系统，被称为"算力网络"。

算力网络是应对算网融合发展趋势提出的新型网络架构。网络将从"连接"走向"连接+计算"，实现算力在网络中的可管、可控、可用。算力网络是一种根据业务需求在"云-网-边-端"之间按需分配和灵活调度算力资源、算法资源、存储资源和网络资源的新型信息基础设施。电信运营商将从运营"云网"向运营"算网"发展。

算力网络的具体工作如下。

1. 资源评估

算力网络面向全网泛在的算力资源、算法资源、存储资源、网络资源等，对各类资源的状态及分布进行度量和评估，并将结果作为资源发现、交易、调度的依据。

2. 资源标识

算力网络通过统一的资源标识体系，标识不同提供者、不同类型的算力资源、算法资

源、存储资源、网络资源等，以便分发与关联资源信息。

3. 资源整合

算力网络屏蔽底层的差异性（例如，异构计算、不同类型的网络连接等），通过网络控制面（包括分布式路由协议、集中式网络控制器等）将来自不同提供者的资源信息进行分发，并与网络资源信息相结合，形成统一的资源视图。

4. 业务保证

算力网络对业务需求划分服务等级，向使用者承诺算力大小、网络性能等业务的 SLA。

5. 算力交易

算力网络采用基于区块链的分布式账本，实施高频、可信、可溯的资源交易，根据算力使用者便捷灵活的选购需求，对云计算节点、边缘计算节点、端计算节点、算法资源、存储资源、网络资源等统一管控调度，提供最合适的资源。

6. 弹性调度

算力网络实时监测业务流量，动态调整算力资源，完成各类业务的高效处理和整合输出，并在满足业务需求的前提下实现资源的弹性伸缩，优化算力分配，提升算力资源利用率。

6.3.2 算力资源度量

算力网络的基础是一个完善的算力度量体系，包括异构硬件算力度量、多元化算法算力度量、用户算力需求度量。

1. 异构硬件算力度量

作为算力度量的基础体系，异构硬件算力度量指的是不同的芯片、芯片的组合及不同形态的硬件进行统一的算力度量。算力度量是发展算力网络的基本问题，算力度量问题不解决，算力发现、算力测量、算力池化、算力配置等就无从谈起。算力度量是一个难题，目前有的算力可以度量，例如，CPU、GPU，从算力网络顶层设计看，可以将它们纳入第一代算力网络设计。但大部分算力还不能被度量，需要用分代设计和分代实施的方式推进。

（1）CPU 的算力度量单位

目前，CPU 的算力度量单位包括以下内容。

① 每秒处理百万次机器语言指令数（Million Instructions Per Second，MIPS），即百万次运算/秒。

② 每秒事务处理次数（Transactions Per Second，TPS），即事务处理次数/秒。

③ 每秒万亿次操作（Tera Operations Per Second，TOPS），即万亿次操作/秒，能效比 TOPS/W 用于度量处理器功耗为 1W 的运算情况，作为评价处理器运算能力的一个性能指标。

（2）GPU 的算力度量单位

GPU 的算力度量单位常用浮点运算能力来衡量，例如，每秒浮点运算次数（Floating-point Operations Per Second，FLOPS）、每秒百万次浮点运算（MegaFLOPS，MFLOPS）、每秒十亿次浮点运算（GigaFLOPS，GFLOPS）、每秒万亿次浮点运算（TeraFLOPS，TFLOPS）、每秒千万亿次浮点运算（PetaFLOPS，PFLOPS）、每秒百亿亿次浮点运算（ExaFLOPS，EFLOPS）等。

2. 多元化算法算力度量

① 多元化算法所需算力的度量：对不同的算法（例如，AI、神经网络、深度学习等算法）所需的算力进行度量。

② 更好地服务于应用：更有效地了解应用调用算法所需的算力，从而更好地服务于应用。

3. 用户算力需求度量

① 用户需求向算力映射的统一体系：把用户需求（例如，业务种类、计算类别、算法、时延等）映射为对应的实际所需的算力资源。

② 有效感知用户的需求：网络能更充分有效地感知用户的需求，提高和用户交互的效率。

高效算力的第一个要素是"专业"，即聚焦特定场景，可以用更低的功耗和成本完成更多的计算，目前相对成熟。对算力需求最大的场景是视频和图像分析领域，算力网络基本上贯穿了该领域的智能场景，在边缘和云进行视频的分析和处理，需要网络提供高吞吐能力。网络吞吐能力取决于网络带宽和时延两个关键因素，带宽越大，时延越低，数据吞吐量越大。

高效算力的第二个要素是"弹性"，例如，算力的超分配、算力提供的敏捷性。数据弹性处理需要网络为数据需求和算力资源之间提供敏捷的连接建立和调整能力。

高效算力的第三个要素是"协作"，每个处理器能高效工作不一定整体能高效工作，从处理器内部多个核之间的"协作"，到数据中心内部多台服务器之间的"算力均衡"，再到整个网络边缘的"随选算力"，协作的目的是实现算力资源的充分使用，运用网络支持多边缘之间、边缘与中心之间的算力均衡，支持流量调度和拥塞管理。

高效算力的实现需要具有"计算+网络"深度融合的新型网络架构的"算力网络"，需要数据与算力的敏捷连接和均衡随选。

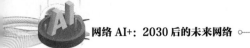

6.3.3　算力网络商业模式

本小节用电力网络类比，来说明算力网络的商业模式，让读者更好地理解算力网络的概念。

电力行业一般包括发电、输电、变电、配电和用电 5 个环节。发电企业负责发电，风电、水电、火电、核电等各类大中小型发电厂可以发电，个人也可以按照相应的法律法规要求自建发电设施发电。电网公司负责输电、变电、配电，负责将发电企业发的电传输、变压、配送并销售给用电用户，用电用户包括政企用户、家庭用户和个人用户等。由于电网公司统一进行输电、变电、配电和售电，用电用户既不需要知道自己所用的电来自哪家电厂，是通过哪种能源生产的，也不需要直接和电厂讨论电力价格，不用关心电厂的生产成本变动影响电费支出。这种模式降低了电力资源的供需对接成本，给产业链上各类角色的业务发展提供了充分的空间，有利于产业链的均衡发展。

算力网络由算力提供者、算力网络交易平台、算力使用者组成。算力提供者相当于发电企业，算力网络交易平台相当于电网公司，算力使用者相当于用电用户。算力提供者可以是由云服务商、电信运营商等提供的大规模云计算节点，也可以是由行业用户自建的中小型边缘计算节点，甚至是由个人提供的端计算节点。算力使用者提出算力需求，获得、使用算力资源并进行付费。算力使用者不需要了解自己的需求是由哪家算力提供者满足的，只须按所用算力大小、网络带宽、服务质量等进行付费。算力网络交易平台扮演"算力中介"的角色，负责聚合各大、中、小算力提供者的算力，维护、管理、调度算力资源，为算力使用者提供多维度的经济、高效、安全、可靠的算力服务。算力网络交易平台一般由电信运营商实现，在算力提供者与算力使用者之间建立连接，提供传送通道，传递二者之间的各类信息与数据。

类似于电力交易，在算力网络中，算力使用者将按照以下步骤订购算力资源，并获得相应的服务。

第一步，算力、算法、存储、网络资源纳管，相关节点上报并注册自己的能力信息，算力网络交易平台对其进行评估。

第二步，算力使用者提出业务诉求，例如，算力大小、算法需求、网络带宽、服务质量、站点位置等。

第三步，算力网络交易平台根据算力使用者的诉求，生成算力网络资源全景视图，以算力使用者为中心，将可能的云计算节点/边缘计算节点/端计算节点等各类算力资源池、相关的网络连接资源等整合在一张视图中，甚至包括相关资源消费组合的套餐报价。算力网络交易平台将资源信息转换为以算力使用者为中心的算力网络资源全景视图，根据算力、算法、网络带宽、服务质量、资源建设成本等因素综合定价。

第四步，算力使用者根据算力网络资源全景视图选择最适合自己的套餐服务，也可以自行选择相应的资源进行定制，然后在算力网络交易平台上签订交易合约。

第五步，算力网络交易平台根据交易合约，通过算力网络控制面调度算力资源与算法资源，建立网络连接，并更新相应的空闲资源信息。

第六步，算力网络交易平台持续跟踪资源占用情况，直到合约约定结束时间，终止服务，释放各类资源。

综上所述，算力网络交易提供了一种可以类比电力交易的新型商业模式。算力网络交易平台还可以借助区块链等新技术，实现分布式账本、匿名交易、不易篡改、可追溯等新功能，提供可信的自动算力交易、自动算力匹配、自动费用结算，将社会各类闲置的算力资源进行统筹管理调度和交易，构建良性的算力资源商业模式。

6.3.4　算力多元化

分布式云通过"云-边-端"协同，提供一种全局化的弹性算力资源。

面向未来网络的各种应用场景，电信运营商正在将云计算、边缘计算、端计算等各种算力资源融合起来，打造一张端到端的、面向全连接的算力网络，为垂直行业提供智能算力基础设施。丰富的算力资源与网络资源将不断融合互补，为千行百业带来优质的用户体验。

1. 云计算

云计算将网络上分布的计算、存储、应用等资源集中起来，基于资源虚拟化的方式，为用户提供方便快捷的服务，实现计算与存储的分布式与并行处理。如果把"云"视为一个虚拟化的计算与存储资源池，那么云计算是这个资源池基于网络平台为用户提供的计算与存储服务。互联网是最大的一片"云"，上面的各种资源共同组成了若干个庞大的计算中心和数据中心。

云计算是分布式计算、并行计算、效用计算、网络存储、虚拟化、负载均衡等传统计算机和网络技术发展融合的产物。相对于实现技术而言，云计算最吸引人的是把计算、存储、软件等各种能力作为像水、电一样的公共事物提供给用户的理念。

云计算的服务类型主要分为 IaaS、PaaS、SaaS 3 类。我国的 IaaS 发展成熟，PaaS 高速增长，SaaS 潜力巨大。

2020 年 4 月，国家发展和改革委员会首次正式对"新型基础设施建设"的概念进行解读，云计算既是基础设施，也是操作系统：一方面，以数据中心和智能计算中心为代表的算力基础设施本质上是服务器、芯片等硬件资源的集群，算力基础设施构成了云服务的硬件基础；另一方面，云计算也反过来对它们进行管理，通过资源整合、调度、分配等方式提高算力基础设施的整体利用效率。

云计算发展的未来趋势包括云技术从粗放向精细渗透；云需求从 IaaS 向 SaaS 上移；云布局从中心向边缘延伸；云安全从外延向原生转变；云应用从面向普通用户向面向企业扩展；云定位从基础设施向操作系统转型等。

云计算将与 AI、B5G/6G、区块链、数字孪生等新兴技术融合发展，从底层技术架构和上层服务模式两个方面赋能传统行业数字化转型升级。

2. 边缘计算

边缘计算将计算存储能力与业务服务能力向网络边缘迁移，使计算、存储、应用等核心能力实现本地化、近距离、分布式部署，将业务分流到本地处理，提升网络数据的处理效率，满足行业数字化在实时业务、敏捷连接、数据优化、智能应用、安全与隐私保护等方面的关键需求，带给终端用户优质体验，让超级计算机无处不在。

边缘计算的应用非常广泛。无处不在的现场级边缘计算为用户提供智能化接入和实时数据处理服务，实现数据生态的赋能；触手可及的网络侧边缘计算为用户提供丰富的算力，承载人工智能、图像识别和视频渲染等新业务，实现应用生态的赋能。

边缘计算通过充分挖掘移动网络的数据和信息，实现移动网络上下文信息的感知和分析，并开放给第三方业务应用，有效提升了移动网络的智能化水平，促进网络和业务的深度融合，从而在一定程度上解决了 5G 网络热点大容量、低功耗大连接及低时延高可靠等场景的业务需求。边缘计算概念如图 6-5 所示。

边缘计算与云计算相互协

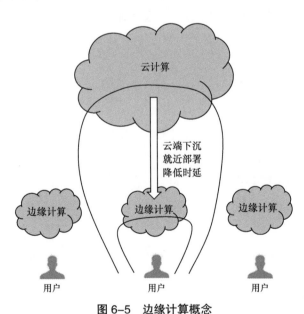

图 6-5　边缘计算概念

同，共同使能行业数字化转型。云计算聚焦非实时、长周期数据的分析，能够在周期性维护、业务决策支持等领域发挥特长。边缘计算聚焦实时、短周期数据的分析，能更好地支撑本地业务的实时智能化处理与执行。另外，二者还存在紧密的互动协同关系。边缘计算既靠近执行单元，又是云端所需高价值数据的采集单元，可以更好地支持云端应用的大数据分析；云计算通过大数据分析优化输出的业务规则也可以下发到边缘侧，边缘计算基于新的业务规则进行业务执行的优化处理。边缘计算与云计算不是非此即彼的关系，而是相辅相成、相互协同的关系，二者的有机结合为万物互联时代的信息处理提供了软硬件支撑平台。

3. 端计算

端计算的"端"即终端，例如，计算机、手机、物联网终端设备等。终端设备具有感知和计算能力，能够采集数据并实时处理数据，进行负荷识别、建模、故障自动处理等操作。在和网络进行连接后，终端设备可以把加工后的高价值数据与云端进行交互，在云端进行全网的数据存储、分析处理、安全策略部署等操作。如果遇到网络覆盖不到的情况，则可以先在边缘侧进行数据处理，当有网络时再将数据上传到云端，并在云端进行数据存储和分析。

6.3.5 算力芯片简介

1. 中央处理器

CPU 作为计算机的运算和控制核心，是信息处理、程序运行的执行单元。CPU 主要包括控制器、运算器、高速缓存、数据总线和控制总线。CPU 是计算机中负责读取指令、对指令译码并执行指令的核心部件。CPU 采用冯·诺依曼结构，将计算分为取指、译码、发射、执行、写回等阶段，通过软件调度完成计算。当前 CPU 的架构已经相当复杂，并且真正有效的计算在 CPU 整体功耗中占比不到 10%，因此，CPU 适合控制复杂而计算密度不高的应用场景。主流商用的 CPU 主要有 x86 和 ARM 两种，x86 CPU 在数据中心和云计算领域具有统治地位，虽然 ARM CPU 在设计之初是作为面向低功耗等场景推出的定制化芯片，但是随着 ARM CPU 在服务器和嵌入式终端的广泛应用，目前，ARM CPU 也作为通用芯片进行应用部署。

2. 图形处理器

图形处理器（Graphics Processing Unit，GPU）是图形系统结构的重要元件，是专门在个人计算机、工作站、游戏机和移动终端（例如，平板电脑、智能手机等）上做图像和图形相关运算工作的微处理器，是连接计算机和显示终端的纽带。早期的显卡只包含简单的存储器和帧缓冲区，只起到图形的存储和传递作用，一切操作都必须由 CPU 控制。后期的显卡都有图形处理功能，它不单单存储图形，而且能完成大部分图形处理功能，还具有很强的3D 处理能力，大大减轻了 CPU 的负担，提高了显示能力和显示速度。GPU 采用的是单指令多数据流/单指令多线程（Single Instruction Multiple Data/Single Instruction Multiple Threads，SIMD/SIMT）架构，虽然其本质上还是冯·诺依曼结构，但减少了取指、译码开销，具有强大的矩阵运算和并行处理能力，良好的 GPU 生态系统为用户提供了便利的开发环境，因此，GPU 在高性能计算、图像处理和 AI 领域具有非常广泛的应用。

3. 神经网络处理器

神经网络处理器（Neural-network Processing Unit，NPU）采用"数据驱动并行计算"架构，擅长处理视频、图像类的海量多媒体数据。2016 年，中国首款 NPU 芯片研发成功，该芯片成为全球首颗具备深度学习的嵌入式视频采集压缩编码系统级芯片，并且运用在人脸识别上的准确率达到 98%，超过人眼的识别准确率。它与冯·诺依曼结构的 CPU 处理器相比，采用的是"数据驱动并行计算"新型架构。如果将冯·诺依曼结构处理数据的方式比作单车道，那么"数据驱动并行计算"是 128 条车道并行，可以同时处理 128 个数据，有利于处理海量视频、图像类的多媒体数据。

4. 张量处理器

TPU 是一款为机器学习定制的芯片，经过专门深度学习的训练，有更高效能。TPU 由谷歌研发，应用于 AlphaGo，也应用于谷歌搜索和谷歌街景。

5. 专用集成电路

ASIC 是指应特定用户要求和特定电子系统需要而专门定制的芯片。ASIC 芯片的计算能力和计算效率可以根据算法需要进行定制，因此，ASIC 芯片与通用芯片相比，具有体积小、功耗低、重量轻、品种多、批量少、设计生产周期短、计算性能高、计算效率高、可靠性高、保密性强、芯片出货量越大成本越低等优点。尽管如此，其缺点也很明显，只能针对特定的某一个或某几个应用场景，如果变更算法和流程，那么可能导致 ASIC 芯片无法满足业务需求。ASIC 芯片分为全定制设计和半定制设计两种方式。

6. 现场可编程逻辑门阵列

FPGA 作为 ASIC 领域的一种半定制电路，既解决了定制电路不足的问题，又克服了原有可编程器件门电路数有限的缺点。与传统模式的芯片设计相比，FPGA 芯片并非单纯局限于研究设计芯片，而是针对较多领域的产品都能使用的特定芯片模型进行优化设计。从芯片器件

的角度来讲，FPGA 本身构成了半定制电路中的典型集成电路，含有数字管理模块、内嵌式单元、输出单元及输入单元等。在此基础上，FPGA 芯片全面着眼于综合性的芯片优化设计，通过改进当前的芯片设计来增设全新的芯片功能，据此实现芯片整体构造的简化与性能提升。FPGA 芯片具有布线资源丰富、可重复编程、集成度高、投资较低等特点，在安防系统、视频分割系统、通信基站等领域有着广泛的应用。

6.4　算力网络架构

算力网络架构不仅包括算力网络体系架构，还包括相关的资源信息收集和分发方案、算力网络交易平台工作机制。

6.4.1　算力网络体系架构

算力网络体系架构如图 6-6 所示。

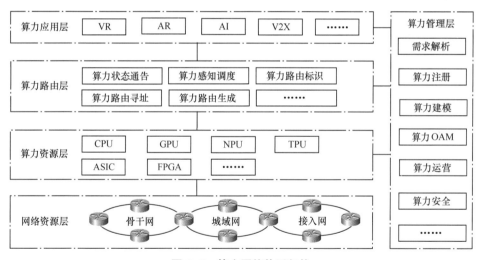

图 6-6　算力网络体系架构

为了实现对泛在的计算和服务的感知、互联和协同调度，算力网络体系架构从逻辑功能上可以划分为五大功能层：算力应用层、算力路由层、算力资源层、网络资源层、算力管理层。基于网络中无处不在的算力资源，算力管理层对算力资源进行抽象、建模、控制和管理，并通知算力路由层，由算力路由层综合考虑用户需求、算力资源状况和网络资源状况，将服务应用调度到合适的节点，实现资源利用率达到最优，并保证用户的优质体验。

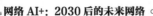

各个功能层的功能具体如下。

1. 算力应用层

基于分布式微服务架构，算力应用层支持应用解构成原子化功能组件，在泛在的算力资源中按需实例化。算力应用层将业务应用的 SLA 等信息传递给算力管理层。其应用包括 VR、AR、AI、V2X 等。

2. 算力路由层

基于抽象后的计算资源发现，算力路由层综合考虑网络状况和计算资源状况，将业务灵活按需调度到不同的计算资源节点。算力路由层的具体功能主要包括算力状态通告、算力感知调度、算力路由标识、算力路由寻址、算力路由生成等。

3. 算力资源层

为满足各领域多元化计算需求，算力资源层的芯片也呈现多元化趋势，从单核 CPU 到多核 CPU，从 CPU 到 GPU，从 NPU 到 TPU，从 ASIC 到 FPGA，再到 CPU+GPU+FPGA 等多种芯片组合，满足不同的应用需求。面对网络中分布式的多种异构计算资源，算力资源层需要算力资源可度量。

4. 网络资源层

网络资源层提供信息传输的网络基础设施，包括骨干网、城域网和接入网等，连接各种分布式的算力资源。

5. 算力管理层

算力管理层负责多项工作：解析各类算力需求；对算力资源感知、度量、注册；面对异构的计算资源，算力管理层通过算力建模对算力资源进行抽象，形成算力能力模板，并传递给相应的网络节点；对算力资源进行 OAM 管理监控，将其性能和故障信息告知相应的网络节点；对算力资源进行弹性调度，以匹配业务需求；对算力网络架构进行安全保障。算力管理层的具体功能模块主要包括需求解析、算力注册、算力建模、算力 OAM、算力运营、算力安全等。

（1）需求解析模块

需求解析模块主要分析用户业务需求，根据不同场景对用户业务需求划分等级，确定业务所需资源、部署位置等信息。需求分为以下 4 类。

① 业务需求：用户业务所要达到的实际效果和业务等级 SLA，例如，数据规模、处理时延等。

② 算法需求：同种业务可以使用多种算法，侧重点不同，用户可以指定使用何种算

法和模型。

③ 算力需求：部署用户业务所需要的算力资源，用户可以指定需要的算力资源规模。

④ 网络需求：用户业务接入处理节点的网络需求，用户可以指定接入的网络节点。

（2）算力注册模块

算力注册模块感知各种算力资源，完成算力资源的注册。

（3）算力建模模块

面对异构的计算资源，算力建模模块研究算力资源度量维度和度量体系，通过通用算法或者习惯用法等信息，形成相应的算力能力模板。

（4）算力 OAM 模块

算力 OAM 模块包括算力性能监控、算力故障管理、算力计费管理等功能。

（5）算力运营模块

算力运营模块对算力资源进行弹性调度，匹配业务需求。

（6）算力安全模块

算力安全模块对整个算力网络体系架构进行安全保障。

总之，算力网络作为计算与网络深度融合的新型网络架构，以泛在的网络连接为基础，基于高度分布式的计算节点，通过服务的自动化部署、最优路由和负载均衡，构建全新的网络基础设施，真正实现网络无所不达、算力无处不在、智能无所不及。海量服务应用、海量功能函数、海量计算资源构成一个开放的产业生态环境，最终实现用户体验最优化、资源利用率最优化、网络效率最优化。

6.4.2　资源信息收集和分发方案

算力资源信息的收集和分发有集中式方案、分布式方案和混合式方案 3 种方案。

1. 集中式方案

算力管理层可收集所有计算节点的算力资源信息、网络节点之间的网络拓扑信息、网络时延信息等。用户通过算力管理层选择满足需求的计算节点进行算力网络交易，算力管理层在用户与选定的计算节点之间建立网络连接，从而实现算力网络资源调度。

2. 分布式方案

该方案基于分布式算力路由层，通过在 BGP 等 IP 路由协议中增加相应字段，让算力资源信息可以在 BGP “邻居”之间传递，同时利用 Telemetry 等协议，测量出本节点到算力节点之间的时延、带宽等网络 QoS 信息。用户通过查看其接入网络设备的资源信息表，与计算节点进行通信，选择满足需求的计算节点进行交易，用户与选定的计算节点之间通过 MPLS-TE/RSVP[1]/SRv6 TE 等技术建立网络连接，从而实现算力网络资源调度。

3. 混合式方案

该方案资源信息的收集和分发过程与分布式方案大致相同，唯一的区别在于分布式方案中路由器在收集本域内算力节点的算力资源信息及对应的路由表后仍将其存储在本地，而混合式方案则需要将此信息发送给算力管理层进行统一管理，用户通过算力管理层选择满足需求的计算节点进行算力网络交易，算力管理层在用户与选定的计算节点之间建立网络连接，从而实现算力网络资源调度。

在上述 3 种方案中，集中式方案较简单，可以在已有的 SDN/NFV 编排管理平台上扩展实现，但集中式方案在可扩展性上会出现瓶颈，尤其在业务状态频繁变化时，集中式的算力管理层难以对算力资源进行精细与实时的管控。分布式方案通过扩展网络协议的方式可对资源信息进行收集，需要用户和计算节点一对一沟通，利用 SRv6 TE 等协议预留资源，构建通道。该方案需要对现有的网络设备进行升级，实现过程相对复杂，但是具有良好的可扩展性。混合式方案利用分布式的方法进行资源信息的收集，利用集中式的方法进行算力网络的交易与资源调度，兼顾了二者的优点。

6.4.3 算力网络交易平台工作机制

算力网络交易平台工作机制包括资源寻址、资源交易、资源调配 3 个步骤。

1. 资源寻址

资源寻址以网络为平台收集、分发资源信息，实现资源信息交互。在算力交易中，第一个需要解决的问题是确定资源位置与资源所属方。网络设备会在接收到的所有信息中选择最优的路径作为通往该资源的路径。资源寻址分为 3 个方面：基础资源寻址、算法资源寻址和应用资源寻址。其中，基础资源寻址主要通过网络寻找最佳的算力、存储、传送等基础资源；算法资源寻址通过网络寻找最佳的算法，将算法进行封装，并与算力结合起来进行分发，用户可以根据自己的需求进行选择；应用资源寻址通过网络寻找最佳的应用提供方，把应用信息和控制信息进行关联，使用户可以找到最优的应用资源，例如，CDN、直播分发节点等。

1　RSVP（Resource Reservation Protocol，资源预留协议）。

2. 资源交易

资源交易旨在完成用户需求和资源供给的高度匹配。完成计算、存储等资源寻址后，网络节点维护一张基于计算、存储、网络资源的交易视图，用户可以根据业务需求实时选择相应的资源。基于区块链技术构建的算力网络交易平台促进算力提供者和算力使用者实现多方异构资源的价值交换。算力交易流程主要分为两个方面：一是零散算力资源纳管，即算力节点上报并注册自己的算力能力信息，由算力网络交易平台对其进行评估并将其加入算力资源库；二是提供算力服务，算力使用者提出使用请求，算力网络交易平台根据需求给出算力网络资源全景视图及相关资源组合消费的套餐报价，经算力使用者选择并签订交易合约后，调度算力资源，为算力使用者提供算力服务。

3. 资源调配

资源调配旨在满足用户业务需求的逻辑资源分配，通过算力路由层建立用户应用服务到资源的连接。用户与资源完成交易后，算力路由层完成资源调配、资源释放，以及网络中分发的各类资源信息的更新。

6.5　算力网络关键技术

算力网络主要需要以下几种关键技术支持：AI、SRv6、确定性网络、区块链。

6.5.1　AI

人类将步入智能社会，智能是知识和智力的总和，反映到数字世界就是"算法+算力+数据"。其中，算法需要技术人员研究实现；算力是智能的基础平台，由大量计算设备组成；海量数据来自各行各业的人和物，数据的处理需要算法和算力。AI 可以从算法、算力和数据 3 个方面推动算力网络的发展。

1. 算法

深度学习的原理是从神经网络中寻找灵感，从学习的本质出发，带来一种崭新的模型和思考方式，这意味着被训练，被海量训练，被"魔鬼"训练，而不是被编程。

深度学习的核心计算模型是人工神经网络，而卷积神经网络是人工神经网络的一种升级。"卷积神经网络之父"杨立昆在 2015 年论文《深度学习》中这样定义"深度学习"："深度"是因为有很多层结构，传统计算机神经网络层数少，采用完全的连接，有大量参数需要计算；而深度学习利用多层连接，每一层完成的任务是有限的，这样就减少了每一层的计算量。

简单来说，深度学习包括 3 个步骤：构建网络、设置目标和开始学习。

深度表示有很多隐藏层，深度学习就是一个函数集，类神经网络就是一堆函数的集合，输入一堆数值后，整个网络就会输出一堆数值，从这堆数值中选择一个最好的结果，也就是机器运算出来的最佳解。这个过程就是所谓的"学习"，经过大量的训练，机器最终可以找到最佳函数，得出最佳解。就像规划中的曲线拟合，给了多组 (x, y) 数据之后，那条计算机拟合的曲线就是最佳函数 $f(x)$。人类要做的事情是给机器设定"规则"和海量的学习数据，告诉机器哪些答案是对的，完全不用在意中间的计算过程。以 AlphaGo 为例，研究团队设定好它的神经网络架构后，就开始"喂"棋谱，输入大量的棋谱数据，让 AlphaGo 学习下围棋的方法，最后它就能够自己判断棋盘上的各种状况，并根据对手的落子做出回应。深度学习原理示意如图 6-7 所示。

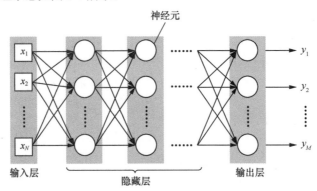

图 6-7　深度学习原理示意

2. 算力

AI 芯片是指能够加速各类 AI 算法的计算芯片。实验分析发现，CPU 不适用于深度学习训练场景；GPU 以其性能优势成为目前深度学习训练场景的首选；FPGA 芯片可以在加快深度学习运算速度方面实现可重构、可定制；ASIC 芯片是高度定制的专用计算芯片，在性能上要高于 FPGA 芯片，其局限性在于，ASIC 芯片一旦制造完成，就不能更改。

在算力上，目前，GPU 占据了主要市场，而 TPU 只用在巨头企业的闭环生态，FPGA 有望在数据中心以 CPU+FPGA 的形式作为芯片的有效补充。未来，GPU、TPU 等计算芯片将共同支撑 AI 运算，它们既有竞争关系，又有合作关系。

3. 数据

数据是 AI 发展的基石。AI 技术能够取得突飞猛进的发展得益于海量的数据基础，海量数据为训练 AI 算法提供了充足的原料。深度学习使用统计模型进行数据的概率推算，把这些统计模型暴露在数据的"海洋"中，使它们不断得到优化。

数据标注是一项基本且重要的工作，正在从人工标注向自动标注转换，最终实现标注的全自动化。建立行业数据的统一标准，规范数据质量，为 AI 的发展奠定良好的基础。

6.5.2 SRv6

SR 是一种源路由技术。它为每个节点或链路分配 Segment（段），头节点把这些 Segment 组合起来形成 Segment Path（段路径），指引报文按照 Segment Path 进行转发，从而实现网络的编程能力。

SRv6 是基于 SR 和 IPv6 的新一代 IP，统一了传统的、复杂的承载网协议，具备 IPv6 的灵活性和强大的可编程能力，不仅为算力网络，而且为未来网络提供了统一的承载支撑。

SRv6 从 MPLS 和 SR 演进而来。在 MPLS 的基础上，SR-MPLS 在数据面仍然使用 MPLS标签封装，要求网络中所有设备支持MPLS转发，对网络能力提升不显著。SRv6 继承了 SR-MPLS 的所有优点并进行了重大改进。SRv6 采用 128bit 的 IPv6 地址作为分段标识（Segment ID，SID），继承了 IPv6 地址任意接入、全局路由的优点。SRv6 基于源路由理念设计，去除了 MPLS 标签，在数据面直接使用 IPv6 地址作为转发标签，在控制面和数据面实现了统一承载，并基于 SDN 的理念使能网络可编程。

SRv6 具有独特的优势，可以用"UNIVERSAL"来诠释。

① Unified（统一的）：统一了承载，全业务承载，Underlay 和 Overlay 统一。

② Native（天生的）：回归 IP 本原，充分继承和发扬 IP 路由的天然可达性。

③ Intelligent（智能的）：智能化，能力开放，使能网络可编程，兼具全局最优和分布智能的优势，可以实现各种流量工程，根据不同业务按需提供 SLA 保障。

④ Versatile（多元化的）：用途多元化，对于未来网络的各种需求提供统一承载。

⑤ Evolvable（可扩展的）：从 MPLS 和 SR 平滑演进而来，兼容性强。

⑥ Reliable（可靠的）：高可靠，能提供任意拓扑 100%网络覆盖的快速重路由（Fast Re-Route，FRR）保护、50ms 电信级保护倒换体验，保护路径最优。

⑦ Simplified（简化的）：简化协议，控制协议只采用 IGP，降低了运维的复杂度。

⑧ App-aware（应用感知的）：感知应用，基于网络边缘节点对上层应用的感知能力，提供基于应用的差异化 SLA 保障。

⑨ Large-scale（大规模的）：大规模组网，基于源路由技术，路径编程仅在头节点进行，中间节点几乎不感知，具备良好的可扩展性和灵活的路由策略。

SRv6 是 IP 技术近 20 年来出现的跨越式创新，让"云-网-边-端"可以基于同一个标准协议实现端到端可管可控，在网络可编程和网络能力开放领域具有巨大的发展前景和想象空间，是未来网络构建智能 IP 网络、构建智简网络的关键热点技术。

6.5.3　确定性网络

未来网络为行业数字化转型带来新契机，但是传统网络提供的"尽力而为"服务已不能满足垂直行业应用的需求。2019 年 5 月，华为在业界首次提出"5G 确定性网络"的观点——"以原生云、动态智能网络切片和超性能异构边缘计算为技术内核，打造一个有确定范围时延、丢包和时延抖动参数的确定性网络，保障用户体验，促进跨行业应用创新，使能千行百业"，引发业界广泛共鸣。

确定性网络（Deterministic Networking，DN），也被称为 DetNet，是指利用网络资源打造可预测、可规划、可设计、可验证、具有确定性能力的专网，确定性能力涵盖了时延确定、抖动确定、带宽确定、丢包确定、连接确定、路径确定等，从而为用户提供确定性的业务体验。

确定性网络与电力、港口、医疗、多媒体、直播、车联网、制造业等领域的融合具有广阔的前景，例如，与工业互联网融合的主要场景有机器视觉、远程控制、辅助作业、物资管理、海量连接、实时监控等，这些场景对时延、抖动、带宽、丢包、可靠性等有严格的要求，此前的网络无法满足这些要求，确定性网络应运而生。

"云-边-端"三级算力基础设施架构，服务各种垂直行业应用场景，需要进行灵活的算力匹配与调度，对确定性网络也有诸多需求，具体如下。

① 时延与抖动的确定性需求：工业自动化控制系统对时延和抖动非常敏感，要求时延确定、抖动确定，满足业务确定性计算和响应的需要。

② 带宽与丢包的确定性需求：对于各种业务流特别是关键业务流，带宽与丢包率要保证在一定性能指标内。

③ 路径的确定性需求：无论是无线网络还是有线网络，都要有明确的路径及路径选择机制，保证路径的确定性。

④ 连接的确定性需求：工业现场设备众多，要求网络提供多并发、高可靠的连接。

算力的匹配与调度需要确定性网络的支持，确定性网络是支持算力网络的关键技术。

确定性网络不是要求 QoS 指标更高，而是要求 QoS 指标更加稳定可靠，从而保证 QoS "说到做到"。确定性网络具备"确定性+差异化"的服务能力，使能网络从"尽力而为"

到"说到做到"，将使传统的"应用适配网络"转变为"应用定义网络"。

6.5.4 区块链

区块链是一项技术、一个工具，更是一种思维方式。

区块链可以定义为一种融合多种技术的分布式计算和存储系统，它利用分布式共识算法生成和更新数据，通过对等网络进行节点间的数据传输，运用密码学方式保证数据存储和传输的安全。

区块链作为一项高度可信的数据库技术，可提供在不可信网络中进行信息与价值传递交换的可信机制，具备"数据防篡改、资源可追溯、价值可交换"的能力。区块链正在推进全球新一轮技术与产业的变革，推动"信息互联网"向"价值互联网"转变。区块链的技术特征如下。

① "去中心化"：分布式核算和存储，共享交易账本，共同维护。

② 开放性：对所有节点开放，可随时下载、提取数据。

③ 信息不易伪造和篡改：设置共识规范协议，在验证和可信条件下进行交易，信息永久存储。

④ 自治性：交易条件和状态内嵌，不需要人为干预。

在算力网络中，区块链的作用如下。

① 针对广泛存在的"数据孤岛"问题和数据共享难题，构建"区块链+数据安全交换"的融合方法，实现在不泄露隐私的同时对敏感数据进行安全可信的共享和计算。

② 解决多方所有者的数据/算法/算力等资源确权难、缺乏公平高效的价值分配、资源协同缺乏价值驱动的问题，通过区块链基础设施与链上链下融合，推进价值互联网的更广泛应用。

③ 借助区块链的智能合约对算力进行量化，在区块链网络中进行共享和交易。

④ 依托区块链的"去中心化"、低成本、保护隐私的可信算力交易平台，通过可拓展的区块链技术和容器化编排技术，整合零散算力，为算力使用者和算力提供者提供经济、高效、安全、便捷的算力交易服务。

⑤ 对于电信运营商而言，可主动开放部分边缘计算算力，融入区块链交易模式，例如，嵌入联盟链的技术，在制定合法的策略后，通过提供多个计算节点满足政府执法部门的监管审计需求，同时使用分布式阈值签名技术更加高效地验证算力数据的合法性。在边缘计算服务器上可以加入区块链节点，连接区块链网络，然后根据场景的不同提供技术支撑与业

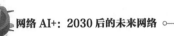

务服务。

6.6 算力网络典型应用场景

基于"云-边-端"三级计算资源相互协同的算力网络具有很多典型应用场景，其中，成熟度较高的有 3 个：车联网、智能安防、新媒体。

1. 车联网

车联网定位于通过 5G/B5G/6G、算力网络等先进通信与信息技术，实现智能汽车与人、车、路、后台之间的信息交互共享，构建车、路、算、网一体的协同服务系统，具有复杂的环境感知、智能决策、协同控制和执行等功能，从而面向智能交通管理控制、车辆智能化控制和智能动态信息服务提供电信级的运营服务保障。

车联网业务场景包括辅助驾驶业务和车上娱乐业务。算力网络可根据业务优先级进行流量调度，将对于时延不敏感的业务流量调度至远端节点或云端处理，例如，车上娱乐业务；将对于时延敏感的业务流量调度至最近的节点进行计算，例如，辅助驾驶业务。对于辅助驾驶业务，在算力网络中部署基于边缘计算的自动驾驶管理平台，利用边缘计算网络超低时延、大带宽、较强稳定性的特点，让驾驶员和车之间的信息交流无卡顿，保证驾驶员对车辆的实时控制，让高清的图像与视频能及时传输。依靠算力网络的云边协同能力，对于车辆外部由于遮挡、盲区等视距外的道路交通情况，基于边缘计算的车路协同系统，获取该车辆位置周边的全面路况及交通信息，进行数据统一处理，对有安全隐患的车辆发出警示信号，辅助车辆安全驾驶。当服务质量下降且不能满足业务需求时，算力网络可以动态、实时地将业务请求切换到其他更合适的执行节点，花费毫秒级的时间完成业务切换，避免当前边缘计算节点过载或不可用导致用户体验下降。

算力网络通过对资源的分配与调度，可以高效、可靠地完成多种业务，保证安全驾驶和用户体验效果。

2. 智能安防

随着算力网络、智能分析、高清视频的发展，安防系统将从传统的被动防御系统升级为主动判断和预警的智能防御系统。智能安防系统需要在算力网络中实现"云-边-端"协同的能力。含有嵌入式 AI 芯片的端侧完成人脸识别、视频结构化、图谱分析等预处理，然后通过算力网络针对不同业务优先级将数据分别传送到边缘侧和云侧。在边缘侧和云侧部署的数据中台进行数据关联及跨领域治理，打破安防子系统之间无法有效协同而形成

"数据孤岛"的局面。

3. 新媒体

面向个人用户的互联网移动端创新应用（例如，超高清视频、视频直播等）普遍存在对时延敏感、带宽需求较高等挑战，在普通网络环境中，经常会出现卡顿、访问和下载数据缓慢等现象，影响用户体验。

在算力网络中，直播场景可以通过在边缘云部署虚拟形象渲染服务，进行转码和实时弹幕分发、内容分发等服务。结合 B5G/6G 大带宽、低时延的特性将渲染虚拟 3D 形象在边缘云完成，然后推送到终端，一方面降低了终端设备的算力需求，降低了终端的门槛，另一方面降低了传输时延，满足了直播业务对虚拟形象的实时预览需求。直播观看人数较多时，如果单个边缘云节点的计算资源负荷过大，则算力网络会通过算力调度实现多个边缘云节点协同作业，从而保证大多数用户的实时体验。

6.7 算力网络推进工作

发展算力网络的机遇与挑战共存。国内"产、学、研、用"多个领域都已在算力网络的研究上发力，并取得了基本共识，算力网络需要从以下 3 个方面推进。

1. 构建算力网络体系

深入研究算力度量、算力建模、业务的算力需求与网络性能的映射机制、算力资源控制面和数据面的统一管控机制，构建全新的算力网络架构。

2. 验证算力网络关键技术

建立算力网络关键技术原型，从功能和性能上验证算力网络的关键技术，针对关键技术结合典型应用场景进行功能验证与性能测试。

3. 推进标准化和产业协同

算力网络需要多方合作，共同推进国内外的标准化工作，开展广泛的产业合作。

6.8 总结与展望

在云网融合阶段，云计算和网络服务一体化提供，云为核心，网为基础，网络服务于云，云与网相对独立。随着边缘计算、端计算和AI的大力发展，算力已经无处不在，网络需要为"云-边-端"算力的高效协同提供更加智能的服务，计算与网络将深度融合，迈向

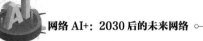

算网融合的新阶段。

算网融合是在云网融合的基础上，根据"应用部署匹配计算、网络转发感知计算、芯片能力增强计算"的要求，在云、网、芯 3 个层面实现算力与网络的深度协同，服务未来网络的各种新业态。

未来算网融合体系架构需要提供六大融合能力，包括管理融合、运营融合、数据融合、算力融合、网络融合、协议融合等，具体如下。

1. 管理融合

算力、网络、安全协同编排，通过算力、网络、安全等提供服务化 API，将所有服务统一编排、统一运维，提供智能的、融合的管控体系。

2. 运营融合

提供算力、网络、安全为一体的融合运营平台，为用户提供"一站式"服务，用户可以订购算力、网络、安全等各种服务，并可以实时了解服务提供质量和服务提供进度等内容。

3. 数据融合

算网中的各种采集数据、配置数据、日志数据、安全数据等集中在数据池中，形成数据中台，充分发挥 AI 能力，基于大数据学习和分析，构建整个算网架构的"智慧大脑"。

4. 算力融合

提供算力管理、算力交易及算力可视化等能力，通过区块链等技术实现泛在异构算力的灵活交易和应用，将算力相关能力组件嵌入整体架构，满足未来网络的算力诉求。

5. 网络融合

构建跨地域、跨海域、跨空域的"空-天-地-海"一体化网络，实现真正意义上的全球无缝覆盖。

6. 协议融合

围绕 SRv6 等 IPv6+协议，实现"云-网-边-端"的端到端的 IPv6+协议融合，同时简化控制协议和转发协议，向以 SRv6 为代表的 IPv6+协议演进。

从云网融合到算网融合，网络的作用和价值将发生变化。在云网融合阶段，网络以云为中心，对网络的要求是连通、开放，对服务质量的要求是尽力而为，网络是支撑角色。在算网融合阶段，网络以用户为中心，对网络的要求是低时延、安全可信，对服务质量的要求是具有确定性，网络成为价值中心。

算网融合应具备端到端业务开通以及可视、可管、可控能力，需要跨越组织、业务、运维、运营、应用等进行全局规划。网络感知算力，实现"云-网-边-端-业"协同，云计算、边缘计算、端计算的效率、可信度与网络的带宽、时延、安全性、隔离度等发生深度的耦合，算网融合才能实现高效服务。

未来网络将向泛在计算与泛在连接紧密结合的方向演进，推动计算与网络深度融合，打造智能、泛在、柔性、协同、至简、安全、可定制的"连接+计算"融合服务的新一代数字基础设施，构建面向未来的算网融合服务新格局。

参考文献

1. 中国通信学会. 算力网络前沿报告[R]. 2020.

2. 中国电信集团公司. 云网融合 2030 技术白皮书[R]. 2020.

3. 中国移动研究院，华为技术有限公司. 算力感知网络技术白皮书[R]. 2019.

4. 中国联通网络技术研究院，华为技术有限公司. 中国联通算力网络白皮书[R]. 2019.

5. 中国联通研究院. 算力网络架构与技术体系白皮书[R]. 2020.

6. 中国联合网络通信有限公司研究院. 中国联通 CUBE-Net 3.0 网络创新体系白皮书[R]. 2021.

7. 中国联合网络通信有限公司研究院，中国联合网络通信有限公司广东省分公司，华为技术有限公司. 云网融合向算网一体技术演进白皮书[R]. 2021.

8. 中国联通算力网络产业技术联盟. 异构算力统一标识与服务白皮书[R]. 2021.

9.5G 确定性网络产业联盟等. 5G 确定性网络+工业互联网融合白皮书[R]. 2020.

10. 中国信息通信研究院. 云计算发展白皮书[R]. 2020.

11. 雷波，陈运清，等. 边缘计算与算力网络——5G+AI 时代的新型算力平台与网络连接[M]. 北京：电子工业出版社，2020.

12. 唐雄燕，廖军，刘永生，等. AI+电信网络：运营商的人工智能之路[M]. 北京：人民邮电出版社，2020.

13. 梁雪梅，白冰，方晓农，等. 5G 网络全专业规划设计宝典[M]. 北京：人民邮电出版社，2020.

14. 邵宏，房磊，张云帆，等. 云计算在电信运营商中的应用[M]. 北京：人民邮电出版社，2015.

15. 雷波，刘增义，王旭亮，等. 基于云、网、边融合的边缘计算新方案：算力网络[J]. 电信科学，2019，35（9）：44 -51.

16. 雷波，王江龙，赵倩颖，等. 基于计算、存储、传送资源融合化的新型网络虚拟化架构[J]. 电信科学，2020，36（7）：42-54.

17. 雷波. 整合多方资源 算力网络有望实现计算资源利用率最优[J]. 通信世界，2020（8）:39-40.

18. 姚惠娟，陆璐，段晓东. 算力感知网络架构与关键技术[J]. 中兴通讯技术，2021，27（3）:7-11.

19. 姚惠娟，耿亮. 面向计算网络融合的下一代网络架构[J]. 电信科学，2019，35（9）:38-43.

20. 何涛，曹畅，唐雄燕，等. 面向 6G 需求的算力网络技术[J]. 移动通信，2020，44（6）:131-135.

21. 黄韬，刘江，汪硕，等. 未来网络技术与发展趋势综述[J]. 通信学报，2021，42（1）:130-150.

22. 蒋林涛. 云计算、边缘计算和算力网络[J]. 信息通信技术，2020，14（4）:4-8.

23. 吕廷杰，刘峰. 数字经济背景下的算力网络研究[J]. 北京交通大学学报（社会科学版），2021，20（1）:11-18.

24. 张建敏，谢伟良，杨峰义，等. 5G MEC 融合架构及部署策略[J]. 电信科学，2018，34（4）:109-117.

25. 刘启诚. "差异化+确定性"服务使能千行百业——写在 5G 确定性网络产业联盟成立/周年之际[J]. 通信世界，2020（17）:18-19.

26. 蔡岳平，李天驰. 面向算力匹配调度的泛在确定性网络研究[J]. 信息通信技术，2020，14（4）:9-15.

27. 张林，唐利莉，张皆悦. 云网业务发展推动 IP 网络技术向 SRv6 演进[J]. 通信世界，2021（7）:45-49.

28. 马培勇，吴伟，张文强，等. 5G 承载网关键技术及发展[J]. 电信科学，2020，36（9）:122-130.

29. 刘回春. "新基建""新"在哪里[J]. 中国质量万里行，2020（7）:15-16.

30. 许恒昌. 运营商数字化网络转型趋势研究[J]. 电信网技术，2018（1）:49-52.

31. 邱佳慧，周志超，林晓伯，等. 基于 MEC 的车联网技术研究及应用[J]. 电信科学，2020，36（6）:45-55.

32. 梁雪梅. 5G 网络切片技术在国家电网中的应用探讨[J]. 移动通信，2019，43（6）:47-51.

33. 中国移动通信有限公司. 面向敏捷边云协同的算力感知网络解决方案[J]. 自动化

博览，2020（7）:44-47.

34. 国家发展和改革委员会. "数字化转型伙伴行动" ——国家发展和改革委员会等 17 部门联合百家企事业单位共助中小微企业纾困和转型发展[J]. 智能制造，2020（6）:28-30.

35. 陈运清. 基于 5G+云网融合的网络新基建思考[Z]. 2020.

36. 陆璐. 面向 B5G/6G 的新一代 IP 网络展望与实践[Z]. 2020.

37. 唐雄燕. 云网融合，从 1.0 到 2.0[Z]. 2020.

38. 杨峰义. 移动边缘计算技术与应用[Z].2018.

39. 中通服设计院. 新基建如何加速数字迭代[Z]. 2020.

40. 乔爱锋. 信息通信业发展趋势下区块链技术和应用研究[Z]. 2018.

41. 王吉伟. 算力改变世界，算力驱动未来，算力就是生产力，算力到底是什么？[Z].2019.

42. "智能+"的终极版图：数字孪生世界[Z]. 2019.

43. LeCunY，Bengio Y，HintonG. Deep Learning[J].nature，2015，521（7553）：436-444.

第7章 区块链

7.1 区块链技术概述

区块链作为比特币的底层技术，是以"去中心化"和"去信任化"的方式集体维护一个可靠数据库，实现无中心分布式总账的技术。自2009年以来，"加密货币"在全球兴起，区块链技术逐步走进人们的视野。比特币是迄今为止区块链技术最知名的应用，但比特币等"加密货币"仅仅是区块链应用的开始，区块链产生的深远意义远远超过比特币带来的影响。

目前，世界各国政府、产业界和学术界都高度关注区块链的应用发展，相关的技术创新和模式创新不断涌现，区块链技术正处于发展的关键阶段。根据世界经济论坛调查预测，到2025年，全球GDP中有10%的相关信息将用区块链技术保存。

区块链技术有助于塑造未来的沟通、信任和交易方式，具有广泛的应用前景和潜力。区块链应用正从金融领域扩散到社会领域，并逐渐成为互联网中不可或缺的一部分。未来，区块链会对安全、支付、银行、商业服务、工业等各个行业产生深远的影响。

区块链与其他传统行业相结合成为未来区块链的发展趋势，例如，供应链、物联网、医疗与农业等领域。现阶段，随着5G技术的兴起，利用二者的优势互补，在加强5G通信安全性的同时，也提高了区块链技术的可扩展性。

7.1.1 区块链的定义与特征

1. 区块链的定义

区块链技术起源于化名为"中本聪（Satoshi Nakamoto）"的学者在2008年发表的论文《比

特币：一种点对点的电子现金系统》（"Bitcoin: A Peer-to-Peer Electronic Cash System"），是一种由密码学支撑、按照时间顺序存储的分布式共享数字账本。2020 年，中国人民银行在《区块链技术金融应用评估规则》中将区块链定义为：一种由多方共同维护，使用密码学保证传输和访问安全，能够实现数据一致性、防篡改、防抵赖的技术。由上述定义不难看出，区块链本质上是一个分布式的公共账本，是包括了非对称加密技术、时间戳、共识算法等一系列信息技术的集成和组合创新。

广义来讲，区块链是利用块链式数据结构验证与存储数据、利用分布式节点共识算法生成和更新数据、利用密码学方式保证数据传输和访问安全、利用由自动化脚本代码组成的智能合约编程和操作数据的一种全新的分布式基础架构与计算范式。

狭义来讲，区块链是按照时间顺序将数据区块依次连接形成的一种链式数据结构，是以密码学方法保证数据块的不易篡改和不易伪造的分布式账本。

2. 区块链的特征

区块链提供了一套安全、稳定、透明、可审计且高效的交易数据记录和信息交互的架构，是未来社会发展中解决信任危机的一种革命性技术。与传统的中心化数据库相比，区块链对分布式数据存储、对等网络（Peer to Peer，P2P）传输、共识机制、加密算法和智能合约等传统技术的应用，使其具有以下特点。

（1）"去中心"和集体维护

区块链是由大量节点共同组成的一个对等网络，不存在"中心化"的硬件或管理机构。系统中的数据块由整个系统中具有维护功能的节点共同维护，且任一节点的损坏或者失去都不会影响整个系统的运作。

（2）共识机制和匿名性

区块链运用一套基于共识的数学算法，在机器之间建立"信任"网络，从而通过技术背书而不是"中心化"信用机构来进行信用创造。参与整个系统节点之间进行数据交换时无须建立信任过程，交易双方没有必要了解对方，交易在匿名的情况下进行。区块链共识机制可以使没有联系的节点直接依靠共识机制来达成一致性协议。

（3）数据不易篡改和安全性

区块链利用成熟的密码学来保障交易数据的不易篡改性，每个节点存储着完整的数据库。一旦信息经过验证并添加至区块链，就会存储起来，除非能够同时控制住系统中超过51% 的节点，否则在单个节点上修改数据是无效的，因此，区块链的数据稳定性、安全性和可靠性极高。区块链基于哈希算法来保证交易信息不易被更改。

（4）信息公开透明

区块链开放性的特点是每个节点随时都可以加入或者退出。区块链的数据对所有人公开，任何人都可以通过公开的接口查询区块链数据和开发相关应用，整个系统的信息高度透明。

7.1.2 区块链的工作流程与分类

1. 区块链的工作流程

区块链是一种融合多种现有技术的新型分布式计算和存储范式。它利用分布式共识算法生成和更新数据，并利用对等网络进行节点间的数据传输，结合密码学原理和时间戳等技术的分布式账本保证存储数据的不易篡改特性，利用自动化脚本代码或智能合约实现上层应用逻辑。如果说传统数据库可实现数据的单方维护，那么区块链可实现相同数据的多方维护，保证数据的安全性和业务的公平性。区块链的工作流程主要包含生成区块、共识验证、账本维护 3 个步骤，具体介绍如下。

（1）生成区块

区块链节点收集广播在网络中的交易——需要记录的数据条目，然后将这些交易打包成区块——具有特定结构的数据集。

（2）共识验证

节点将区块广播至网络中，全网节点接收大量区块后按顺序进行共识和内容的验证，形成账本——具有特定结构的区块集。

（3）账本维护

节点长期存储验证通过的账本数据并提供回溯检验等功能，为上层应用提供账本访问接口。

2. 区块链的分类

通常，按照区块链节点的分布情况，区块链被分为公有链（Public Blockchain）和许可链。许可链又分为完全封闭的私有链（Private Blockchain）和半公开状态的组织内部使用的联盟链（Consortium Blockchain）。区块链的分类见表 7-1。

（1）公有链

公有链中交易信息向大众公开，所有人均可参与竞争记账权，不需要经过许可的区块链。公有链的各个节点可以自由加入和退出网络，并参加链上数据的读写，运行时以扁平的拓扑结构互联互通，网络中不存在任何"中心化"的服务端节点。节点不需要任何身份验证机制，只须遵守同样的协议，即可获取全部区块链上的数据，并且参与区块链的共识

机制。公有链被某个节点控制的难度是最大的。

表 7-1　区块链的分类

	公有链	私有链	联盟链
节点权限	任意节点可自由加入	授权节点加入	授权节点加入
"中心化"程度	低	高	较低
交易效率	低	高	高
优势	公开、透明、自运行	效率高、内部可控	效率高、可控
适用模式	完全开放、任何人都可参与	机构/组织内部部署的区块链系统	多个机构/组织之间

（2）私有链

私有链是完全被某个组织机构控制并使用的区块链系统。各个节点的写入权限归内部控制，只有被许可的人才可以参与记账、成为节点，并可查看数据。私有链具备区块链多个节点运行的通用结构，适用于特定机构的内部数据管理与审计。这种区块链系统已经非常接近传统的"中心化"系统。

（3）联盟链

联盟链是对某些特定的组织机构开放的区块链系统。各个节点通常有与之对应的实体机构组织，通过授权后才能加入与退出网络。各个机构组织组成利益相关的联盟，共同维护区块链的健康运转。显然，由于只允许某些特定的节点连接到联盟链，所以这种许可机制给区块链带来一个潜在的中心，联盟链被某个主体控制的难度要低于公有链。

与公有链不同，在企业级应用中，大家更关注区块链的管控、监管合规、性能、安全等因素。因此，联盟链和私有链这种强管理的区块链部署模式，更适合企业在应用落地中使用，是企业级应用的主流技术方向。

7.1.3　区块链的发展历程

1. 区块链 1.0（"可编程货币"）

比特币是区块链 1.0 版本的代表，是一种"数字货币"，产生于分布式网络结构，区块链 1.0 版本的系统架构如图 7-1 所示。在交易"数字货币"的过程中，不再需要中心权威机构参与。

在比特币系统中，每个节点通过 P2P 网络传输的方式完成交易信息的共享，并且节点可以匿名，保证了网络中交易信息的同步性。另外，为了防止双花攻击（Double Spending Attack），系统采取给交易信息加上时间戳并选取计算量最多的链为主链，维护其安全性。在双花攻击中，攻击者在区块链上造成分叉，

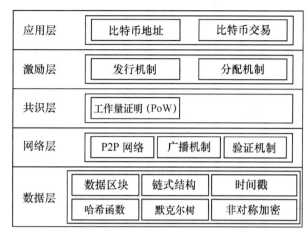

图 7-1　区块链 1.0 版本的系统架构

然后在另一个不包含此次交易的区块上挖掘新块使其所在的链成为最长链，攻击者重新获得自己已花费的"加密货币"。在比特币系统中，一个区块在发布后要等待其后面连续 6 个区块的确认后，该块中的交易才被认为是安全的、不易篡改的。

比特币系统运行示意如图 7-2 所示，具体介绍如下。

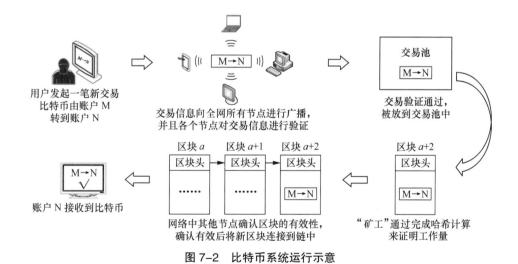

图 7-2　比特币系统运行示意

① 用户发起一笔新的交易，交易信息在全网中不断被广播。

② 每个节点对接收的交易进行验证，如果该交易验证为有效，则将交易存储在交易池中。

③ 各节点通过"挖矿"来产生区块,"矿工"们需要完成一道基于加密哈希算法的数学难题,作为"矿工"计算工作量的证明。

④ 当一个节点挖出一个区块,网络中的其他节点将确认该区块的有效性,只须花费少量的工作量证明(Proof of Work,PoW)计算即可。

⑤ 如果该区块被确认为有效,则将其连接到区块链中。

⑥ 成功完成一笔交易。

作为区块链技术应用的开山之作,比特币本质上是由分布式网络系统生成的"数字货币",其发行过程不依赖中心权威机构,而是分布式网络中的所有节点共同治理,所有节点共同参与一种被称为 PoW 的共识过程来对比特币网络中的交易进行验证与记录。PoW 共识过程(俗称"挖矿",参与"挖矿"的节点被称为"矿工")通常是各个节点贡献自己的计算资源,通过竞争的方式解决一个难度可调整的数学问题,第一个成功解决该数学问题的"矿工"将获得区块("矿工"在一段时间内收到的交易的集合)的记账权,同时获得比特币系统为每个记账节点分配的"挖矿"奖励(一定量的比特币和其中的交易费用)。获得奖励的"矿工"有责任将当前时间段的所有比特币交易打包记入一个新的区块,再把区块按照时间顺序连接到比特币主链上。

2. 区块链 2.0(可编程金融)

在比特币成功应用以后,研究者将其应用扩展到其他的金融领域。智能合约(Smart Contract)在 1995 年就已经被法律教授尼克·萨博(Nick Szabo)提出来,它是一套以数字方式定义并被实现的承诺,但是由于技术问题一直被搁置。区块链的"去中心化"和不易篡改等特点为智能合约赋予了新的含义,很好地解决了智能合约中的技术难题,使智能合约能够运行在安全可靠的环境中。区块链的应用范围从单一的"数字货币"扩展到其他金融领域。2015 年诞生的以太坊(Ethereum,ETH)作为首个图灵完备的、具有智能合约的底层公链平台,被认为是区块链 2.0 的代表。

区块链 2.0 版本架构如图 7-3 所示。其中,共识层包含各种共识机制;网络层中的对等网络负责信息的广播,数据层主要存放数据信息、时间戳等,激励层包含以激励的方式获得收益所采用的机制。合约层主要是智能合约;应用层是区块链的应用场景。智能合约有效地解决了比特币系统存在的交易处理速度慢和时延高的问题,使金融行业有希望摆脱人工清算、复杂流程、标准不统一等带来的低效和高成本。

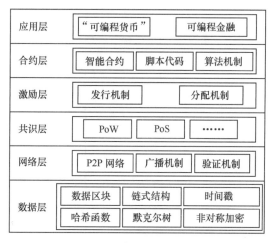

图 7-3 区块链 2.0 版本架构

3. 区块链 3.0（可编程社会）

随着区块链技术的发展，人们根据其特点将区块链应用到各种有需求的领域。例如，应用区块链匿名性特点的匿名投票领域，利用区块链溯源特点的供应链、物流等领域，以及物联网、智慧医疗、智慧城市、5G、AI 等领域。区块链技术将不可避免地对未来的互联网及社会产生巨大影响。

区块链技术的分类与基本特性见表 7-2。

表 7-2　区块链技术的分类与基本特性

	私有链	联盟链	公有链 1.0	公有链 2.0	公有链 3.0
参与者	个体或机构内部	联盟内部使用，具有准入机制	任何人可以自由使用	任何人可以自由使用	任何人可以自由使用
信任机制	自行背书	集体背书	PoW	PoW/PoS[1]	PoS/DPoS[2]等
记账人	自定	参与者协商决定	所有参与者	所有参与者	所有参与者/多中心记账
激励机制	无	可选	需要	需要	需要

1　PoS（Proof of Stake，权益证明）。

2　DPoS（Delegated Proof of Stake，代理权益证明）。

续表

	私有链	联盟链	公有链 1.0	公有链 2.0	公有链 3.0
"中心化"程度	以"中心化"为主	多中心化	"去中心化"为主+多"中心化"	"去中心化"	多"中心化"
承载能力	1000～100000 笔/秒	1000～10000 笔/秒	少于十笔/秒	几十笔/秒	百万笔/秒
突出优势	透明和可追溯	效率/成本/安全性	信用自建，"挖矿"记账，支持二次编程	具有平台化特点，可在公链上编程	交易速度更快，支持多种编程语言编写 DApp[1]

7.2 区块链核心技术

本节将介绍区块链领域中的四大基础核心技术：共识机制、智能合约、加密算法和区块链网络。

7.2.1 共识机制

区块链是一个历史可追溯、不易篡改，解决多方互信问题的分布式（"去中心化"）系统。分布式系统必然面临一致性问题，而解决一致性问题的过程被称为共识（Consensus）。分布式系统的共识达成需要依赖可靠的共识算法，共识算法通常解决分布式系统中由哪个节点发起提案，以及其他节点如何就这个提案达成一致的问题。

根据传统分布式系统与区块链系统间的区别，共识机制可以分为两大类：用于解决可信任环境下的故障容错（Crash Fault Tolerance，CFT）类共识算法和用于解决非可信环境下的拜占庭容错（Byzantine Fault Tolerance，BFT）类共识算法。

CFT 类共识算法只保证分布式系统中有的计算机发生故障，但不存在叛徒节点时，整个分布式系统的可靠性。目前，流行的 CFT 类共识算法主要有 Paxos 算法及其衍生的 Raft 共识算法，常用于私有链。

非可信环境下的 BFT 机制源于分布式系统中的拜占庭将军问题：拜占庭帝国地域辽阔，为了防御，每个军队都分隔很远，将军与将军之间只能靠信差传消息，拜占庭帝国想要进攻一个强大的敌人，为此派出了 10 支军队去包围这个敌人，每个军队单独进攻毫无

---

1 DApp（Decentralized App，分布式 App）。

胜算，至少 6 个军队一起进攻才能取胜，问题是他们不确定其中是否有叛徒，在这种状态下，将军们能否找到一种共识协议来让他们能够远程协商，对进攻战略达成一致从而赢取战争，针对该问题提出的解决办法统称为拜占庭容错机制，指的是一大类解决非可信环境下的共识机制。

BFT 类共识算法虽然早被研究，但直到近年区块链技术发展得如火如荼，相关共识算法才得到大量应用。根据应用场景的不同，BFT 又分为以 PoW 和 PoS 等算法为代表的适用于公有链的共识算法和以实用拜占庭容错（Practical Byzantine Fault Tolerance，PBFT）及其变种算法为代表的适用于联盟链或私有链的共识算法。无论是 PoW 算法还是 PoS 算法，核心思想都是通过经济激励来鼓励节点对系统的贡献和付出，通过经济惩罚来阻止节点作恶。公有链系统为了鼓励更多节点参与共识，通常会给对系统运行有贡献的节点发放通证（Token）。而联盟链或者私有链与公有链的不同之处在于，联盟链或者私有链的参与节点通常希望从链上获得可信数据，这相对于通过记账来获取激励而言有意义得多，因此，它们更有义务和责任去维护系统的稳定运行，并且通常参与节点数较少，PBFT 及其变种算法恰好适用于联盟链或者私有链的应用场景。

基于区块链技术的不同应用场景，以及各种共识机制的特性，可以按照合规监管、性能效率、资源消耗及容错性等维度来评价各种共识机制的技术水平。

① 合规监管：是否支持超级权限节点对全网节点、数据进行监管。

② 性能效率：交易达成共识被确认的效率。

③ 资源消耗：共识过程中耗费的 CPU、网络输入/输出、存储等计算机资源。

④ 容错性：防攻击、防欺诈的能力。

基于以上维度，现有各种共识机制的技术水平可以总结如下。

① PoW：依赖机器进行数学运算来获取记账权，资源消耗相比其他共识机制高、可监管性弱，同时每次达成共识需要全网共同参与运算，性能效率比较低，允许全网部分节点出错。PoW 共识流程如图 7-4 所示。

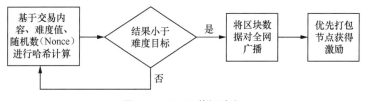

图 7-4　PoW 共识流程

② PoS：主要思想是节点记账权的获得难度与节点持有的权益成反比，相对于 PoW，PoS 在一定程度上减少了数学运算带来的资源消耗，性能也得到了相应的提升，但依然是基于哈希运算竞争获取记账权的方式，可监管性弱，该共识机制容错性和 PoW 相同。

③ DPoS：与 PoS 的主要区别在于节点会选举若干代理人，由代理人验证和记账。其合规监管、性能、资源消耗和容错性与 PoS 相似。

④ Paxos：是一种基于选举领导者的共识机制，领导者节点拥有绝对权限，并允许强监管节点参与，性能高，资源消耗低。所有节点一般有线下准入机制，但选举过程中不允许有作恶节点，不具备容错性。

⑤ PBFT：与 Paxos 类似，也是一种采用许可投票、少数服从多数的方式来选举领导者进行记账的共识机制，但该共识机制允许拜占庭容错。该共识机制允许强监管节点参与，具备权限分级能力，性能更高，耗能更低，该算法每轮记账都会由全网节点共同选举领导者，允许 33% 的节点作恶，容错性为 33%。

PoW 是比特币所用的共识机制，其安全性以牺牲性能为代价，因此，要想在此机制中伪造或修改节点的信息需要全网至少 51% 的算力。随着 PoW 的发展，其对算力资源需求的不断增长带来了高能耗问题；为弥补 PoW 的不足，PoS 共识算法得到了业界的关注，即将节点所拥有的"货币"量及币龄总和作为证明。另外，在区块链中采用 PBFT 算法，能较好地解决传统拜占庭容错算法的低效率问题。目前，非许可链多使用 PoW 及 PoS 共识算法，而带许可证明机制的联盟链使用 PBFT 共识算法较多。共识算法的选择与区块链类型高度相关。

7.2.2　智能合约

智能合约（Smart Contract）是以计算机指令的方式实现传统合约的自动化处理，本质上是交易双方在区块链上交易时触发自动执行的一段程序代码。智能合约是对一个具体场景的解决方案，主要是实现一种 IF-THEN 的程序结构，智能合约的工作机制如图 7-5 所示。被编写和审计通过的智能合约被多方签署后通过 P2P 网络部署到区块链上，实时监控区块链状态，当检测到预先封装在智能合约中的若干状态和触发规则时激活合约。当外部环境到达智能合约的触发条件时，例如，时间、事件、交易和固定行为，触发智能合约中的逻辑规则，合约执行的结果就改变了账户的状态和值，同时也可能会触发其他合约。智能合约允许在没有第三方的情况下进行可信交易，这些交易可追踪且不易逆转。

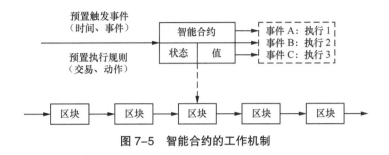

图 7-5　智能合约的工作机制

　　智能合约能够利用互联网获取的外部数据及读取区块链自身存储的内部数据，通过建立基于规则的数据和标准化智能合约，实现复杂的业务逻辑。智能合约一旦部署到区块链中，就可以自动执行，任一方均不可更改。

　　随着智能合约在区块链技术中的广泛应用，其优点已被越来越多的研究人员与技术人员认可。总体来讲，智能合约具备以下优点。

　　（1）合约制定的高时效性

　　智能合约的制定不必依赖第三方权威机构或"中心化"代理机构的参与，只要合约各方通过计算机技术手段，将共同约定条款转化为自动化、数字化的约定协议，大大减少了协议制定的中间环节，提高了协议制定的响应效率。

　　（2）合约维护的低成本性

　　智能合约在实现过程中以计算机程序为载体，一旦部署成功，计算机系统便按照合约中的约定监督、执行，一旦发生毁约，可按照事前约定由程序强制执行。因此，智能合约极大地降低了人为监督与执行的成本。

　　（3）合约执行的高准确性

　　智能合约在执行过程中，由于减少了人为参与的行为，利益各方均无法干预合约的具体执行，所以计算机系统能够确保合约的正确执行，有效提高了合约的执行准确性。

　　在区块链上部署的智能合约，有内容公开透明、不易篡改等特点，可以有效降低双方违约的风险，节省巨大的人力成本，更加经济高效。目前，智能合约作为区块链的一项核心技术，已经在以太坊、超级账本（Hyperledger Fabric）等影响力较强的区块链项目中广泛应用。

　　（1）以太坊的以太坊虚拟机智能合约应用

　　以太坊的智能合约是一段可以被以太坊虚拟机（Ethereum Virtual Machine，EVM）执行的代码。以太坊支持图灵完备的脚本语言，允许开发者在上面开发任意应用，这些合约通常可以由高级语言（例如，Solidity、Serpent、LLL 等）编写，并通过编译器转换成字节码（Byte Code）存储在区块链上。智能合约一旦被部署就无法修改。用户通过合约完成账户的交易，实现对账户的"货币"及状态进行管理与操作。

（2）超级账本的链码智能合约应用

在超级账本项目中，智能合约的概念及应用被延伸。作为无状态的、事件驱动的、支持图灵完备的自动执行代码，智能合约在超级账本项目中被部署在区块链网络，直接与账本进行交互，处于核心位置。和以太坊相比，超级账本项目的智能合约和底层账本是分开的，升级智能合约时并不需要迁移账本数据到新智能合约中，真正实现了逻辑与数据的分离。超级账本项目的智能合约称为链码（Chaincode），分为系统链码和用户链码。系统链码用来实现系统层面的功能，负责超级账本节点自身的处理逻辑，包括系统配置、背书、校验等工作。用户链码用来实现用户的应用功能，提供了基于区块链分布式账本的状态处理逻辑，由应用开发者编写，对上层业务进行支持。用户链码运行在隔离的链码容器中。

在合约体系方面，基于超级账本和以太坊强大的生态，大部分联盟链都支持链码合约和 EVM 合约。另外，WASM（WebAssembly）合约具备移植容易、加载速度快、使用效率高和社区生态良好的特点，逐渐成为区块链合约体系的新星。在合约语言类型方面，目前，Go 和 Java 两种语言是支持率最高的。现在已经有超过 75% 的区块链系统能够支持多种合约语言。

7.2.3 加密算法

信息安全及密码学技术是整个信息技术的基石。区块链中大量使用了现代信息安全和密码学的技术成果，主要包括哈希算法、对称加密、非对称加密、数字签名、数字证书、同态加密、零知识证明等。区块链采用密码算法是为了保护信息的安全，不易被他人获取，不易被伪造和篡改，也能追溯信息的发送者。

1. 完整性（防篡改）

区块链采用密码学哈希算法技术，保证区块链账本的完整性不被破坏。哈希（散列）算法能将二进制数据映射为一串较短的字符串，并具有输入敏感特性，一旦输入的二进制数据发生微小的篡改，经过哈希运算得到的字符串将发生非常大的变化。另外，优秀的哈希算法还具有避免冲突的特性，输入不同的二进制数据，得到的字符串是不同的。

区块链利用哈希算法的对输入敏感和避免冲突的特性，在每个区块内，生成包含上一个区块的哈希值，并在区块内生成验证过的包含所有交易信息的默克尔（Merkle）根的哈希值。一旦整个区块链的某些区块被篡改，都无法得到与篡改前相同的哈希值，从而保证区块链被篡改时，能够被迅速识别，最终保证区块链的完整性（防篡改）。

2. 机密性

加解密技术从技术构成上分为两大类：一类是对称加密；另一类是非对称加密。对称加密的加解密密钥相同；而非对称加密的加解密密钥不同，一个被称为公钥，另一个被称为私钥。公钥加密的数据，只有对应的私钥可以解开，反之亦然。

区块链尤其是联盟链，在全网传输的过程中，都需要传输层安全协议（Transport Layer Security，TLS）加密通信技术，来保证传输数据的安全性。而 TLS 加密通信正是非对称加密技术和对称加密技术的完美组合：通信双方利用非对称加密技术，协商生成对称密钥，再由生成的对称密钥作为工作密钥，完成数据的加解密，从而同时利用了非对称加密不需要双方共享密钥、对称加密运算速度快的优点。

3. 身份认证

单纯的 TLS 加密通信，仅能保证数据传输过程的机密性和完整性，但无法保障通信对端可信（中间人攻击）。因此，需要引入数字证书机制，验证通信对端身份，进而保证对端公钥的正确性。数字证书一般由权威机构签发。通信的一侧持有权威机构与证书颁发机构（Certification Authority，CA）的公钥，用来验证通信对端证书是否被自己信任（即证书是否由自己颁发），并根据证书内容确认对端身份。在确认对端身份的情况下，取出对端证书中的公钥，完成非对称加密过程。

此外，区块链中还应用了现代密码学最新的研究成果，包括同态加密、零知识证明等，在区块链分布式账本公开的情况下，最大限度地提供隐私保护能力。这方面的技术还在不断发展完善中。

区块链安全是一个系统工程，系统配置及用户权限、组件安全性、用户界面、网络入侵检测和防攻击能力等，都会影响最终区块链系统的安全性和可靠性。区块链系统在实际构建过程中，应当在满足用户要求的前提下，在安全性、系统构建成本及易用性等维度，取得一个合理的平衡。

7.2.4 区块链网络

区块链中使用了基于互联网的 P2P 网络架构。P2P 网络也称对等网络，网络中的每个参与节点都贡献一部分计算能力、存储能力、网络连接能力。通过网络，这些能力作为共享资源可被其他对等节点直接访问。访问过程中不需要再经过中间实体，因此，每个节点既是资源和服务的使用者，又是整个资源和服务的提供者。每个网络节点以"扁平（Flat）"的拓扑结构相互连通。

整个网络中无特殊地位的节点，每个节点都可以对任意对等节点做出响应，并提供资源。除了保障网络连接的基本通信协议，针对不同的应用需求，网络层还可以包含其他的协议，例如，"挖矿"过程中用到的网络协议、基于内容进行文件传输的协议、"矿工"使用的高速区块中继网络协议等。

尽管区块链网络中的节点由 P2P 协议组织，各个首点间没有主次之分，但是不同区块链系统在不同场景下的需求功能不同，节点的设计也不同。总体来说，节点按照功能可以分为全节点、简单支付验证（Simplified Payment Verification，SPV）节点，按照参与共识的身份可以分为用户端节点、提交者节点、验证者节点等。区块链节点类型如图 7-6 所示。

区块链中的节点一般可以包括 4 个功能：路由通信、账本存储、参与共识和钱包。在不同的场景下，可以选择需求功能组成对应的节点。如果需要以上 4 个功能，则组成全节点；如果只是为了交易，则只须包含与用户相关的账本存储、钱包、路由通信即可完成简易的交易验证。因此，这类节点又被称为"SPV 节点"。如果节点只是用于实现共识算法，则只须包含参与共识的逻辑即可。

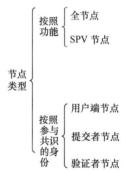

图 7-6　区块链节点类型

区块链的网络构建过程因区块链种类不同而有所区别。在不需要许可的区块链中，例如，比特币、以太坊系统，当新的网络节点启动后，需要寻找网络中可靠的节点并连接。寻找的节点可以是比特币系统中一直维持运转的种子节点，也可以是已知的运行节点。当新节点与网络中的运行节点建立连接后，可以将自身地址消息在网络中传播，参与系统运转。在需要许可的区块链中（包括联盟链和私有链），例如，超级账本、R3 区块链联盟、ChinaLedger 联盟等，参与运行维护的节点身份信息已知，因此，节点在加入网络之前需要进行身份验证，经过身份验证后节点即可参与系统运转。

7.3　区块链技术架构

有关区块链的架构问题已经被广泛讨论,主流意见认为区块链有 5 层架构或 6 层架构,6 层架构中将共识层一分为二:分别是共识层和激励层。本节按 5 层架构对区块链技术进行介绍,区块链架构如图 7-7 所示。

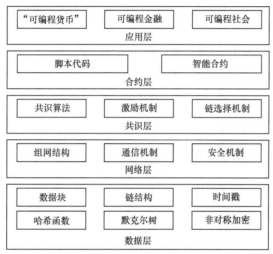

图 7-7　区块链架构

1. 数据层

区块链中的"块"和"链"都是用来描述其数据结构特征的词汇,可见数据层是区块链技术体系的核心。区块链数据层定义了各个节点中数据的联系和组织方式,利用多种算法和机制保证数据的强关联性和验证的高效性,从而使区块链具备实用的数据防篡改特性。另外,区块链网络中每个节点存储完整数据的行为增加了信息泄露的风险,隐私保护便成为迫切需求,而数据层通过非对称加密等密码学原理实现了承载应用信息的匿名保护,促进区块链应用普及和生态构建。

数据层位于整个体系结构的最底层,负责将一段时间内接收到的交易数据存入正在创建的数据区块中,再通过特定的哈希函数和默克尔树数据结构将区块中存入的交易数据进行封装,并在上层协议的协助下,生成一个符合算法约定的带有时间戳的新区块,再通过相应的共识机制连接到主链上。在此过程中,数据层主要涉及数据结构、数据模型和数据存储等与分布式数据库相关的内容,主要包括数据块、哈希函数、链结构、默克尔树、时间戳、非对称加密等技术要素,确保区块链分布式账本中数据的可靠性和稳定性。

2. 网络层

网络层关注区块链网络的基础通信方式 P2P 网络。P2P 是区别于"用户端/服务器"服务模式的计算机通信与存储架构，网络中的每个节点既是数据的提供者也是数据的使用者，节点间通过直接交换可实现计算机资源与信息的共享，因此，每个节点地位均等。区块链网络层由组网结构、通信机制、安全机制组成。其中，组网结构描述节点间的路由和拓扑关系，通信机制用于实现节点间的信息交互，安全机制涵盖对端安全和传输安全。

（1）组网结构

对等网络的体系架构可分为无结构对等网络、结构化对等网络和混合式对等网络，根据节点的逻辑拓扑关系，区块链网络的组网结构也可以划分为上述 3 种。区块链网络的组网结构如图 7-8 所示。

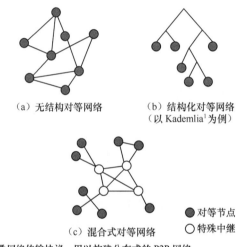

（a）无结构对等网络　　　　（b）结构化对等网络
　　　　　　　　　　　　　　（以 Kademlia[1] 为例）

（c）混合式对等网络　　　● 对等节点　○ 特殊中继

1. Kademlia 是一种 P2P 重叠网络传输协议，用以构建分布式的 P2P 网络。

图 7-8　区块链网络的组网结构

（2）通信机制

通信机制是指区块链网络中各个节点之间的对等通信协议，建立在 TCP/UDP 之上，位于计算机网络协议栈的应用层。该机制承载对等网络的具体交互逻辑，例如，节点握手、心跳检测、交易和区块传播等。

（3）安全机制

安全是每个系统必须具备的要素，以比特币为代表的非许可链利用其数据层和共识层的机制，依靠消耗算力的方式保证数据的一致性和有效性，没有考虑数据传输过程的安全性，反而将其建立在不可信的透明 P2P 网络上。

许可链对成员的可信程度有更高的要求，在网络层面采取适当的安全机制，主要包括身份安全和传输安全两个方面。身份安全是许可链的主要安全需求，保证端到端的可信，一般采用数字签名技术实现，对节点的全生命周期（例如，节点交互、投票、同步等）进行签名，从而实现许可链的准入许可。传输安全防止数据在传输过程中遭到篡改或监听，常采用基于 TLS 的点对点传输和基于哈希算法的数据验证技术。

3. 共识层

共识层借助相关的共识机制，在一个由高度分散节点参与的"去中心化"系统中，对交易和数据的有效性快速达成共识，确保整个系统所有节点记账的一致性和有效性。其中，一致性是指所有节点中保存的区块主链中已确认的区块完全相同，而有效性是指每个节点发送的交易数据都能够被存放在新区块中，同时节点新生成的区块数据也能够连接到区块链。在早期的比特币系统中，设计者采用了高度依赖节点算力竞争的工作量证明（PoW）机制，随着区块链应用的发展，研究者又提出了一些符合不同区块链应用要求的共识机制，例如，应用于点点币（PPCoin）的 PoS 机制，应用于比特股（Bitshares）的 DPoS 机制等。

激励机制包括激励策略与惩罚策略。其中，激励策略是为了弥补节点算力消耗、平衡协议运行收益比所采取的措施，当节点能够在共识过程中获得收益时才会进行记账权的争夺，因此，激励策略利用经济效益驱动各共识协议可持续运行。激励策略一般基于价值均衡理论设计，具有代表性的机制包括根据过去 N 个股份来支付收益（Pay Per Last N Shares，PPLNS）、每股支付（Pay Per Share，PPS）等。为了实现收益最大化，节点可能采用不诚实的运行策略（例如，扣块攻击、自私"挖矿"等），损害了诚实节点的利益，惩罚策略基于博弈论等理论对"行为不端"的节点进行惩罚，从而纠正其行为，维护共识的可持续性。

4. 合约层

智能合约是部署在区块链上采用计算机程序来实现日常合同条款的内容及执行过程的协议。由于比特币中采用的是一种非图灵完备、不具备复杂循环和流程控制、功能简单的脚本语言，其实质是嵌入比特币交易中的一组指令，因此，比特币中的脚本算是智能合约的雏形。以太坊内置了一套图灵完备的编程语言，用户可以根据需要在以太坊平台上编写复杂的智能合约，实现各类"去中心化"的应用。智能合约使区块链技术不再局限于比特币应用，而成为一项具有普适性的底层技术框架。

5. 应用层

区块链技术在公有链中的应用最为成熟，其中，在比特币中的应用主要是实现"去中心化"的数字"加密货币"系统，而在以太坊中区块链技术除了继承数字"加密货币"（以太币）的功能，还针对目前"一切皆 Web"的现状，借助智能合约的强大功能，开始支持各类"去中心化"应用（DApp）。DApp 最常见的应用情景是一个常规的 Web 前端应用与一个或多个智能合约进行交互。

7.4 区块链产业进展

7.4.1 行业现状

1. 中国

在政策层面，2019 年 1 月 24 日，中共中央政治局第十八次集体学习时提出要把区块链作为核心技术自主创新的重要突破口，并将区块链技术的发展上升为国家战略。我国省级政府此后密集出台了区块链产业发展政策与发展规划，其中，有 22 个省（自治区、直辖市）在其《政府工作报告》中提及区块链。

《中华人民共和国国民经济和社会发展第十四个五年规划和 2035 年远景目标纲要》中将区块链作为新兴数字产业之一，提出"以联盟链为重点发展区块链服务平台和金融科技、供应链金融、政务服务等领域应用方案"等要求。

2021 年 6 月，工业和信息化部、中共中央网络安全和信息化委员会办公室联合发布《关于加快推动区块链技术应用和产业发展的指导意见》，部署了两项重点任务：一是发挥区块链在优化业务流程、降低运营成本、建设可信体系等方面的作用，聚焦供应链管理、产品溯源、数据共享等实体经济领域，推动区块链融合应用，支撑行业数字化转型和产业高质量发展；二是推动区块链技术应用于政务服务、存证取证、智慧城市等公共服务领域，加快应用创新，支撑公共服务透明化、平等化、精准化。

在技术层面，区块链技术还处于发展早期，区块链行业技术发展将聚焦于工程化和生态构建。在产业应用层面，经过近年来的发展，区块链在供应链金融、溯源、公共服务等领域取得一定的成果，但其应用模式仍以文件、合同等的存证为主。目前，区块链产业应用逐步向政务数据共享、供应链协同、跨境贸易等自动化协作和价值互联迈进。

2. 国外

在政策领域，2019—2020 年，全球有 24 个国家和地区发布了针对区块链产业发展及行业监管方面的专项政策或法律法规。欧盟、澳大利亚、印度、墨西哥等国家和地区积极发展区块链产业，制定了产业总体发展战略；巴西、俄罗斯、韩国、阿联酋等国家重点探索"数字货币"及金融监管。

在投融资领域,近两年,区块链产业投融资交易热度下降,美国在区块链企业投融资交易金额和事件数量方面领先于其他国家,投融资主要集中在数字资产、金融业、互联网、平台开发等领域。

在学术研究领域,当前区块链学术研究主要聚集在六大领域:第一类是研究区块链技术体系,包括网络体系、互信、网络性能,以及区块链技术带来的经济和社会影响;第二类主要涉及比特币和"加密货币";第三类主要涉及数据安全、隐私保护、信任管理、授权;第四类主要涉及智能合约;第五类主要涉及物联网、云计算、边缘计算;第六类主要涉及智能电网、智慧城市等应用领域。

7.4.2 行业应用

中国区块链应用场景主要包括贸易、物流、文娱、社会公共服务、金融、政务、知识产权、社交、日常消费、工业、农业、能源、教育、医疗14个垂直行业。中国区块链应用场景综述示意见表7-3。

表 7-3 中国区块链应用场景综述示意

序号	应用场景	应用特征	成熟度
1	贸易	• 应用方可分为网络加入者、构建者和扩展者 • 网络构建者是贸易行业区块链网络的核心,是区块链市场的基本组成部分	◑
2	物流	• 可深度应用于物流行业中的快递报价、公益快递、行业黑名单共享及安全事件监管等业务 • 可保证货物安全,优化运输路径,解决物流企业融资问题	●
3	文娱	• 帮助文娱行业建立智能合约、透明点对点交易及信誉机制,促成高效动态定价机制 • 为实现微计量与微变现服务提供可能	◔
4	社会公共服务	• 可有效应用于社会公共服务的身份验证、鉴证确权、信息共享及透明政府等场景 • 可有效降低公共服务成本,提升其业务效率及安全性	●
5	金融	• 可深度应用于金融行业供应链金融、贸易融资、资金管理、支付清算、数字资产、延伸领域等环节,为质押、融资、项目管理等环节提供可信平台服务	●
6	政务	• 可深度应用于数字身份平台、政府审计平台、数据共享平台、涉公监管平台、电子票据、电子存证、出口监管等政务场景,大幅提升操作便捷性与记录安全性	●

续表

序号	应用场景	应用特征	成熟度
7	知识产权	• 时间戳、哈希算法、非对称加密等技术可有效解决版权确权问题，智能合约和共识机制可有效辅助知识产权中多人协作、共识判断等环节	
8	社交	• 可分为即时通信项目与社交平台项目 • 即时通信项目操作简洁且安全性强 • 社交平台项目奖励与审查机制较健全	
9	日常消费	• 结合物联网技术可实现消费品供应链端到端的全程监控 • 基于区块链的供应链解决方案可有效增加消费品各环节造假成本，提升供应链可信度	
10	工业	• 可分为在企业内部应用、产业链协同，以及产融协同 • 区块链可为工业场景提供可信安全维护及数据交换，企业创造服务型收益	
11	农业	• 区块链可有效应用于农场、物流、制造、零售商及消费者等场景，为农业记录产品质量数据、IoT 及 GPS 数据，辅助路径优化、AI 预测等智能化功能	
12	能源	• 区块链可有效提升能源行业分布共享、安全透明等指标，促进多方交易中的透明度；全球区块链企业围绕分布式交易、能源金融、碳交易等场景建立深度应用	
13	教育	• 区块链技术可有效解决教育信息分散、利益分配不均、盗版资源泛滥等问题。为行业提供兼具适用性、可读性、安全性等性能的应用平台	
14	医疗	• 区块链可有效解决医疗行业效率、共享、管理、平台及金融等环节问题，搭建完整技术框架，高效应用于数据加密、追踪溯源、资产数字化等场景	

7.4.3 标准制定

1. 中国

工业和信息化部于 2016 年发布了《中国区块链技术和应用发展白皮书》，该白皮书总结了国内外区块链发展现状和典型应用场景，首次提出了我国区块链标准化路线图。2017年 12 月，由中国电子技术标准化研究院牵头的首个区块链领域国家标准《信息技术区块链和分布式账本技术参考架构》（计划编号：20173824-T-469）正式立项，这是另一项关于区块链的国家标准，与国际区块链标准制定进度基本同步。2018 年 3 月，工业和信息化部提出并推动组建全国信息化和工业化融合管理标准化技术委员会、全国区块链和分

布式记账技术标准化技术委员会。

从区块链配套技术上看，密码和数字签名属于区块链底层技术中的重要部分，加密算法也被工业和信息化部列入区块链核心关键技术，我国在这方面的标准体系已较为完备。

根据《全国区块链和分布式记账技术标准化技术委员会筹建申请书》中的区块链拟定标准体系框架，截至 2021 年 3 月，42 项区块链标准已经发布，这些标准可划分为基础标准、业务和应用、过程和方法、可信和互操作、信息安全 5 个类型。

2. 国际

（1）ITU

根据 ITU 网站公布的信息，截至 2020 年年底，14 项区块链/分布式账本技术相关标准已发布，其中 2 项于 2019 年年底批准，全部 14 项均在 2020 年发布。在已经发布的标准中，4 项与安全相关，3 项与数据管理相关，3 项与物联网相关。由此可知，ITU 对于安全问题和物联网、数据问题的重视。

（2）ISO

ISO 成立了区块链和分布式记账技术委员会（ISO/TC 307）"，旨在推动区块链与分布式记账技术领域的国际标准制定。中国电子技术标准化研究院被指定为 ISO/TC 307 国内技术对口单位，具体负责区块链方面的国内采标和国际标准制定。ISO/TC 307 共设立 12 个工作小组，分别负责区块链技术、互操作性、安全等细分领域的具体标准审核，在世界范围内有 46 个参与成员和 13 个观察成员。

根据 ISO 网站公布的信息，截至 2021 年 12 月，ISO/TC 307 已经发布了与区块链相关 4 项国际标准，另有 11 项正在制定中，已发布的标准包括了区块链术语概念、系统概述、隐私保护和人员管理，构建了国际区块链领域的共识基石，正在制定的标准将对区块链的参考架构、分类、案例等方面给出规范，打造更好的国际区块链合作基础。

（3）IEEE

在区块链领域，IEEE 陆续成立了区块链标准委员会（CTS/BSC—Blockchain Standards Committee）、区块链和分布式记账委员会（C/BDL—Blockchain and Distributed Ledgers）等专门机构，负责相关标准的立项、审核与批准。中国电子技术标准化研究院是 IEEE C/BDL 的主席单位。

根据 IEEE 标准网站公布的信息，第一项 IEEE 区块链标准（IEEE Standard for Data Format for Blockchain Systems）成功通过委员会批准，明确了区块链系统的数据格式要求，在数据结构、数据类型等方面给出规范。截至 2021 年 12 月，IEEE 已经发布了与区块链相关 5 项标准，其中，3 项标准与"加密货币"相关，另有 1 项数据格式标准和 1 项数据管理标准。

此外，IEEE 还有20 余项区块链标准已经立项，并进入起草制定阶段，预计在2024 年以前陆续发布。数字资产识别管理、区块链物联网、区块链互操作性/跨链技术是其中占比较大的部分，这些领域也是区块链后续发展的重点，同时，区块链从业人员能力评估标准的制定也受到产业界的广泛关注。

7.4.4 技术趋势

区块链是一项非常有想象力的技术，包含非常多的技术子集，其技术组合性也给其应用增添了更多的色彩，例如，区块链的加密算法、智能合约、分布式账本和共识模型等方面都有层出不穷的技术创新，单独运用区块链的某一项或几项技术都可能给场景带来不同的应用。区块链技术成熟度曲线如图 7-9 所示。图 7-9 展现了区块链不同的产品或者功能特性目前的发展情况，作为数据库技术的分布式账本技术和"加密货币"挖掘技术将最先过渡到产业爬升和生产阶段，而像智能合约、隐私计算、预言机、零知识证明、区块链物联网这些技术目前处于预期较高的膨胀阶段，真正离技术成熟落地的时间远比前面两个长。

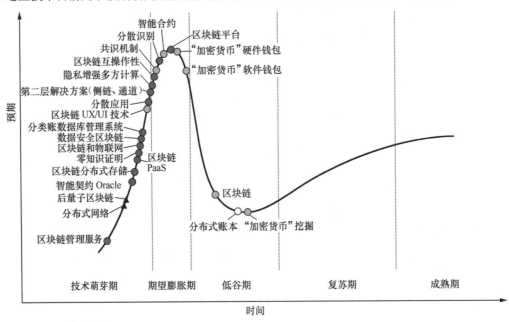

图 7-9　区块链技术成熟度曲线

区块链核心技术创新取得进一步提高，技术创新呈多元化发展，涉及领域主要有区块链跨链、区块链隐私保护、区块链数据安全、链上链下数据交换等方面。

1. 跨链技术

跨链技术是实现联盟链价值网络的关键。目前，区块链面临的诸多问题中，区块链之间的单一性、互通性极大限度地限制了区块链的应用空间，利用跨链技术可以将区块链从分散的"孤岛"中拯救出来，实现区块链由内向外的拓展，打通区块链应用之间的壁垒。针对区块链之间无法互联互通的问题，目前有包括公证人机制、侧链、哈希锁定等技术在内的跨链技术解决方法。

2. 隐私保护技术

区块链必须对用户敏感信息进行处理，以减少隐私泄露的风险，因此，提升区块链隐私保护成为区块链技术创新热点之一。为提高区块链技术的匿名性，保护用户身份安全隐私及交易数据隐私，多种区块链隐私保护方案被提出，大致分为 3 类：基于混币协议的技术、基于加密协议的技术、基于安全通道协议的技术。

3. 数据安全技术

随着互联网的高速发展，数据爆炸式增长，数据正成为全球最宝贵的资源之一。网络上传输和存储了如此多的敏感数据和私人信息，数据安全对于每个人来说都至关重要，以往为了数据安全进行的数据隔离已经不再适用，"数据孤岛"被一一打破，这对数据安全的需求越来越高。针对区块链数据安全方面的创新也得到了企业的重视，并出现了一些新的技术创新。

4. 链上链下数据交换技术

目前，存在两大问题阻碍着智能合约的广泛应用和大规模"去中心化"的商业应用。

问题一：智能合约既不能直接引入互联网数据，也不能自发调用外部网络 API，而任何商业应用，例如，保险等，不可避免地要与现实世界交互，特别是与互联网交互。

问题二：实际上，在现有的智能合约平台上，例如，以太坊，其计算资源和容量都是昂贵且有限的。再加上执行合约的 Gas 费用[1]、区块 Gas 限制和验证者困境等问题，会导致智能合约执行的可扩展性问题，使智能合约在链上的计算无法进行，甚至不可能实现大规模矩阵乘法、AI 型训练、3D 渲染等商业计算目标。

软件预言机为现有业务系统的数据上链与获取链上的数据提供了具体的方法。另外，

1　Gas 费用是指用于测量在以太坊区块链上执行特定操作所需的计算工作量的单位。

链上链下数据交换技术应当遵循 CIA 原则，即保密性（Confidentiality）、真实完整性（Integrity）、可获得性（Availability）。

7.5 区块链与通信技术的结合

7.5.1 物联网

物联网的愿景是将物理世界与数字世界连接起来，从而实现万物互联，但是安全性和隐私性是物联网技术目前面临的主要问题，制约着物联网应用的发展。需要注意的是，物联网存在中心机构运行成本高、可扩展性差和安全性低等缺陷。区块链具有"去中心化"、开放性、共识机制和不易篡改等特点，这些特点刚好弥补了物联网的缺陷。区块链通过与物联网的结合，可以确保链前数据可信，从源头解决链上数据的可信问题。

在无线环境下使用区块链技术搭建分布式物联网网络框架，设备之间可进行直接通信，减少上传云服务器的时间，提高物联网设备的处理效率，同时 5G 的高覆盖特性可以增加物联网的网络容量，以增大区块链的"去中心化"程度。另外，使用侧链技术将区块数据隔离，建立一个"去中心化"的分布式账本来跟踪、执行和存储大量的数据信息。在无线环境下，区块链结合物联网系统的应用示意如图 7-10 所示。

当前，区块链技术已用于多种物联网场景，涉及传感器、数据存储、身份管理、时间戳服务、可穿戴设备、供应链管理等多种技术，涵盖农业、金融、医疗、交通等各个领域。在无人机领域，无人机技术的广泛应用受到安全和数据隐私等因素的制约，而区块链可以为无人机管控提供更高水平的透明度、安全性、可信度，以及效率。区块链在车联网领域也得到了广泛应用。在车联网中，车辆需要收集并共享数据以提高驾驶的安全性，提供更好的服务质量。区块链技术的引入一方面解决了集中式管理架构中车辆因担心单点故障和数据操控而不愿意将数据上传至基础设施的问题；另一方面也解决了分布式管理架构中未授权的数据访问和安全保护问题。在农产品运输等物联网场景下，传感器数据是重要的组成部分，物联网的正常运行依赖于大量传感器数据的传输，而区块链与传感器技术相结合可以实现传感器数据的存证和溯源，是提高物联网"去中心化"信任和安全的有效手段。

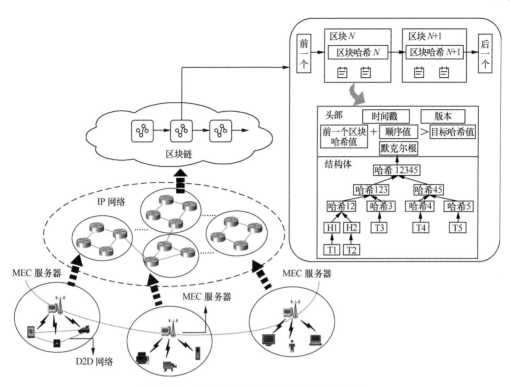

图 7-10 区块链结合物联网系统的应用示意

"区块链+物联网"的研究热点如图 7-11 所示。总体来说，区块链在物联网中应用的 3 个方向如下。

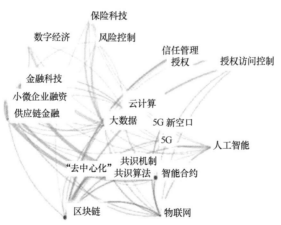

图 7-11 "区块链+物联网"的研究热点

① 智能合约及"去中心化"的共识机制是区块链保护物联网数据隐私和安全的基础方法。

② 传统产业为主的数字经济、金融科技和保险科技等是"区块链+物联网"的主要应用场景。

③ 大数据、云计算、人工智能和 5G 等新技术的发展是"区块链+物联网"结合的重要机遇和挑战。

虽然区块链完善了物联网的功能，但是区块链不是万能的，还需要进一步改进和创新。

1. 区块链性能受限

在大数据时代，物联网设备数以千万计，产生的数据杂乱且数量庞大，负责数据维护管理的区块链需要容纳海量的设备用户，实时跟踪数据，并且高并发处理物联网中发生的数据交易。但目前的区块链解决方案受账本一致性的约束，难以协调吞吐量和节点数之间的矛盾。如果采用公有链共识机制，则吞吐量普遍较"中心化"系统低多个数量级；如果采用许可链共识机制，则接入节点数普遍不超过 100 个。如何使用区块链技术控制物联网的所有设备、自动执行物联网的各种行为、扩展"区块链+物联网"的容量、提高数据处理的速度是大数据时代面对的机遇与挑战。

2. 端设备性能有限

物联网端设备量大且价低，特别是一些移动设备没有固定电源，更是为了增加工作时长而减少耗电量，这使端设备的计算和存储性能有限。区块链的共识机制常常建立在互不信任、存在拜占庭攻击的基础上，参与节点需要自己存储完整的账本并进行一定的计算以完成验证和共识过程，这对于端设备而言是不现实的。

3. 智能合约不够智能

区块链智能合约的"智能"体现在提供图灵完备的程序执行上，实际上，区块链智能合约无法支撑大规模的计算，输入/输出也受到极大的限制，常常只用来处理预设的简单业务逻辑，因此，只凭区块链无法对大规模的物联网数据进行有效的分析和利用。

4. 带宽消耗大和低时延需求

区块链的全网共识达成需要大量的广播和节点间实时通信，当节点数量巨大时，网络带宽和时延将成为技术瓶颈之一。

物联网是互联网的升级，通过将物理实体相连，物联网中的数据直接描述了客观世界的基本属性和关联关系，而区块链以分布式结构充分保障数据可靠、隐私、安全和权益，因此，

"区块链+物联网"将会是未来有效融合物理空间和信息空间、实现技术变革的重要发展方向。

7.5.2　边缘计算

区块链与边缘计算相结合的优势在于，边缘计算在计算、存储和网络上的分布式特征与区块链的"去中心化"模式吻合，服务重点均面向企业及垂直应用行业。将区块链的节点部署在边缘能力节点设备中，能够拓展边缘计算业务范围，提供服务创新和应用场景创新机会。边缘计算设施可以为区块链大量分散的网络服务提供计算资源和存储能力，同时解决在大量节点共存的情况下高速传输的问题，以满足区块链平台在边缘侧的应用诉求。区块链技术为边缘计算网络服务提供可信和安全的环境，提出更加合理的隐私保障解决方案，实现多主体之间的数据安全流转共享和资源高效协同管理，保证数据存储的完整性和真实性，通过可靠、自动和高效的执行方案降低成本，构造价值边缘网络生态。

1. 部署模式

根据业务需求和用户需求，"区块链+边缘计算"可分为边缘部署和混合部署两种模式。"区块链+边缘计算"服务部署模式如图 7-12 所示。

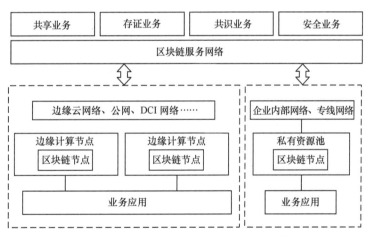

图 7-12　"区块链+边缘计算"服务部署模式

（1）边缘部署

业务区块链节点部署在电信运营商边缘计算资源池内，区块链服务和数据均存储在电信运营商边缘计算网络中，用户通过访问最近的边缘计算节点，便可获取区块链服务。边缘部署的优势在于，当用户没有可用的自有硬件资源时，不需要自行搭建区块链部署环境，因此，可降低用户成本。

（2）混合部署

业务区块链节点一部分部署在运营商边缘计算节点上，另一部分部署在业务所在组织本地公网/专网中，并与区块链网络连通，部分区块链服务和数据在本地节点存储，指定数据同步至其他节点。其优势在于：满足高保密性和隐私性的业务安全要求，同时提高本地实时业务的处理效率，或当用户已具备可用的硬件资源时，为减少资源浪费，可采用此模式部署。

2. 场景案例

（1）共享类

区块链能够为多方数据流转提供一个安全可信的共享环境，同时提高共享效率。区块链可有效连接边缘计算、存储能力和数据资源，实现多种异构网络资源共享和数据流转。区块链可以对不同厂商、不同电信运营商、不同架构和服务能力的边缘计算和存储资源进行整合后对外开放，用户按需订购，订购记录和资源使用情况上链存储，业务运营方可以根据记录进行计费和结算。同时，边缘计算平台中存有大量数据资源，例如，GPS 数据等。这些数据资源的开放和流转不仅可以满足第三方公司的业务需求，还能为电信运营商带来新业务。

（2）存证类

基于边缘计算的区块链存证业务可就近完成数据的处理和存储，从而缓解云端网络带宽压力和云端存储压力，规避长距离网络传输等安全风险。业务数据可以直接保存并部署在边缘节点上的区块链网络中，降低部署额外平台和业务系统之间的数据对接成本。当数据量较小时，例如，小文档、普通照片、短视频等可以采用全量数据存证（全量上链）；当数据量较大时，例如，大文档、高清图片、高清视频、长视频等可根据业务需求采用数据摘要存证或特征存证（摘要上链），区块链网络只记录数据摘要或特征值信息，不记录原始数据，相应边缘节点可以根据业务需求进行原始数据存储。

3. 共识类

传统模式下多方系统可能会出现"数据孤岛"和业务隔离，不同机构、不同部门之间难以形成有机结合，网络异构导致协同成本较高等问题。区块链共识协同机制的引入能够为不同组织、部门、业务之间建立一个可信的共享环境，实现了业务和数据跨层级、跨区域和跨网络的共享协同。边缘计算为共识类业务提供了"边—边"高效协同网络，业务可以就近接入部署在边缘计算节点上的区块链服务，同时将业务规则和业务相关数据同步到所有网络层面，提高业务协同效率和用户体验。

4. 安全类

区块链中块链结构、不易篡改、基于密码学的特性适合用于对安全有特殊要求的应用，在提高系统弹性、改善身份认证方案、优化审计效率和审计透明度上均具有很大的优势。

7.5.3 5G

5G旨在实现万物互联，区块链意在实现万物互信，二者之间有着天然的互补性，两股力量相互赋能。

1. 5G 可以极大地提升区块链的性能

5G全新的网络架构可以帮助区块链促进网络资源的充分利用。这样一来，区块链的数据同步效率、网络通信速度等都会得到明显提升。

2. 5G 技术的发展可以扩展区块链的应用范围

区块链产业商业化应用的一大瓶颈就是物联网基础设施的不成熟。而 5G 技术的发展和普及可以为区块链在物联网中的应用扫清障碍。

3. 区块链赋能 5G，将会给 5G 带来数据安全和共享质的提升

区块链技术可以通过加密的手段，实现数据隐私保护、历史记录防篡改、可追溯等功能，有益于 5G 实现真正的点对点价值共享与流通。

同时，5G 的超密集异构网络结构需要大量的小基站支撑，这就需要电信运营商在巨大的资金压力下，通过区块链"去中心化"、安全、智能合约的特性，实现 5G 的快速落地。

7.5.4 6G

根据目前已有的研究，区块链在 6G 时代可能在以下场景发挥重要作用。

1. 频谱和基础设施等资源的共享

美国 FCC 提出，6G 可以采用更智能、分布更强的基于区块链的动态频谱共享接入技术。此外，通过区块链将赋能网络基础设施的灵活共享按需分配，可降低电信运营商的投资成本，节约能源。

2. 身份验证

随着 6G 网络中终端设备的增加，完全集中的身份验证可能会导致网络的瓶颈和时延增加，可借助区块链技术实现集中与分布式相结合的身份认证、授权和记账。

3. 数据共享

目前，已有专家提出一种基于区块链的分布式、透明、安全的数据共享方案，用于 6G 网络中的人工智能应用，证明了区块链在数据安全方面的有效性。

4. 网络安全

行业内的专家们普遍认为，传统的"外挂式""补丁式"网络安全防护机制已经无法对抗未来 6G 网络潜在的泛在攻击与不定性安全隐患，区块链与通信技术的结合有望成为未来实现 6G 网络内生安全的有效途径。

5. 应用安全

区块链等技术可以为应用程序安全和隐私提供解决方案。6G 的安全体系和架构将很大限度上取决于未来 5G 网络的变化及相关新型技术的研究和发展，5G 网络在规模使用过程中，也可能会遭遇不同于传统的攻击方式，这将成为 6G 制定安全策略的重要参考标准。同时，区块链、人工智能等新技术也将在未来的 6G 安全解决方案中发挥重要作用。为解决这些问题，相关企业和研究人员需要在 6G 网络架构设计之初融入安全方案和相对完整的安全体系，以保证 6G 网络具有更高的安全性和可信度，从而实现 6G 网络的内生安全。

7.5.5　其他

为了进一步挖掘区块链在数字资产、电信资产、新一代网络建设等电信运营商相关领域的应用价值，本节列举了 6 个与电信行业相关的应用场景。

1. 电信设备管理

当前，电信设备数量多、种类多、厂家多、批次多，难以形成自上而下、透明化、穿透式的管理；巡检数据的自动采集、可信存储、记录溯源、智能分析等全流程技术仍不完备，数据分析比较困难。基于区块链的底层数据存储，结合物联网、人工智能等技术，为电信运营商提供设备巡检和设备全生命周期管理服务，从而提高巡检的质量和效率。

在电信运营商集团公司与各省级公司层面，省市公司按照要求对设备进行巡检，记录在区块链上；集团公司获取链上的可信数据，实时检查设备巡检工作的落实情况；从电信运营商与设备商层面，设备管理平台通过接口与电信运营商的业务系统进行交互，实时同步设备故障信息和设备风险信息，提前预测故障并及时处理。

2. 动态频谱管理与共享

无线频谱作为稀缺的资源，目前，采用"静态管理策略"规划，授权频谱不仅严重短缺，而且利用率较低。动态频谱共享优点显著，却存在资源共享信任、频谱价值转移等问题。在明确相关法律法规和适用范围的前提下，可基于区块链技术实现动态频谱共享等。

每个频谱拥有者可作为一个区块链节点，通过区块链动态共享各自拥有的授权频段；链上合约结合频谱拥有者使用特点、空闲时段等，确定动态频谱共享机制并进行结算计费。

3. 数字身份认证

数字身份认证分为个人数字身份认证和设备数字身份认证。其中，个人数字身份认证目前的问题是，个人互联网身份众多，安全隐私风险较大；设备数字身份认证目前则面临 CA 单点失败、证书批量配置效率低、多 CA 互信难等问题。

对于统一用户身份认证与保护，运营商利用自有实名认证用户数据库组建身份认证联盟链，并吸引第三方企业加入，利用算法为每个用户建立唯一的数字身份，结合区块链技术确保数字身份不被篡改和授权使用，提供基于区块链的统一身份认证、身份信息校验、免密登录等服务。

对于设备数字身份认证，可将传统公钥基础设施（Public Key Infrastructure，PKI）技术集中式的证书申请、查询改为分布式的证书申请、查询，设备自行生成证书，区块链节点使用智能合约验证和写入证书，在设备商、电信运营商之间建立信任关系，提供小基站接入认证系统、切片互信、异厂家物联设备安全直连及管理等服务。

4. 国际漫游结算

电信运营商之间的漫游关系是一个相对松散的联盟关系，目前，在国际漫游结算方面面临 4 个挑战：对于争端处理机制，协调成本和时间成本耗费大；对于漫游协议文件传输，受人工干预的影响较大；对于漫游处理时效，易产生计费/财务/欺诈等生产事故；对于漫游管理模式，无法统一管理，容易造成争议。

各漫游电信运营商可基于区块链技术可信、互认地共享漫游协议文件及财务结算文件。搭载智能合约，执行漫游公参更新的自动化配置，实现漫游协议配置生效一条龙管理。最终减少各电信运营商协议文件巡检和处理的人工工作量。

5. 数据流通与共享

电信大数据的流通和共享存在与其他行业类似的问题：数据交易中的规范性和完备性不足，数据确权、数据定价等核心问题尚未得到全面解决；数据安全和隐私保护的要求愈加突出，技术手段缺乏；现有的"中心化"数据流通方式在电信业公信力不足。

基于区块链技术构建"去中心化"数据流通和体系，共享数据元信息、样例数据、数据获取需求、数据交易及权属流转信息；在数据资源产生或流通之前，将确权信息和数据资源有效绑定并登记存储，为维护数据主权提供技术保障；利用智能合约规则代码代替合同，实现链上支付、数据访问权限自动获取，提高交易自动化水平。

6. 云网融合应用

用户 3A（认证/鉴权/计费）、互联互通、费用结算三大障碍影响着电信运营商全球云网合一，区块链技术有助于实现多云多网间从认证到收费的商业协同问题。

对于跨网对接，区块链+AI 标识海量硬件及参数，实时分析互联互通的性能与故障；对于跨云对接，区块链+AI 自动记录并分析各云数据吞吐和接口行为，云间协同及结算提供可信依据；对于云网合一，基于联盟链的云网业务，对联盟内企业"多云+多网"的销售进行授权认证、记账追溯等。

7.6　电信运营商区块链技术的发展

7.6.1　国内电信运营商

1. 中国电信

（1）"1+M+N"

中国电信的区块链战略可以总结为"1+M+N"。其中，"1"是指中国电信研发的自主可控的底层链 CTchain。CTchain 具有高可靠、高性能、高安全、隐私保护、数据共享及软硬协同等特性，用来构建中国电信基于区块链的云网的基础设施。"M"是指重点的应用场景、典型应用，包括基于区块链的电子招投标，基于区块链的业务清结算，基于区块链的一个可信财税，以及基于区块链的 5G 共建共享等。"N"是指面向网信安全，面向降本增效，面向共建、共享、共治等重点领域。中国电信区块链应用场景一体化技术方案示意如图 7-13 所示。

"芯"是指安全芯片。在芯片里集成了与区块链技术相关的基础算法和协议，例如，ECC 椭圆曲线、哈希算法、承载独立协议（Bearer Independent Protocol，BIP）。

"卡"是指区块链 SIM 卡。在 SIM 卡内开发了 Applet 应用实现区块链功能，包括种子生成、公私钥衍生、加密存储管理、数字签名、找回私钥等，并对 SIM 卡的底层 COS 的性能、安全、功能等进行了升级。

"机"是指区块链手机。用户在电信营业厅办理区块链 SIM 卡，将其安装到手机上后，下载区块链应用 App，然后在区块链 SIM 卡内进行数字签名，最后在区块链上确认。如果区块链手机丢失，那么用户可以到电信营业厅补办区块链 SIM 卡，从而找回私钥。

"链"是指 CTchain。链支持分区共识、国密算法，智能合约的可视化编译与部署，区块链节点的可视化一键部署，物理、业务指标的实时监控。

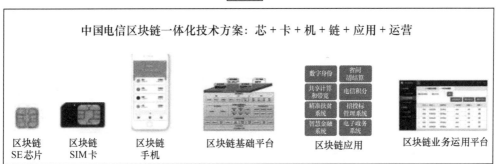

图 7-13　中国电信区块链应用场景一体化技术方案示意

"应用"是指区块链应用，包括电信运营商应用（数字身份认证、省间清结算、共享征信、共享计算和带宽、共享基站、电信积分）、行业应用（精准扶贫系统、招投标管理系统、农业溯源、智慧金融、电子政务）。需要注意的是，基于区块链的一线佣金清结算系统荣获"2019 年度工业和信息化部可信区块链高价值案例"，是全国 15 个案例中唯一上榜的电信行业案例。

"运营"是指区块链业务运营平台，该平台能实现开卡、发卡、补卡、消卡全流程的运营功能；备份存储种子（电信运营商密码、用户支付密码双重加解密），以方便找回私钥（私钥即资产）；支持与外部系统对接 API。

在区块链上，"得私钥者得天下"，区块链 SIM 卡的一大作用就是保护用户的私钥。基于自主研发的区块链 SIM 卡，中国电信在供应链金融和智能手机等场景中实现了应用。

以供应链金融为例，供应链成员组成联盟链，中国电信通过天翼链对金票（供应链数字资产）进行可信存证，利用区块链 SIM 卡提高安全性，实现签名不出卡，金票可控管理。以智能手机为例，区块链手机上，个人数据均可成为数字资产，包括电信积分、运动轨迹、医疗记录、航空里程等。

（2）标准制定

2021 年 7 月，在 ITU-T SG13 会议期间，由中国电信牵头的两项区块链标准最终正式

立项通过。这两项标准如下。

中国电信牵头，联合中国移动、中国联通、中兴通讯发起的"*Y.FMSC-DLT：Distributed ledger technology for fixed, mobile and satellite convergence in IMT-2020 networks and beyond*（基于区块链的固移及卫星网络融合）"，标准代号：Q23/WP1。

中国电信牵头，联合中国联通发起的"*Y.NRS-DLT-arch：Functional architecture of network resource sharing based on distributed ledger technology*（《基于区块链的资源一体化架构》）"，标准代号：Q2/WP3。

这两项标准研究了基于区块链的云网资源一体化架构，探索了区块链在实现异构网络高效、可信协同的技术方案。

2. 中国移动

（1）中国移动区块链服务平台

中国移动区块链服务平台（China Mobile Blockchain as a Service，CMBaaS）于 2018 年建设完成并投入运营，全面覆盖"区块链+电信行业+泛行业"典型应用场景。CMBaaS 企业版适用于多级组织架构、业务系统庞杂的大型企业，可以极大地降低实现区块链底层技术的成本，简化区块链底层构建和运维工作。CMBaaS 提供完备的智能合约管理，帮助缩短开发周期并减轻开发压力，使用户可以快速开发智能合约，实现就近接入、快速上链，提高业务创新的效率。

CMBaaS 既支持第二代基于 Fabric 开发架构对实时性要求一般的业务场景，又支持第三代基于 EOS 开发架构对并发、实时性高要求的业务场景。利用 Kubernetes 的集群管理优势，融合形成高可用、高性能和动态扩展的区块链底层框架，支持集群自动扩缩、节点故障恢复、共享存储管理等功能。同时将星际文件系统（Inter Planetary File System，IPFS）与区块链底层开发架构结合起来，构建基于 IPFS 的区块链网络，大数据采用哈希方式分散存储在 IPFS 中，弥补链上数据存储增长过快导致的不足。通过 CMBaaS 可视化控制台，可以"零知识"操作区块链底层资源，提供智能合约全生命周期管理、链账户管理、租户管理、区块链浏览器、仪表盘等关键功能。CMBaaS 平台架构如图 7-14 所示。

CMBaaS 上线以来取得了诸多应用效果，具体介绍如下。

① 数据一致性提升：传统模式下，业务平台业务订购关系严重不一致（据不完全统计，每月全网差异数据达千万级），使用区块链后数据一致性提升近 100%。

② 降低潜在用户投诉，用户满意度提升：针对异常交易，以用户订购为例，全网解决了金额超过 1800 万元的异常交易，有效降低了数据不一致可能导致的潜在用户投诉。

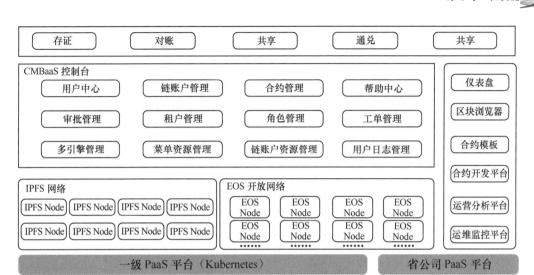

图 7-14　CMBaaS 平台架构

③ 业务成功率提升：采用此方法，为业务平台赢得了缓冲用户投诉的黄金时间，提前处理异常，使业务成功率大幅度提升。

④ 节省人力成本：免除了大量繁杂的数据比对工作，每年可节省 800 多万元的人力成本。

（2）区块链服务网络

2019 年，中国移动与国家信息中心、中国银联等 6 家单位共同设计并建设了区块链服务网络（Blockchain-based Service Network，BSN）。BSN 由国家信息中心进行顶层规划，中国银联和中国移动运用相关区块链技术及已有的网络资源和数据中心进行自主研发并成功部署，是跨公网、跨地域、跨机构的全国性区块链服务基础设施平台。BSN 致力于打造跨公网、跨地域、跨机构的区块链服务基础设施，成为全球开发者最便捷和最优质的区块链应用开放和部署环境。通过建设和运营区块链公共资源环境，降低许可链（联盟链和私有链）应用的开发、部署、运维、互通和监督成本。

（3）中移链

中国移动自主创新的区块链能力平台——中移链已经完成版本研发，于 2021 年年底上线。中移链以"价值互联网"为目标，旨在构建服务全社会的可信任新型基础设施，面向行业提供便捷易用、安全可信的区块链能力和产品。中移链采用 Fabric 引擎，更适用于通用场景的行业应用，可契合多组织之间的协同模式，可灵活管理角色、职责、数据、权限，增强企业间的协作深度。中移链基于云原生理念，采用微服务化架构设计，具有高可靠、可敏捷迭代、灰度发布等特点，可快速提供通用化云服务和定制化专网服务。

中移链将与中国移动政企领域的高速发展相互配合，赋能千行百业，在可信存证、数字身份、智慧物流、普惠扶贫、产业金融等场景合作推动示范应用。

（4）标准制定

中国移动 2016 年启动区块链研究工作，2017 年在 ITU-T SG17 推动成立了 Q14（分布式账本/区块链技术）问题组并担任领导职务，牵头两项并参与多项区块链安全标准的制定，提交 8 项区块链 PCT 申请。中国移动在 ITU-T 主导的区块链安全标准"*X.1401: Security threats of Distributed Ledger Technology*（《分布式账本技术的安全威胁》）"于 2019 年年底完成审批并发布，是 ITU-T 首个区块链安全标准。该标准从攻击的目标、手段、影响及可能性等维度，分析了区块链的安全威胁，并为区块链平台和业务安全评估及加固提供技术指导。

3. 中国联通

（1）"联通链"

2020 年 12 月 30 日，中国联通发布了自主创新区块链产品——"联通链"，并正式接入国家区块链新型基础设施"星火链网"。"联通链"是中国联通区块链产品和能力的统一承载平台，融合中国联通完备的5G、网、云、大、物、智、安等新一代信息技术能力，它的能力基座由"1"个高性能、功能完备的、支持国密、自主可控的区块链即服务（Blockchain as a Service，BaaS）平台和"8"种支撑主流区块链应用模式的通用组件构成，支撑"*N*"种区块链赋能的创新应用，即以"1+8+*N*"区块链能力体系服务政企用户的数字化转型。"联通链"产品能力示意如图 7-15 所示。

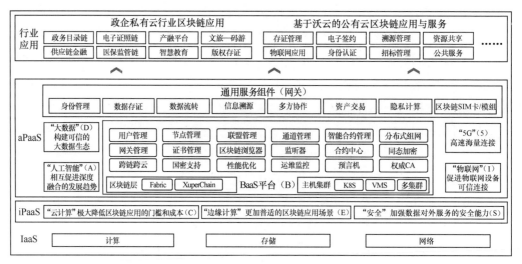

图 7-15　"联通链"产品能力示意

"联通链"应用方案示意见表 7-4。

表 7-4 "联通链"应用方案示意

方案分类	方案名称	目标客户	解决问题
通用方案	数据共享交换 + 区块链	大型企业集团、行业协会	对数据使用的监管和隐私数据的交互
	物联网 + 区块链	大型企业集团	物联网设备和数据的可信上链
	隐私计算 + 区块链	金融机构、医疗机构	保证隐私的前提下，多方数据的共享、计算
	溯源 + 区块链	大型企业集团、行业协会	解决供应链数据缺失且可信度低的难题
	合同管理 + 区块链	大型企业集团	合同防篡改，增加合同管理的安全性
政务服务	电子证照 + 区块链	政府服务各办公室及各政府部门	增强电子证照的安全，电子证照使用监管
	智慧城市 + 区块链	大数居局、工信厅、发展改革委等	智慧城市可信的基础设施
	医保 + 区块链	医保局	打通医保局、医院、药店等机构的数据
	智慧党建 + 区块链	政府、企业党政部门	提升党建工作水平
	信息报备 + 区块链	政府各职能部门	提升报送信息的真实性
行业服务	供应链 + 区块链	大型企业集团（有授信池）	解决供应商的资金问题
	产融 + 区块链	大数据局、金融办	解决中小企业的资金问题
	交通 + 区块链	交通厅	智慧交通的重要组成部分
	旅游 + 区块链	文旅厅	解决旅游中各方的存证、数据交换及政府监管问题
	能源 + 区块链	电厂、供热公司	优化现有的能源交易流程

（2）标准制定

在 2021 年 3 月召开的 ITU-T SG13 全会上，中国联通携手中国电信、中兴通讯牵头的 "*Requirements and framework of mobile network sharing based on distributed ledger technology for IMT-2020 and beyond*（《IMT-2020 及演进网络中基于区域块链的移动网络共享需求及架构》）"项目成功立项。

"物联网区块链"概念和国际标准体系由中国联通于 2017 年年初在 ITU-T SG20 第五次会议上提出。截至 2020 年 11 月中旬，中国联通牵头完成了 ITU 发布的全部 6 项物联网区块链系列标准。在 ITU-T SG20，88%以上的物联网区块链系列国际标准由中国联通牵头或者联合牵头。这些标准化成果进一步巩固了中国联通在 ITU 物联网区块链标准化领域的引领地位。

7.6.2 国外电信运营商

正如互联网给社会带来的改变一样，区块链不仅是一项技术、一种工具，还是一种思维方式。区块链作为一种新型的技术组合，其"去中心化"、不易篡改等特点不仅为电信行业带来一种全新的信用模式，还使其数字服务更具竞争力，进而帮助电信行业降低成本，为该领域提供一种全新的视角。

目前，国外电信运营商布局区块链技术主要有 3 种方式，分别为直接投资、联盟合作和自主研究。这 3 种方式已在一些电信领域服务场景中取得一定的成果。

AT&T 申请的关于使用区块链技术创建家庭用户服务器的专利成为电信行业在区块链领域的首个应用探索；随后法国电信 Orange 公司也选择在金融服务领域尝试使用区块链技术用于自动化和提高结算速度，从而在一定程度上降低了清算机构的成本。

2017 年 9 月，日本软银集团、美国 Sprint 公司等电信运营商，成立了名为"运营商区块链研究组"的区块链联盟，该联盟旨在共同构建跨电信运营商的全球区块链平台和生态，进而为电信成员及其用户提供跨电信运营商的各种服务，例如，在跨电信运营商的支付平台系统上完成充值、移动钱包漫游、国际汇款和物联网支付等。

2019 年 10 月，B2B 区块链提供商 Clear 宣布，与德国电信、Vodafone 和 Telefonica 公司进行基于区块链的漫游服务试验。

2020 年 1 月，西班牙 Telefonica 公司与西班牙科技园区协会合作，向西班牙约 8000 家公司提供区块链接入服务。Telefonica 公司将在当地科学技术工业协会的 52 个站点上部署区块链节点，使公司能够访问安全且分散的区块链网络。

2020 年 2 月，德国电信与美国 T-Mobile、Telefonica、法国 Orange 和 GSMA 公司，联合测试了一种区块链解决方案。该方案可能会将区块链技术应用于电信运营商间的协议。

7.7 总结与展望

区块链是新一代信息技术的重要组成部分，是分布式网络、加密技术、智能合约等多种技术集成的新型数据库。近年来，区块链技术和产业在全球范围内快速发展，应用已延伸到数字金融、物联网、智能制造、供应链管理、数字资产交易等多个领域，展现出广阔的应用前景。

目前，区块链可供大规模商业推广的应用案例还存在不足。一方面，区块链技术尚未成熟，还在快速发展演进中；另一方面，区块链的特点决定了其适用特定的场景，需要与应用场景进一步深度融合。因此，亟须结合区块链的技术特点，选择适合应用的领域，带动区块链技术加速成熟，推动技术产品迭代升级，促进相关产业的发展。

区块链技术的发展还有以下趋势。

1. 区块链技术融合正在持续推进

区块链技术在落地过程中通过与应用的不断碰撞，其核心技术共识算法、智能合约设计及分析、可监管匿名隐私保护等也在不断发展和完善中，以便进一步赋能应用的同时，降低应用研发成本，加快区块链与应用的融合速度。与此同时，人工智能与区块链技术的结合可实现区块链智能合约业务的自动验证，大数据与区块链技术的结合可实现区块链数据的有效利用和可视化呈现，物联网技术与区块链技术的结合可实现区块链虚实世界的有效结合，区块链技术与多种前沿技术的深度融合共同推进集成创新和应用融合。区块链与云计算的结合越发紧密，使 BaaS 有望成为公共信任基础设施。BaaS 是指云服务商直接把区块链作为服务提供给用户。未来，云服务企业会越来越多地将区块链技术整合至云计算的生态环境中，通过提供 BaaS 功能，有效降低企业应用区块链的部署成本，降低创新创业的初始门槛。

2. 区块链信任基础设施建设正在规划起步

区块链技术的发展重在建立可信的区块链基础设施，用以承载不同的区块链应用，对上层业务系统提供重要决策、可信验证和关键数据不易篡改存储服务。目前，各行业联盟和地方政府正在积极规划筹建行业或者地区联盟链基础设施，通过各个核心机构搭建区块链节点，共同组建区块链信任网络，各节点通过运行智能合约实现对上层业务的可信决策，通过管理和维护链式账本实现数据的不易篡改存证。

3. 区块链应用试点正在蓬勃发展

区块链技术在促进数据共享、优化业务流程、降低运营成本、提升协同效率、建设可信体系等方面具有重要作用。目前，区块链技术在金融管理、工业制造、食品溯源、医疗健康、社会公益等方面相关应用案例已经落地，基于区块链技术的新型数字经济模式正在持续推进构建，并将区块链底层技术服务和新型智慧城市建设结合，探索区块链技术在信息基础设施、智慧交通、能源电力等领域的应用示范，提升城市管理的智能化、精准化水平。

4. 区块链安全问题日益凸显，安全防护需要在技术和管理方面进行全局考虑

尽管区块链系统具有公开透明、不易篡改、可靠加密、防 DDoS 攻击等优点，但是区块链系统的安全性仍然受到基础设施、系统设计、操作管理、隐私保护和技术更新迭代等多个方面的制约。未来，布局区块链需要从技术和管理上全局考虑，只有加强基础研究和整体防护，才能确保应用安全。

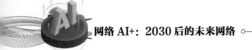

5. 区块链的跨链需求增多，互联互通的重要性凸显

随着区块链应用深化，支付结算、物流追溯、医疗病历、身份验证等领域的企业或行业都将建立各自的区块链系统。未来，这些众多的区块链系统间的跨链协作与互通是必然趋势。跨链技术是区块链实现价值互联网的关键，区块链的互联互通将成为越来越重要的议题。

参考文献

1. Bodkhe U，Tanwar S，Parekh K，et al. Blockchain for Industry 4.0: A Comprehensive Review[J]. IEEE Access，2020.

2. 中国信息通信研究院. 区块链白皮书（2020）[R]. 2020.

3. 中国信息通信研究院. 区块链基础设施研究报告[R]. 2021.

4. 中国通信学会. 区块链技术前沿报告（2020 年）[R]. 2020.

5. 中国电子信息产业发展研究院，青岛崂山区政府，中国（赛迪）区块链生态联盟，等. 2020—2021 年中国区块链产业发展白皮书[R]. 2021.

6. 中国电子信息产业发展研究院，中国区块链生态联盟，赛迪（青岛）区块链研究院，等. 区块链+数字经济发展白皮书[R]. 2021.

7. 崂山区人民政府，中国电子信息产业发展研究院，中国区块链生态联盟，等. 2020 年中国区块链发展现状与展望（上半年）[R]. 2020.

8. 赛迪（青岛）区块链研究院有限公司. 中国区块链行业分布全景图[R]. 2020.

9. 深圳前瞻资讯股份有限公司. 2020 年中国区块链产业全景图谱[R]. 2021.

10. 中国移动 5G 联合创新中心. 区块链+边缘计算技术白皮书[R]. 2020.

11. 中国移动通信有限公司研究院，中国电信北京研究院，中国联合网络通信有限公司. 区块链电信行业应用白皮书[R]. 2019.

12. 中国联通研究院，中兴通讯股份有限公司. "5G+区块链"融合发展与应用白皮书[R]. 2019.

13. 中国联合网络通信集团有限公司. 中国联通 5G 区块链技术白皮书[R]. 2020.

14. 可信区块链推进计划. 区块链电信行业应用白皮书（1.0 版）[R]. 2019.

15. 头豹研究院. 2019 年中国区块链行业概览[R]. 2019.

16. 火币研究院.全球区块链产业全景与趋势（2020—2021 年度报告）[R]. 2021.

17. 锋行链盟. 数据要素视角下的产业区块链新机遇——2020年全球区块链发展趋势报告[R]. 2020.

18. 中国中小企业协会产业区块链专委会，海南省区块链协会，火链科技研究院. 海南区块链产业发展白皮书 2021[R]. 2021.

19. 华为技术有限公司. 华为区块链白皮书[R]. 2018.

20. 江苏省互联网协会，南京区块链产业应用协会. 江苏省区块链产业发展报告[R]. 2019.

21. 章建赛. 基于区块链技术的信用治理研究[D]. 北京：北京邮电大学，2021.

22. 余斌. 区块链存储和传输的扩展方法研究与应用[D]. 北京：中国科学技术大学，2021.

23. 周李京. 区块链隐私关键技术研究[D]. 北京：北京邮电大学，2019.

24. 温瑶，陆晶晶，卢华，等. 融合区块链的算力网络信任评估与保障方案研究[J/OL]. 南京邮电大学学报（自然科学版），2021（4）:99-106.

25. 林奕琳，陈思柏，单雨威，等.6G 网络潜在关键技术研究综述[J]. 移动通信，2021，45（4）:120-127.

26. 袁纪辉，刘达，董泽世. 我国区块链产业政策综述[J]. 中国电信业，2021(6):14-17.

27. 李俊涛. 基于区块链的无线 Mesh 网络安全认证研究[J]. 湖南邮电职业技术学院学报，2021，20（2）:26-28+70.

28. 姚杰，吴梅梅，张苑. 基于区块链的通信网络入侵检测评估方法[J]. 集成电路应用，2021，38（6）:68-69.

29. 郭上铜，王瑞锦，张凤荔. 区块链技术原理与应用综述[J]. 计算机科学，2021，48，（2）:271-281.

30. 田志宏，赵金东. 面向物联网的区块链共识机制综述[J]. 计算机应用，2021，41（4）:917-929.

31. 单康康，袁书宏，张紫徽，等. 区块链技术及应用研究综述[J]. 电信快报，2020（11）:17-20.

32. 付保川，徐小舒，赵升，等. 区块链技术及其应用综述[J]. 苏州科技大学学报(自然科学版)，2020，37（3）:1-7+14.

33. 王群，李馥娟，王振力，等. 区块链原理及关键技术[J]. 计算机科学与探索，2020，14（10）:1621-1643.

34. 程刚，韩卫平，邹贵祥，等. 区块链在工业互联网的应用研究[J]. 信息通信技术，2020，14（3）:19-24.

35. 张云勇，程刚，安岗，等. 区块链在电信运营商的应用[J]. 电信科学，2020,36（5）:1-7.

36. 许丹丹，张云勇，张道琳，等. 5G 时代区块链发展趋势及应用分析[J]. 电信科学，2020，36（3）:117-124.

37. 曹傧，林亮，李云，等. 区块链研究综述[J]. 重庆邮电大学学报(自然科学版)，2020，32（1）:1-14.

38. 方俊杰，雷凯. 面向边缘人工智能计算的区块链技术综述[J]. 应用科学学报，2020，38（1）:1-21.

39. 何正源，段田田，张颖，等. 物联网中区块链技术的应用与挑战[J]. 应用科学学报，2020，38（1）:22-33.

40. 曾诗钦，霍如，黄韬，等. 区块链技术研究综述：原理、进展与应用[J]. 通信学报，2020，41（1）:134-151.

41. 蔡晓晴，邓尧，张亮，等. 区块链原理及其核心技术[J]. 计算机学报，2021，44（1）:84-131.

42. 张建强，张高毓. 区块链技术在物联网中的应用分析[J]. 电信科学，2018，34（S1）:104-110.

第 8 章　数字孪生

8.1　数字孪生概论

当前，以物联网、大数据、人工智能等新技术为代表的数字浪潮席卷全球，世界正朝着数字化未来的方向发展，物理世界和与之对应的数字世界两大体系呈平行发展并相互作用趋势。数字世界为了服务物理世界而存在，物理世界因为数字世界而变得高效有序。在这种背景下，数字孪生（Digital Twin）一词迅速走红，成为一个炙手可热的概念。Gartner 公司从 2017 年到 2019 年连续 3 年将数字孪生列为当下十大战略科技发展趋势，认为其在未来 5 年将产生颠覆性创新，并带来规模性的商业机遇。

数字化转型是我国经济社会未来发展的必由之路。世界经济数字化转型是大势所趋，当前，世界正处于百年未有之大变局，数字经济已经成为全球经济发展的热点，美国、英国、欧盟等纷纷提出数字经济战略。数字孪生等新技术与国民经济各产业融合不断深化，有力推动着各产业数字化、网络化、智能化的发展进程，成为我国经济社会发展变革的强大动力。

数字孪生技术作为推动实现企业数字化转型、促进数字经济发展的重要抓手，已经建立了普遍适应的理论技术体系，并在产品设计制造、工程建设和其他学科分析领域有较为深入的应用。在当前我国各产业领域强调技术自主和数字安全的发展阶段，数字孪生技术本身具有的高效决策、深度分析等特点，将有力推动数字产业化和产业数字化进程，加快数字经济国家战略的落地。

8.1.1　数字孪生简史

数字孪生历经技术积累、概念提出、应用萌芽和快速发展 4 个阶段。数字孪生 4 个发展阶段如图 8-1 所示。计算机、计算机辅助设计（Computer Aided Design，CAD）等的问世为数字孪生的出现奠定了技术基础。而后，数字孪生的概念被提出并用来描述产品的生产制造和实时虚拟化呈现。但受限于当时的技术水平，该理念没有获得足够重视。随着工业软件巨头纷纷布局数字孪生业务，加上传感技术、软硬件技术水平的提高和计算机运算性能的提升，数字孪生的理念得到进一步发展。

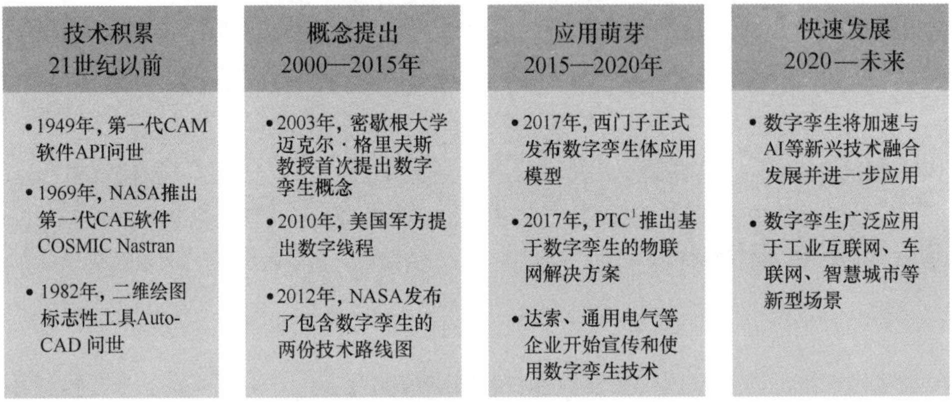

技术积累 21世纪以前	概念提出 2000—2015年	应用萌芽 2015—2020年	快速发展 2020—未来
• 1949年，第一代CAM软件API问世 • 1969年，NASA推出第一代CAE软件COSMIC Nastran • 1982年，二维绘图标志性工具Auto-CAD问世	• 2003年，密歇根大学迈克尔·格里夫斯教授首次提出数字孪生概念 • 2010年，美国军方提出数字线程 • 2012年，NASA发布了包含数字孪生的两份技术路线图	• 2017年，西门子正式发布数字孪生体应用模型 • 2017年，PTC[1]推出基于数字孪生的物联网解决方案 • 达索、通用电气等企业开始宣传和使用数字孪生技术	• 数字孪生将加速与AI等新兴技术融合发展并进一步应用 • 数字孪生广泛应用于工业互联网、车联网、智慧城市等新型场景

1. PTC（Parametric Technology Corporation，参数技术公司，一家美国公司）。

图 8-1　数字孪生 4 个发展阶段

"孪生体"的概念在制造领域的应用最早可以追溯至美国国家航空航天局（National Aeronautics and Space Administration，NASA）的"阿波罗"项目。该项目中，NASA制造了两个完全相同的空间飞行器，一个用于执行飞行任务，另一个留在地球上。其中，留在地球上的空间飞行器被称为"孪生体"，用于反映空间飞行器的状态。此时的孪生体还停留在仿真阶段，其表现形式仍为物理实体。

2003 年，美国密歇根大学的迈克尔·格里夫斯教授在产品全生命周期管理课程上提出了"与物理产品等价的虚拟数字化表达"的概念：一个或一组特定装置的数字复制品能够抽象表达真实装置，并可以以此为基础进行真实条件或模拟条件下的测试。这一概念是数字孪生概念的雏形，其模型具备数字孪生体的所有组成要素，即物理空间、虚拟空间及二者之间的关联或接口。

2010 年，NASA 开始探索实时监控技术。之后，NASA 和美国空军研究实验室（Air Force Research Laboratory，AFRL）联合提出面向未来飞行器的数字孪生范例，并将数字孪生定义为一个集成了多物理性、多尺度性、概率性的仿真过程。合作双方于2012 年对外公布的"建模、仿真、信息技术和处理"技术路线图中，将数字孪生列为 2023—2028 年实现基于仿真的系统工程的技术挑战，数字孪生体也从那时起正式进入公众视野。

当前，数字孪生已经受到众多行业的关注，其应用已经从航空航天领域向多个行业拓展演进，以通用电气、西门子公司等为代表的工业企业加快构建数字孪生解决方案，为工业企业提供创新赋能服务。随着物联网技术、人工智能和虚拟现实技术的不断发展，数字孪生也逐步扩展到包括制造和服务在内的完整的产品全生命周期阶段，并不断丰富自我形态和概念。但由于数字孪生具有高度的集成性、跨学科性等特点，很难在短时间内达到高技术成熟度。总体来说，目前，数字孪生仍处于技术萌芽阶段，但随着新一代信息技术的群体突破和融合，数字孪生技术将会不断发展壮大。

8.1.2 数字孪生的概念

1. 数字孪生的定义

一般来说，数字孪生是物理对象的数字模型，该模型可以通过接收来自物理对象的数据而实时演化，从而与物理对象在全生命周期保持一致。基于数字孪生可进行分析、预测、诊断、训练等（即仿真），并将仿真结果反馈给物理对象，从而帮助物理对象进行优化和决策。物理对象、数字孪生及基于数字孪生的仿真和反馈一起构成一个信息物理系统（Cyber Physical Systems，CPS）。面向数字孪生全生命周期（构建、演化、评估、管理、使用）的技术被称为数字孪生技术。数字孪生技术概念示意如图 8-2 所示。

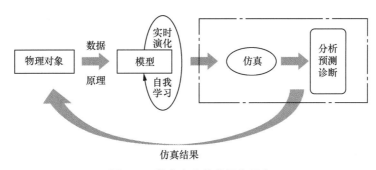

图 8-2 数字孪生技术概念示意

2. 数字孪生的内涵

随着越来越多的学者和组织开始关注数字孪生并开展相关研究和实践，不同研究主体使各界对数字孪生有着不同的认识和理解，数字孪生的概念到目前仍未形成统一共识。本书摘录了标准化组织、学术团体及部分研究机构对数字孪生的定义，帮助读者从不同角度更好地理解数字孪生的概念。

（1）标准化组织中的定义

《制造系统数字孪生标准体系》（*Digital Twin Framework for Manufacturing*）（ISO 23247）中将数字孪生定义为具有数据连接的特定物理实体或过程的数字化表达。该数据连接可以保证物理状态和虚拟状态之间的同速率收敛，并提供物理实体或流程过程的整个生命周期的集成视图，有助于优化整体性能。

（2）学术界的解读

北京航空航天大学的陶飞教授团队是国内研究数字孪生的领航者，他们认为数字孪生是以数字化方式创建物理实体的虚拟实体，是借助历史数据、实时数据及算法模型等模拟、验证、预测、控制物理实体全生命周期过程的技术手段。

从根本上讲，数字孪生可以定义为有助于优化业务绩效的物理对象或过程的历史和当前行为的不断发展的数字资料。数字孪生模型是基于一系列跨维度的、大规模累积的真实世界的数据测量。

（3）企业眼中的数字孪生

通用电气公司认为数字孪生是资产和流程的软件表示，用于理解、预测和优化绩效以实现改善的业务成果。数字孪生由数据模型、一组分析或算法、知识 3 个部分组成。数字孪生公司早已在行业中立足，它在整个价值链中革新了流程。作为产品、生产过程或性能的虚拟表示，它使各个过程阶段得以无缝链接。这可以持续提高效率，最大限度地降低故障率，缩短开发周期，并开辟新的商机，创造持久的竞争优势。

（4）研究机构的定义

中国电子信息产业发展研究院在《数字孪生白皮书（2019）》中将数字孪生定义为实现物理空间在赛博空间交互映射的通用使能技术，将数字孪生解释为综合运用感知、计算、建模等信息技术，通过软件定义，对物理空间进行描述、诊断、决策，进而实现物理空间与赛博空间的交互映射。

3. 数字孪生的特点

从各界对数字孪生的定义可以看出，数字孪生具有以下 5 个典型特点。

（1）互操作性

数字孪生中的物理对象和数字空间能够双向映射、动态交互和实时连接，因此，数字孪生具备以多样的数字模型映射物理实体的能力，具有能够在不同数字模型之间转换、合并和建立"表达"的等同性。

（2）可扩展性

数字孪生技术具备集成、添加和替换数字模型的能力，能够针对多物理、多尺度、多层级的模型内容进行扩展。

（3）实时性

数字孪生技术要求数字化，即以一种计算机可识别和处理的方式管理数据，以对随时间轴变化的物理实体进行表征。表征的对象包括外观、状态、属性、内在机理，形成物理实体实时状态的数字虚体映射。

（4）保真性

数字孪生的保真性是指描述数字虚体模型和物理实体的接近性。要求虚体和实体不仅要保持几何结构的高度仿真，在状态、相态和时态上也要仿真。但在不同的数字孪生场景下，同一数字虚体的仿真程度可能不同。例如，工况场景中可能只要求描述虚体的物理性质，并不要求关注化学结构细节。

（5）闭环性

数字孪生中的数字虚体用于描述物理实体的可视化模型和内在机理，以便对物理实体的状态数据进行监视、分析推理，优化工艺参数和运行参数，实现决策功能，即赋予数字虚体和物理实体一个大脑，因此，数字孪生具有闭环性。

8.1.3　数字孪生的价值

数字孪生以数字化的形式在虚拟空间中构建了与物理世界一致的高保真模型，通过与物理世界间不间断的闭环信息交互反馈与数据融合，能够模拟对象在物理世界中的行为，监控物理世界的变化，反映物理世界的运行状况，评估物理世界的状态，诊断发生的问题，预测未来趋势，甚至优化和改变物理世界。数字孪生能够突破许多物理条件的限制，通过数据和模型双驱动的仿真、预测、监控、优化和控制，实现服务的持续创新、需求的即时响应和产业的升级优化。基于模型、数据和服务等各个方面的优势，数字孪生正在成为提高质量、增加效率、降低成本、减少损失、保障安全、节能减排的关键技术，同时，数字孪生应用场景正在逐步延伸拓展到更多领域。

过去，数字孪生体的构建成本高、收益低。随着存储与计算技术的发展及成本的降低，数字孪生的应用案例与潜在收益大幅上涨，从而提升了商业价值。

今天的数字化技术正在改变着每一个行业，与此同时，数字孪生技术为传统行业带来不同于以往的发展方向和理念。例如，数字孪生与传统设计和制造理念相去甚远，它使设计人员可以不用通过开发实际的物理原型来验证设计理念，不用通过复杂的物理实验来验证产品的可靠性，不需要进行小批量试制就可以直接预测生产瓶颈，甚至不需要去现场就可以了解产品的运行情况。这种方式是先进的、契合科技发展方向的，不仅可以加速产品的开发过程，提高开发和生产的有效性和经济性，还能有效地了解产品的使用情况，同时帮助用户避免损失，还能精准地将用户的真实使用情况反馈到设计端，实现产品的有效改进。数字孪生的部分应用价值分析见表 8-1。

表 8-1　数字孪生的部分应用价值分析

数字孪生功能	应用场景	应用价值
模拟仿真	➤虚拟测试（例如，风洞试验） ➤设计验证（例如，结构验证、可行性验证） ➤过程规划（例如，工艺规划） ➤操作预演（例如，虚拟调试、维护方案预演） ➤隐患排查（例如，飞机故障排查）	• 减少实物实验次数 • 缩短产品设计周期 • 提高可行性、成功率 • 降低试制与测试成本 • 减少危险和失误
监控	➤行为可视化（例如，虚拟现实展示） ➤运行监控（例如，装配监控） ➤故障诊断（例如，风机齿轮箱故障诊断） ➤状态监控（例如，空间站状态监测） ➤安防监控（例如，核电站监控）	• 识别缺陷 • 定位故障 • 信息可视化 • 保障生命安全
评估	➤状态评估（例如，汽轮机状态评估） ➤性能评估（例如，航空发动机性能评估）	• 提前预判 • 指导决策
预测	➤故障预测（例如，风机故障预测） ➤寿命预测（例如，航空器寿命预测） ➤质量预测（例如，产品质量控制） ➤行为预测（例如，机器人运动路径预测） ➤性能预测（例如，实体在不同环境下的表现）	• 减少宕机时间 • 缓解风险 • 避免灾难性的破坏 • 提高产品质量 • 验证产品适应性
优化	➤设计优化（例如，产品再设计） ➤配置优化（例如，制造资源优选） ➤性能优化（例如，设备参数调整） ➤能耗优化（例如，汽车流线性提升） ➤流程优化（例如，生产过程优化） ➤结构优化（例如，城市建设规划）	• 改进产品开发 • 提高系统效率 • 节约资源 • 降低能耗 • 提升用户体验 • 降低生产成本

续表

数字孪生功能	应用场景	应用价值
控制	➤运行控制（例如，机械臂动作控制） ➤远程控制（例如，火电机组远程启停） ➤协同控制（例如，多机协同）	• 提高操作精度 • 适应环境变化 • 提高生产灵活性 • 实时响应扰动

8.2　数字孪生技术架构

8.2.1　数字孪生架构

数字孪生以数字化方式复制一个物理对象，从而模拟物理对象在现实环境中的行为，并进行虚拟仿真，目的是了解物理对象的状态，并响应变化，改善运营和增加价值。在万物互联时代，此种软件设计模式的重要性尤为突出，为达到物理实体与数字实体之间的互动，数字孪生架构需要经历诸多过程，也需要很多基础的支撑技术作为依托，更需要经历多阶段的演进，这样才能很好地实现物理实体在数字世界中的塑造。

我们在构建物理实体在数字世界中对应的实体模型时，需要利用知识机理、数字化等技术构建一个数字模型，而且需要结合行业特性对构建的数字模型做出评分；有了模型，还需要利用物联网技术对真实世界中的物理实体进行元信息采集、传输、同步、增强之后得到可以使用的通用数据；通过这些数据仿真分析得到数字世界中的虚拟模型，在此基础上利用 AR/VR/MR[即增强现实/虚拟现实/混合现实（Mixed Reality，MR）]等技术在数字世界完整复现，这样才能更友好地与物理实体交互；最后结合人工智能、大数据、云计算等技术做数字孪生体的描述、诊断、预测及智能决策等共性应用赋能给各垂直领域。

数字孪生体系架构如图 8-3 所示。一个完整的数字孪生体系架构包括物理层、数据层、模型层、功能层和能力层。这 5 层分别对应着数字孪生的 5 个要素：物理对象、对象数据、动态模型、功能模块和应用能力。其中的重点是对象数据、动态模型和功能模块 3 个部分。

1. 物理层

物理层所涉及的物理对象既包括物理实体，也包括实体内部及互相之间存在的各类运行逻辑、生产流程等已经存在的逻辑规则。

2. 数据层

数据层的数据来自物理空间中的固有数据，以及由各类传感器实时采集的多模式、多类型的运行数据。数据是整个数字孪生体系的基础，海量的复杂系统运行数据包括用于提取和构建系统特征的重要信息，与专家经验知识相比，系统实时传感信息更准确、更能反映系统的实时物理特性，对多运行阶段系统更具适用性。作为整个体系的最前沿部分，数据层的重要性毋庸置疑。

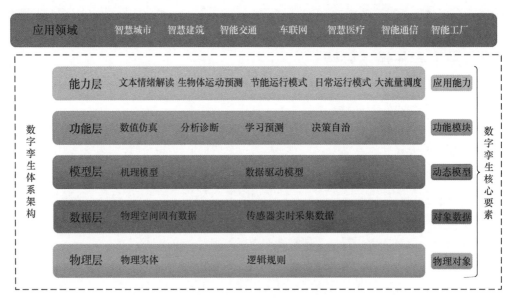

图 8-3　数字孪生体系架构

3. 模型层

数字孪生中的模型既包含了对应已知物理对象的机理模型，也包含了大量的数据驱动模型。其中，"动态"是模型的关键，"动态"意味着这些模型需要具备自我学习、自主调整的能力。通过采用多物理性、多尺度性的方法对传感数据进行多层次的解析，挖掘和学习其中蕴含的关系、逻辑和特征，实现对系统的超现实状态表征和建模，并能预测系统未来的状态和寿命，依据当前和未来的健康状态评估其执行任务成功的可能性。

4. 功能层

功能层的核心要素"功能模块"是指由各类模型通过或独立或相互联系作用的方式形成的半自主性的子系统，或者说是一个数字孪生的小型实例。半自主性是指这些功能模块可以独立设计、创新，但在设计时需要遵守共同的设计规则，使其互相之间保持一定的统一性。这种特征使数字孪生的模块可以灵活地扩展、排除、替换或修改，也可以通过再次组合的方式，实现复杂应用，构成完整成熟的数字孪生体系。作为数字孪生技术体系的直接价值体现，功能层可以根据实际系统需要进行定制，在模型层提供强大信息接口的基础上，功能层可以满足高可靠性、高准确性、高实时性及智能辅助决策等多个性能指标，提升产品在整个生命周期内的表现性能。

5. 能力层

通过功能模块的搭配组合解决特定应用场景中某类具体问题的解决方案，在归纳总结后沉淀为一套专业知识体系，这便是数字孪生可对外提供的应用能力，也可称其为应用模式。因为其内部的模型和模块具有半自主特性，所以形成的模式可以在一定程度上实现自适应调整。

8.2.2 数字孪生关键技术

1. 建模和仿真技术

数字化建模技术起源于 20 世纪 50 年代。建模的目的是将我们对物理世界或问题的理解进行简化和模型化。而数字孪生的目的或本质是通过数字化和模型，用信息换能量，以更少的能量消除各种物理实体，特别是复杂系统的不确定性。因此，建立物理实体的数字化模型或信息技术是创建数字孪生体、实现数字孪生的源头和核心技术。

在某个应用场景下的某种建模技术只能提供某类物理实体某个视角的模型视图。这时数字孪生体和对应物理实体间的互动，一般只能满足单个低层次具体需求指标的要求。对于复合的、高层次需求指标，通常需要有反映若干建模视角的多视图模型所对应的多个数字孪生体与同一个物理实体对象实现互动。多视图模型间的协同需要线程技术的支撑。

仿真技术和建模技术是一对伴生体，如果说建模技术是我们对物理世界或问题的理解进行的模型化，那么仿真技术就是验证和确认这种理解的正确性和有效性。仿真技术是将包含了确定性规律和完整机理的模型转化为软件来模拟物理世界的技术。仿真技术只要模型正确，并拥有完整的输入信息和环境数据，就可以基本正确地反映物理世界的特性和参数。

仿真技术兴起于工业领域，作为必不可少的重要技术，已经被世界上诸多企业广泛应用于工业的各个领域，推动着工业技术快速发展。数字孪生是仿真应用的新巅峰，在数字孪生体构建的过程中，仿真技术扮演着重要的角色。

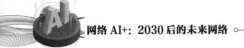

2. 数字线程

数字线程是指可扩展、可配置和组件化的企业级分析通信框架。基于该通信框架可以构建覆盖系统生命周期与价值链全部环节的跨层次、跨尺度、多视图模型的集成视图，进而以统一模型驱动系统生存期活动，为决策者提供支持。

数字线程是与某个或某类物理实体对应的若干数字孪生体之间的沟通桥梁，这些数字孪生体反映了该物理实体不同侧面的模型视图。

3. 系统工程与基于模型的系统工程

系统工程是应用系统的思维、原理和方法，解决复杂问题的方法论。系统工程的基础和核心是系统思维，系统具有层次性、涌现性和目的性，运用功能的观点和进化的观点从静态和动态两个方面全面认识系统。基于模型的系统工程（Model Based Systems Engineering，MBSE）是一种形式化的建模方法学。

系统工程和 MBSE 对数字孪生的作用和价值如下。

① 系统工程和体系工程的建模、仿真方法和流程可以让顶层框架分别指导系统级数字孪生体和体系级数字孪生体的构建与运行。

② MBSE 是创建数字孪生体的框架，数字孪生体可以通过数字线程集成到 MBSE 工具套件中，进而成为 MBSE 框架下的核心元素。

③ 从系统生存周期的角度，MBSE 可以作为数字线程的起点，使用从物联网收集的数据，运行系统仿真来探索故障模式，从而随着时间的推移逐步改进系统设计。

4. 全生命周期数据存储和管理

复杂系统的全生命周期数据存储和管理是数字孪生的重要支撑。采用云服务器对系统的海量运行数据进行分布式管理，实现数据的高速读取和安全冗余备份，为数据智能分析算法提供充分可靠的数据来源，对维持整个数字孪生体的运行起着重要作用。存储系统的全生命周期数据可以帮助系统具备历史状态回放、结构健康退化分析和任意历史时刻智能解析功能。

我们通过对历史运行数据的有效特征提取、关联数据分析，可以获得未知但具有潜在价值的信息，加深对系统机理和数据特性的理解和认知，实现数字孪生的超现实属性。同时，由于数字孪生技术对数据的实时性要求很高，如何优化数据的分布架构、存储方式和检索方法，获得实时可靠的数据读取性能，是其应用于数字孪生面临的挑战。构建以安全私有云为核心的数据中心或数据管理体系，是目前较为可行的技术解决方案。

5. 高性能计算

运算能力是制约数字孪生功能顺利实现的一大难点。数字孪生的一大功能是实时映射，计算能力将直接影响其性能和功能实现，运算性能的重要性毋庸置疑。受限于目前计算机发展水平，通过提升硬件条件来提升运算性能的难度和成本极高，因此，目前可能的解决方案是将基于分布式计算的云平台作为基础，辅以高性能嵌入式计算系统，同时借助异构加速的计算体系（例如，CPU+GPU、GPU+FPGA），优化数据的分布架构、存储方式和检索方法来提高运算性能。

8.2.3　数字孪生使能技术

物联网、AR/VR/MR（简称 3R）、边缘计算、云计算、5G、大数据、区块链、AI 等技术对数字孪生的实现和落地应用起到重要的支撑作用。

1. 数字孪生与物联网

对物理世界的全面感知是实现数字孪生的重要基础和前提，物联网通过射频识别、二维码、传感器等数据采集方式为物理世界的整体感知提供了技术支持。另外，物联网通过有线或无线网络为孪生数据的实时、可靠、高效传输提供了帮助。

2. 数字孪生与 3R（AR/VR/MR）

虚拟模型是数字孪生的核心部分，为物理实体提供多维度、多时空尺度的高保真数字化映射。实现可视化与虚实融合是使虚拟模型真实呈现物理实体及增强物理实体功能的关键。AR/VR/MR 技术为此提供支持：VR 技术利用计算机图形学、细节渲染、动态环境建模等实现虚拟模型对物理实体属性、行为、规则等方面层次细节的可视化动态逼真显示；AR 与 MR 技术利用实时数据采集、场景捕捉、实时跟踪及注册等实现虚拟模型与物理实体在时空上的同步与融合，通过虚拟模型补充增强物理实体在检测、验证及引导等方面的功能。

3. 数字孪生与边缘计算

边缘计算技术可将部分从物理世界采集到的数据在边缘侧进行实时过滤、规则约定与处理，从而实现了用户本地的即时决策、快速响应与及时执行。结合云计算技术，复杂的孪生数据可被传送到云端进行进一步处理，从而实现了针对不同需求的云边数据协同处理，进而提高数据处理效率，减少云端数据负荷，降低数据传输时延，为数字孪生的实时性提供保障。

4. 数字孪生与云计算

数字孪生的规模弹性很大，单元级数字孪生可能在本地服务器就能满足计算与运行需求，而系统级和复杂系统级数字孪生则需要更大的计算与存储能力。云计算按需使用与分布式共享的模式可使数字孪生使用庞大的云计算资源与数据中心，从而动态地满足数字孪生的不同计算、存储与运行需求。

5. 数字孪生与 5G

虚拟模型的精准映射与物理实体的快速反馈控制是实现数字孪生的关键。虚拟模型的精准程度、物理实体的快速反馈控制能力、海量物理设备的互联对数字孪生的数据传输容量、传输速率、传输响应时间提出了更高的要求。5G 通信技术具有高速率、大容量、低时延、高可靠的特点，能够契合数字孪生的数据传输要求，满足虚拟模型与物理实体的海量数据低时延传输、大量设备的互联互通，从而更好地推进数字孪生应用落地。

6. 数字孪生与大数据

数字孪生中的孪生数据集成了物理感知数据、模型生成数据、虚实融合数据等高速产生的多来源、多种类、多结构的全要素/全业务/全流程的海量数据。大数据能够从数字孪生高速产生的海量数据中提取更多有价值的信息，以解释和预测现实事件的结果和过程。

7. 数字孪生与区块链

区块链可对数字孪生的安全性提供可靠保证，确保孪生数据不易篡改、全程留痕、可跟踪、可追溯等。独立、不易变和安全的区块链技术可以防止孪生数据因被篡改而出现错误和偏差，保证数字孪生的安全，从而鼓励更好的创新。另外，区块链建立起的信任机制可以确保服务交易的安全，从而让用户安心使用数字孪生提供的各种服务。

8. 数字孪生与 AI

AI 通过智能匹配最佳算法，可在不需要数据专家的参与下，自动执行数据准备、分析、融合，对孪生数据进行深度知识挖掘，从而生成各类型服务。数字孪生凭借其准确、可靠、高保真的虚拟模型，多源、海量、可信的孪生数据，以及实时动态的虚实交互为用户提供仿真模拟、诊断预测、可视监控、优化控制等应用服务。数字孪生有了 AI 的加持，可大幅提升数据的价值及各项服务的响应能力和服务准确性。

8.3　数字孪生行业应用

近年来，得益于物联网、大数据、云计算、AI 等新一代信息技术的发展，数字孪生在更多领域得到广泛的应用，成为从工业到产业、从学术专业到民生应用各领域的智慧新代表。

8.3.1　智能制造

智能制造是当前世界制造业的共同发展趋势。而如何实现制造信息世界和物理世界的互联互通与集成共融，是迈向智能制造的瓶颈之一。数字孪生是实现信息物理融合的有效手段。一方面，数字孪生能够支持制造的物理世界与信息世界之间的虚实映射与双向交互，从而形成"数据感知—实时分析—智能决策—精准执行"的实时智能闭环；另一方面，数字孪生能够将运行状态、环境变化、突发扰动等物理实况数据与仿真预测、统计分析、领域知识等信息空间数据进行全面交互与深度融合，从而增强制造的物理世界与信息世界的同步性与一致性。

1. 数字化设计=数字孪生+产品创新

在规划设计平台的支持及相关知识库的辅助下，经过协同设计，创建出产品的设计模型——数字孪生体，此时，该数字孪生体还处于原始状态，经过一系列的运动学、动力学等多物理性方面的仿真优化或由第三方提供技术服务，确定初步的设计及加工工艺方案，继而利用制造工厂的虚拟工厂进行虚拟制造，对可制造性进行仿真验证。利用虚拟使用环境，对可使用性进行仿真验证。经过这些仿真验证之后，就可进入生产阶段。这时，数字孪生体包含产品实体的特征和自己所需的其他信息。目前，支撑这个阶段的数字孪生关键技术主要有：多物理性多尺度性仿真、高保真建模及模型轻量化技术。

目前，汽车、轮船、航空航天、精密装备制造等领域已普遍开展原型设计、工艺设计、工程设计、数字样机等形式的数字化设计实践。达索、参数技术、波音等公司综合运用数字孪生技术打造产品设计数字孪生体，在赛博空间进行体系化仿真，实现反馈式设计、迭代式创新和持续性优化。例如，在汽车设计过程中，为了满足节能减排的要求，达索公司帮助宝马、特斯拉、丰田在内的汽车公司利用其 CAD 和 CAE 平台 3D Experience，准确进行空气动力学、流体声学等方面的分析和仿真，在外形设计上通过数据分析和仿真，大幅度地提升车身流线性，减少了空气阻力。

2. 虚拟工厂=数字孪生+生产制造全过程管理

产品制造是虚实融合的过程，物理工厂的数字孪生运行在云平台的虚拟空间中。物理工厂中的设备及由传感器组成的物联网位于现场层，通过低时延网络（例如，基于 TSN 的 5G 网络等）进行数据交换，这些多源数据需要不同的处理，一方面，有些数据直接与数字孪生体控制维度方面的模型交互，得到预测的数据，在控制周期中完成对加工过程的优化控制，实现以虚控实；另一方面，边缘层对这些数据进行筛选和过滤，传输到平台层，驱动云平台中的虚拟工厂同步运行，并存储在大数据库中，为知识挖掘提供数据源，对加工过程进行非实时的预测及优化。这个阶段的关键技术主要有：多源传感数据的实时虚实融合和基于模型的控制。

西门子、洛克希德·马丁等国外公司，以及华龙迅达、东方国信、石化盈科等国内公司，在赛博空间打造映射物理空间的虚拟车间、数字工厂，推动物理实体和数字虚体之间的数据双向动态交互，根据赛博空间的变化及时调整生产工艺，优化生产参数，提高生产效率。例如，西门子公司基于数字孪生理念构建了整合制造流程的生产系统模型，形成了基于模型的虚拟企业和基于自动化技术的企业镜像，支持企业进行涵盖其整个价值链的整合及数字化转型，并在西门子工业设备 Nanobox PC 的生产流程中开展了应用验证。

3. 设备预测性维护=数字孪生+设备管理

厂商在提供产品时，也应同时提供产品的数字孪生体，用户可以在工业互联网虚拟空间中根据厂商提供的数字孪生模板，创建激活产品的虚体。如果是一个部件，就可以在虚拟空间中对装配工艺、装配过程等进行仿真优化研究；如果是完整产品，则可进行使用环境、工作过程的仿真优化，并在使用过程中进行虚实互动。供应商、技术服务商及用户等都可以在这个云平台上获得产品的状态信息，从而进行有针对性的技术服务。产品在使用和维护阶段需要对其空间位置状态、外部环境、使用状态和健康状态进行实时监控，并建立履历信息库，用户可通过应用层 App 使用这些信息。虚体在云平台上对产品的健康状况、功能和性能进行分析和预测，提前对出现的问题进行预警，提供逼真的可视化手段辅助快速进行故障定位与排除。另外，在操作培训和使用指导方面，虚实融合技术也可以提供更加逼真的效果。这个阶段关注的关键技术主要有虚实互动及仿真预测。

通用电气、空客等公司开发设备数字孪生体并与物理实体同步交付，实现了设备全生命周期数字化管理，同时依托现场数据采集和数字孪生体分析，提供产品故障分析、寿命预测、远程管理等增值服务，提升用户体验，降低运维成本，强化企业核心竞争力。美国国家航空航天局（NASA）将物理系统与虚拟系统相结合，研究基于数字孪生的复杂系统故障预测与消除方法，并应用在飞机、飞行器、运载火箭等飞行系统的健康维护管理中。参数技术公司将数字孪生作为智能互联产品的关键性环境，致力于在虚拟世界和现实世界间建立实时连接，将智能产品的每一个动作延伸至下一个产品设计周期，并能实现产品的预测性维修，为用户提供高效的产品售后服务与支持。

8.3.2　智慧城市

城市发展至今还存在诸多问题，传统的发展模式弊端显现，城市的建设与发展越来越离不开数字化的赋能。构建新型智慧城市是当前国内各大城市发展的重要举措，也是新时代提升城市治理效能的必然要求。智慧城市是城市发展的高级阶段，而数字孪生城市是智慧城市建设的新起点，赋予了城市实现智慧化的重要设施和基础能力。要建成智慧城市，首先要构建相关城市的数字孪生体。

我们通过构建城市数字孪生体，以定量与定性结合的形式，在数字世界推演天气环境、基础设施、人口土地、产业交通等要素的交互运行，绘制"城市画像"，支撑决策者在物理世界实现城市规划"一张图"、城市难题"一眼明"、城市治理"一盘棋"的综合效益最优化的布局。数字孪生城市不仅赋予了城市政府全局规划和实时治理能力，还为市民带来更优质的生活体验。

数字孪生城市的 4 个典型场景如下。

① 智能规划与科学评估场景。

② 城市管理和社会治理场景。

③ 人机互动的公共服务场景。

④ 城市全生命周期协同管控场景。

2016 年，新加坡与美国麻省理工学院合作的 CityScope 项目为新加坡量身定制城市运行仿真系统。西班牙桑坦德在城市中广泛部署传感器，感知城市环境、交通、水利等运行情况，并将数据汇聚到智慧城市平台中的"城市仪表盘"，初步形成数字孪生城市的雏形。

国内典型的智慧城市落地项目有：阿里巴巴将"城市大脑"云计算技术运用到杭州市的城市管理方面，对优化城市交通管理、全域旅游、社区服务等起到积极作用；北京市海淀区政府与百度合作，发挥分布式云计算优势，将公共治安、环境卫生、城市管理等部门积累的数据资源打通，并进行大数据分析，形成跨部门的城市治理决策模式；深圳市成立了专门的城市运营管理中心，可调度几十个部门的数据，实现对城市运行状态的全面感知、态势预测、事件预警和决策支持。

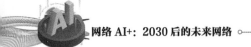

8.3.3 智慧医疗

智慧医疗将数字孪生与医疗服务相结合，从而让医护人员实时获取患者的健康状况，提高医疗诊断效率，降低操作成本并改善患者体验。

医疗健康管理的数字孪生使用传感器监控患者并协调设备和人员，提供了一种更好的方法来分析流程，并可以在正确的时间，针对需要立即采取行动来提醒相关人员。此外，数字孪生所构建的虚拟人体和医疗设备模型，能让医护人员进行虚拟手术验证和训练，或是开展专家远程会诊，加快科研创新向临床实践的转化速度，促进医疗行业的快速发展。目前，达索、海信等公司正在该技术领域进行探索。

8.3.4 智能家居

物联网技术使我们的生活家居变得越来越智能化，因而需要数字孪生将独立的安全系统、电视网络、Wi-Fi、电冰箱、太阳能、电热水器、厨具设备、中央空调等集成在一起，展开统一管理，优化工作流程并远程监控，提升住户体验；同时连接运维人员、业主和电信运营商，使用数字孪生来降低运营成本及后期维修成本，在提高智能家居设备利用率的同时提升资产整体价值。

8.3.5 智慧物流

数字孪生对智慧物流带来重大颠覆性创新，例如，在全程无人化智慧物流框架体系中，智能货架、搬运机器人、智能拣选模块、无人装车系统、无人卸车系统、无人卡车、无人机、配送机器人等物流智能物件都可以实现实体与数字孪生体融合物联，建设智慧物流系统控制平台，通过操作数字孪生体，实时控制全程无人化智慧物流系统，并实时了解它们的工作状态、零部件的运作情况，方便今后的维修与使用。

物流的数字孪生不仅包括实体物流网络中物品的数字化，还包含物流系统本身、作业流程、物流设备的数字化。菜鸟网络公司联合行业合作伙伴共建基于数字孪生的物流 IoT 开放平台，利用"数字孪生+AI+IoT"技术接入任意设备，实现仓储、运输、配送和驿站代收等物流全链路数字化、智能化升级。

京东物流重点基于5G、物联网、人工智能等创新基础设施，推进物流的泛连接、数字化、智能化，推动物流供应链数字孪生的建设。云南昆船智能公司利用与中国移动、华为等公司合作建设智能制造 5G 创新实验基地的契机，结合智慧物流及智能制造的发展趋势，研

发了基于数字孪生的数字仓储系统,可实现工厂级仓储、配送全流程的集中三维可视化监控。

8.4　数字孪生网络

8.4.1　数字孪生网络发展背景

1. 网络发展面临挑战

随着 5G、物联网、云计算技术的发展及网络新业务的涌现,网络负载不断增加,网络规模持续扩大,由此带来的网络复杂性,使网络的运行和维护变得越来越复杂。同时,由于网络运营的高可靠性要求、网络故障的高代价及昂贵的试验成本,网络的变动往往牵一发而动全身,新技术的部署愈发困难。具体而言,超大规模网络的发展面临以下 4 种挑战。

（1）网络灵活性不足

网络通信突破人与人的通信,进一步发展为人与物、物与物的通信。通信模式不断更新,网络承载的业务类型、网络所服务的对象、连接到网络的设备类型等呈现多样化的发展态势,均对网络本身提出了更高的要求,网络需要具备更高的灵活性与可扩展性。

（2）网络新技术研发周期长、部署难度大

作为基础设施,网络具有高可靠性的要求,电信运营商的现网环境很难直接用于科研人员的网络创新技术研究。仅仅基于线下仿真平台的研究会大大影响结果的有效性,从而降低网络创新技术的发展速度。此外,新技术的失败风险和代价会阻碍对网络创新应用的尝试。

（3）网络管理运维复杂

传统网络开始向软件化、可编程方向转变,呈现许多新的特点,例如,资源云化、业务按需设计、资源编排等,这使网络的运行和维护面临着前所未有的压力。由于缺乏有效的统一仿真、分析和预测平台,所以很难从现有的预防性运维转向理想的预测性运维。

（4）网络优化成本高、风险大

由于缺乏有效的虚拟验证平台,网络优化操作不得不直接作用于现网基础设施,造成较长的时间消耗及较高的运行业务风险,从而加大网络的运营成本。

为应对以上挑战,网络智能化越来越为业界所重视。数字孪生网络构建物理网络的实时镜像,可增强物理网络所缺少的系统性仿真、优化、验证和控制能力,助力上述网络新技术的部署,更加高效地应对网络问题和挑战。

2. 数字孪生网络发展现状

将数字孪生技术应用于网络，创建物理网络的虚拟镜像，搭建数字孪生网络平台，通过物理网络和孪生网络实时交互，数字孪生网络平台能够助力网络实现低成本试错、智能化决策和高效率创新。华为公司提出在意图驱动网络的网络云化引擎中，在物理网络和商业意图之间构建数字孪生，将过去离散的数据进行关联并转为在线共享，构建全生命周期的数字化运维能力。Aria 公司在电信运营商骨干网上建立数字孪生体，运用 AI 技术在大规模复杂骨干网上完成路由优化和故障仿真。此外，研究者们陆续提出5G边缘计算网络的数字孪生体、6G边缘计算网络的数字孪生体、工业互联网对应的数字孪生网络集成框架，在无线频谱上的感知和管理也有相关研究。

中国科学院自动化所王飞跃研究员将平行系统理论用于网络系统，提出"平行网络"架构。数字孪生网络与平行网络在概念和目标上有一定的相似性，主要设计思想是通过构造类似原系统的衍生系统，再针对所构造的人工网络系统或者孪生系统间接地修正实际系统的状态，从而调整网络优化资源管理，达到网络性能优化的目的。同时，二者在架构和实现方法上有所区别。

① 平行网络中的人工网络并不总是实际网络的完全映射；数字孪生网络的孪生体强调物理网络的实时镜像。

② 平行网络中的人工网络基于软件定义网络技术和理念，实现集中控制、整体优化和决策的功能；数字孪生网络的孪生层根据物理网络中网元和拓扑的实际形态进行抽象建模。

③ 在实现方法上，平行网络可基于有限数据进行计算实验和平行执行，不需要依赖全面、准确的数据即可建模；数字孪生网络强调基于全面且准确的数据，进行精准建模，实现虚实网络实时交互。

数字孪生网络技术的相关研究目前还处于初级阶段。尽管数字孪生技术在网络中的应用已经起步，但目前的应用侧重于特定的物理网络和特定的场景（例如，网络运维）中，或者将网络数字孪生平台作为网络仿真工具。结合数字孪生技术的特点及在其他行业的应用，数字孪生网络可以作为网络系统的一个有机整体，成为未来涉及物理网络的全生命周期的通用架构，服务于网络规划、建设、维护、优化，提升网络的自动化和智能化水平。

8.4.2 数字孪生网络定义

数字孪生网络是一个具有物理网络实体及虚拟孪生体，且二者可实时交互映射的网络系统。在此系统中，各种网络管理和应用可利用数字孪生技术构建的网络虚拟孪生体，基于数据和模型对物理网络进行高效分析、诊断、仿真和控制。基于此定义，数字孪生网络应当具备数据、模型、映射和交互 4 个核心要素，数字孪生网络的核心要素如图 8-4 所示。

图 8-4 数字孪生网络的核心要素

① 数据是构建数字孪生网络的基石。构建统一的数据共享仓库作为数字孪生网络的单一事实源，高效存储物理网络的配置、拓扑、状态、日志、用户业务等历史和实时数据，为网络孪生体提供数据支撑。

② 模型是数字孪生网络的能力源，功能丰富的数据模型通过灵活组合的方式创建多种模型实例，服务于各种网络应用。

③ 映射是物理网络实体通过网络孪生体的高保真可视化呈现，是数字孪生网络区别于网络仿真系统的最典型特征之一。

④ 交互是达成虚实同步的关键，网络孪生体通过标准化的接口连接网络服务应用和物理网络实体，完成对物理网络的实时信息采集和控制，并提供及时诊断和分析。

8.4.3 数字孪生网络架构

数字孪生网络为"三层三域双闭环"的架构，数字孪生网络架构如图 8-5 所示。其中"三层"是指构成数字孪生网络架构的物理网络层、孪生网络层和网络应用层；"三域"是指孪生网络层数据域、模型域和管理域，分别对应数据共享仓库、服务映射模型和网络孪生体管理3个子系统；"双闭环"是指孪生网络层内基于服务映射模型的"内闭环"仿真和优化，以及基于三层架构的"外闭环"对网络应用的控制、反馈和优化。

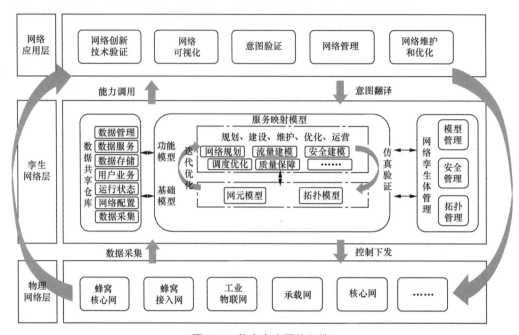

图 8-5　数字孪生网络架构

1. 物理网络层

物理实体网络中的各种网元通过孪生南向接口同网络孪生体交互网络数据和网络控制信息。作为网络孪生体的实体对象，物理网络既可以是蜂窝接入网、蜂窝核心网，也可以是数据中心网络、园区企业网、工业物联网等；既可以是单一网络域（例如，无线或有线接入网、传输网、核心网、承载网等）子网，也可以是端到端的跨域网络；既可以是网络域内所有的基础设施，也可以是网络域内特定的基础设施（例如，无线频谱资源、核心网用户面网元等）。

2. 孪生网络层

孪生网络层是数字孪生网络系统的标志，包含数据共享仓库、服务映射模型和网络孪生体管理3个关键子系统。数据共享仓库子系统负责采集和存储各种网络数据，并向服务映射模型子系统提供数据服务和统一接口。服务映射模型子系统完成基于数据的建模，为各种网络应用提供数据模型实例，最大化网络业务的敏捷性和可编程性。网络孪生体管理子系统负责网络孪生体的全生命周期管理及可视化呈现。

3. 网络应用层

网络应用层通过孪生北向接口向孪生网络层输入需求，并通过模型化实例在孪生网络层进行业务部署。在充分验证后，孪生网络层通过孪生南向接口将控制更新下发至物理实体网络。网络可视化、意图验证、网络维护和优化等网络创新技术及各种应用能够以更低的成本、更高的效率和更小的现网业务影响，实现快速部署的目标。

8.4.4　数字孪生网络关键技术

构建数字孪生网络系统面临的问题包括不同厂商设备的技术实现和支持的功能不一致的兼容性问题；保证模型功能的丰富性、灵活性、可扩展性问题；模型仿真和验证实时性保障问题；通信网络规模性难题。为解决这些问题和挑战，目标驱动的网络数据采集、多元网络数据存储和服务、多维全生命周期网络建模、交互式可视化呈现及接口协议体系五大关键使能技术被提出，进而实现数字孪生网络系统的构建。

1. 目标驱动的网络数据采集

作为物理网络的数字镜像，数据越全面、准确，数字孪生网络越能高保真地还原物理网络。数据采集应当采用目标驱动模式，数据采集的类型、频率和方法应该满足数字孪生网络的应用，兼具全面、高效的特征。遥测采集是自动化远程收集网络多源异构状态信息，进行网络测量数据存储、分析及使用的技术，具有推送模式、大容量和实时性、模型驱动、定制化等特征，满足数字孪生网络对数据采集全面、高效的要求。

2. 多元网络数据存储和服务

数据仓库是一个面向主题的、集成的、随时间变化的、信息本身相对稳定的数据集合，用于对管理决策过程的支持。数据共享仓库是数字孪生网络的单一事实源，能够存储海量的网络历史数据和实时数据，并将各种数据集成到统一的环境中，为数据建模提供统一的数据接口和服务。针对网络数据规模大、种类多、速度快等特点，可综合应用多元网络数据存储和服务技术构建数字孪生网络的数据共享仓库。

3. 多维全生命周期网络建模

数字孪生网络的基础模型通过定义基于本体的统一数据模型，可实现多源异构网络数据的一致性融合表征，为构建数字孪生网络奠定基础。功能模型面向实际网络功能需求，通过全生命周期的多种功能模块，实现动态演进的网络推理决策。功能模型可以根据各种网络应用的需求，通过多个维度进行构建和扩展。

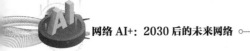

4. 交互式可视化呈现

网络可视化技术能够高保真地可视化呈现网络孪生体中的数据和模型，直观地反映物理网络实体和网络孪生体的交互映射是数字孪生网络系统的内在要求。数字孪生网络的可视化面临孪生网络规模大、虚实映射实时性要求高、数据模型的可解释性偏低等挑战，需要探索高效、实时、精确、互动性强的可视化呈现方法。根据需求范围不同，网络孪生体可视化呈现分为网络拓扑可视化、功能模型可视化、可视化动态交互。

5. 接口协议体系

面对构建大规模数字孪生网络的兼容性和扩展性需求，数字孪生网络系统需要设计标准化的接口和协议体系。基于数字孪生网络的参考架构，系统主要包括孪生南向接口、孪生北向接口、孪生内部接口。随着网络规模的发展，上层应用系统越来越多，下层的物理网元数量也逐步增加，这导致网络接口的实际数量将会迅速增加。为了新应用、新功能的快速引入和集成，需要在设计孪生网络接口时考虑采用统一的、扩展性强的、易用的标准化接口。

8.4.5 数字孪生网络价值

数字孪生网络将成为未来网络规划、运行、管理和运营的新方向，以及实现网络智能化、自动化的重要手段，它在现网应用的核心价值主要体现在以下几个方面。

1. 拓扑透视和流量全息

数字孪生网络大大提升了网络全息化呈现水平，实现网络中各类网元、拓扑信息动态可视化及网络全生命周期的动态变化过程、实时状态、演化方向呈现，帮助用户更清晰地感知网络状态，高效挖掘网络价值信息，探索网络创新应用。

2. 从设备到组网的全生命周期管理

数字孪生网络包括网络功能模型和网元模型，通过对网元模型的特征分析，可预测设备在网络中的运行状态。当网络运维中出现故障时，不仅能回溯网络的"过去"，也能通过网元模型回溯到网络设备的"过去"，从而实现网络和设备的生命周期关联分析。数字孪生网络将网络和设备的生命周期紧密结合，可实现网络和设备的全流程精细化管理。

3. 网络实时闭环控制

基于数字孪生网络具备的仿真、分析和预测功能，生成相应的网络配置，可实现网络实时闭环控制。网络配置既可在孪生网络层内进行"内闭环"调整与优化，又可实现数字孪生网络三层"外闭环"实时控制、反馈与优化。通过"内闭环"与"外闭环"，最终实现网络的自学习、自验证、自演进的实时闭环控制。

4. 网络风险和成本降低

基于数字孪生网络对网络优化方案高效仿真，充分验证后部署至实体网络，可以降低现网部署的试错风险和成本，减小部署到现网中发生错误的可能性，提高方案部署的效率，同时可实现低成本、高效率的网络创新技术研究。

8.5　数字孪生通信网络应用

8.5.1　5G

5G 作为万物互联中重要的技术，亟须在信息交互的深度上进行提高，以满足未来深层无线通信网的需求。数字孪生在帮助开发和部署 5G 网络方面具有较大潜力，引起众多电信公司的关注，例如，华为、爱立信等在其新的项目中集成传感器/网络数据、流量数据、数据挖掘、数据可视化和数据分析于一个系统，以促进流程或整个 5G 网络的实时复制。数字孪生有能力去评估网络性能，预测环境变化对网络的影响，并相应地优化 5G 网络流程和决策。

5G 数字孪生架构涉及 3 个主要组件：物理 5G 网络、虚拟 5G 网络及它们之间的双向交互。物理 5G 网络与数字孪生网络的虚实交互如图 8-6 所示。

图 8-6　物理 5G 网络与数字孪生网络的虚实交互

数字孪生与传统模拟方法的主要区别在于双向数据连接和更新过程不同。5G 数字孪生将处理整个网络维护、运营、设计、开发、测试和验证过程中数据的生成方式，以及目标对象如何路由和利用数据。更重要的是，5G 数字孪生架构允许其从简单的形式开始，通过使用人工智能机制与实时数据更新，发展成为一个更全面的模型，实现更高的精度。

数字孪生技术具有高度灵活和可重复开发的特点，可以经济高效地提高5G网络运营能效。例如，为测试或验证目的对5G数据流量和安全风险进行建模，以加快颠覆性新服务的研究和上市。

华为于 2020 年在伦敦首次提出站点数字孪生的理念，将物理站点映射到数字化世界，最终实现站点等基础设施从规划、设计、部署到运维的全生命周期的数字化管理。华为E2E 5G 数字化部署方案缩短了 5G 建设的时间，提升了网络建设的质量。

2020 年，在全球电信管理论坛上，中兴通讯协同中国电信、中国联通和其他合作伙伴，展示了"基于数字孪生的 5G 网络共享"催化剂项目，基于数字孪生的 5G 网络共建共享系统如图 8-7 所示。

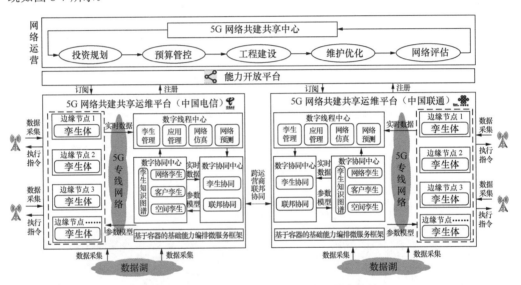

图 8-7　基于数字孪生的 5G 网络共建共享系统

该项目通过数字化 5G 网络环境下的网络、用户、空间 3 类实体对象，实时感知实体对象的属性动态，并驱动实体之间的联动，实现自动化的 5G 基站选址与仿真、网络状态评估与潜在瓶颈预测，助力 5G 共建共享网络的建设、维护和运营。项目融合用户、网络和空间三大数字孪生体系，并建立云边协同机制，实时仿真、模拟用户和网络在空间上的联动效应，增强与物理现实的敏捷交互，实现共建共享下 5G 网络的智慧运营。

中国电信基于 5G SA 打造的 5G 智慧商业云 XR 数字孪生平台，具有"5G + XR"体验馆、"5G + XR"购物、"5G + AI"数字化云直播等一系列具有科技感、娱乐化的商业场景的应用，为消费者提供身临其境的沉浸式购物体验，以促进实体商业复苏，目前已在 100

多个城市落地。

　　思博伦和爱立信的 5G 团队对数字孪生技术提出七大设计目标，意图促进 5G 的推广。爱立信瞄准 5G 基站解决方案的数字孪生方法，以缩短解决用户问题的时间。英国在布里斯托尔的智能互联网实验室构建了一个 5G 数字孪生体，用以可视化和预测 5G 无线电信号如何在城市周围流动，以及如何连接自动驾驶的车辆，从而创建 5G 无线电模型和映射工具。利用复杂的无线电传播模型，5G 数字孪生可以准确预测城市中每个基站的覆盖区域，从而成功部署 5G 网络。

8.5.2　6G

　　作为面向 2030 的移动通信系统，6G 将进一步融合未来垂直行业衍生出的全新业务，并全面支持整个世界的数字化，实现智慧的泛在可能、全面赋能万事万物，创造一个"智能泛在"的世界。与此同时，2030 年以后新的应用场景和新业务的需求对 6G 网络提出更高要求，例如，在全息通信中，极致的数据速率可以带来沉浸式全息连接体验，这要求 6G 数据速率需要达到 Tbit/s 量级。对于远程手术等高精度保障服务，要求数据包传送超越"尽力而为"，以及比 5G 具有更高的可靠性。在超能交通场景下，6G 需要在超高移速下支持实时通信业务和高精度定位业务。

　　机器人与认知自动化进一步提升了 6G 网络在立体覆盖、安全、定位、抖动等方面的需求指标。与此同时，为了支持更灵活的业务适应能力，6G 需要比 5G 具备更全面的性能指标。除了传统定义的用户体验速率和峰值速率、频谱效率、时延、可靠性、移动速度等指标，6G 网络还需要定义一些新的能力指标，例如，超低时延抖动、超高安全、立体覆盖、超高定位精度。数字孪生网络的出现为其应对上述挑战带来了帮助。

　　数字孪生网络为 6G 提供了相应的虚拟网络，它将收集整个网络的流量信息，并使用数据分析方法找到网络流量模式，提前检测异常流量，提高网络安全性。另外，通过收集和分析网络中的通信数据，可以发现通信规则，6G 网络可自动按需提供服务。在预测网络需求之后，可以反馈给 6G 网络以预留资源，例如，频谱资源。数字孪生网络的出现给 6G 网络带来机遇的同时，也加速了 6G 网络的发展。

　　目前，6G 数字孪生的研究陆续有成果推出。例如，为增加网络中更高容量的无线通信链路，研究人员提出用于 6G 太赫兹通信中的亚表面反射器管理的数字孪生。数字孪生用于模拟、预测和控制室内空间的信号传播特性，从而使系统中的太赫兹信噪比实现最大化。也有学者通过将数字孪生无线网络（Digital Twin Wireless Networks，DTWN）应用到无线网络中，将实时数据处理和计算迁移到边缘平面。DTWN 使用数字孪生来缓解 6G 网络中终端用户和边缘服务器之间不可靠的长距离通信。数字孪生和 6G 的集成将物理系统与数字空间连接起来，并支持强大的无线连接。

在当前网络条件下，数字技术对人体健康的监测主要应用于宏观身体指标监测和显性疾病预防等方面，实时性和精准性有待进一步提高。随着 6G 时代的到来，以及生物科学、材料科学和生物电子医学等交叉学科的进一步成熟，未来，有望实现完整的"人体数字孪生"，即通过在人体中应用大量的智能传感器，对重要器官、神经系统、呼吸系统、泌尿系统、肌肉骨骼和情绪状态等进行精确实时的"镜像映射"，从而在虚拟世界中形成一个完整的、精确的人体复制品，进而实现人体个性化健康数据的实时监测。此外，结合核磁、CT、彩超、血常规等专业的影像和生化检查结果，利用 AI 技术可对个体提供健康状况精准评估和及时干预，并且能够为专业医疗机构下一步的精准诊断和制订个性化的手术方案提供重要参考。

8.5.3　无线信道

无线信道作为通信系统收发设备间的传播通路，受地形地物、对流层、电离层、太阳活动等诸多因素的影响，信道特性决定着无线通信的性能。为支撑未来 B5G、6G 通信产业发展和系统转型升级，针对未来 B5G 和 6G 通信系统论证设计、研制生产、测试验证和运维管理全寿命过程，无线信道建模与仿真非常重要，精确的信道模型与高逼真的仿真环境能够促进通信系统产业的发展，通信系统产业的深入发展与转型需求也将促使无线信道的研究进一步完善。

无线信道作为一种电磁物理实体，存在"形态无法直观看见""特征无法直接触摸"和"效应无法直接辨识"的特点，数字孪生的技术可以创建无线信道的数字孪生模型，用于支撑无线通信信道的可视化分析，优化系统设计，保障系统测试、验证及运营、维护、管理等环节。目前，研究者们对数字孪生信道的研究正在进行，旨在加速无线通信系统的研发过程，提高论证、研发和生产的有效性和经济性，更有效地掌握无线通信传输全寿命周期情况，有效避免损失，更精准地将通信效能情况反馈到设计端，实现无线通信系统的有效改进。

数字孪生信道是在物联网、大数据、云计算、AI 等技术支撑和交叉融合的基础上，通过构建通信信道对应的数字孪生模型，实现数字孪生模型的可视化、定性和定量分析，用于优化通信信道应用策略，提升通信信道的使用频率。数字孪生信道与传统信道建模的区别在于其系统化、智能化、多维度、可视化。无线信道的数字孪生的认识与实践离不开具体对象、具体应用与具体需求，从应用和解决实际需求的角度出发，实际应用过程中能满足用户的具体需求即可。通信信道的五维数字孪生模型如图 8-8 所示。

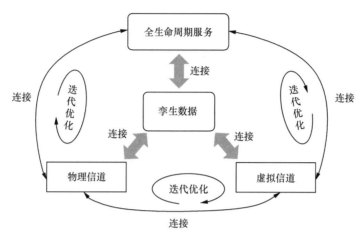

图 8-8　通信信道的五维数字孪生模型

该模型的核心要素包括物理信道、虚拟信道、孪生数据、连接和全生命周期服务。数字孪生信道通过地（海）面、低空、高空、深空等无线信道参数实现衰减、衰落、时延、频移等特性的分析。其中，地（海）面信道模型实现地形、地物、海浪等参数的仿真，低空信道模型实现风、云、雾、雨、雪、大气等参数的仿真，高空信道模型实现对电离层及磁层等参数的仿真，深空信道模型实现太阳辐射、宇宙辐射、星体运动等参数的仿真。对于未来的无线通信来说，"空-天-地-海"一体的信道特性决定了整个通信网络的性能，换言之，信道模型是通信系统性能评估的基础。无线通信及信道向更高频率、更大规模的天线阵规模、更多样化的通信方式发展，这给传统信道及建模方法带来新的挑战，而数字孪生信道将充分延展现有的信道模型和应用，例如，数字孪生信道建模方法在现有单一场景的基础上，重点开展"空-天-地-海"全空间混合场景的建模；通信模式在考虑单输入单输出、单输入多输出和多输入单输出的同时，更关注大规模和超大规模的多输入多输出；频段在现有通信频段的基础上扩展至毫米波、太赫兹等；建模方法也将在现有确定性、经验性及半经验方法的基础上有深入扩展和延伸，例如，融入基于几何和随机的方法建立模型，引入机器学习、深度学习等人工智能方法建模。

数字孪生信道突破物理条件限制，创建无线信道的数字孪生模型，对推进用于支持无线通信信道的可视化分析，优化系统设计，保障系统测试、验证及运营、维护、管理等环节，起着至关重要的作用。

1. 更便捷的创新

数字孪生信道通过数字仿真、虚拟现实等手段，将物理信道的各种属性映射到虚拟空间中，形成信道及其效应可复制、可转移、可编辑、可复现的数字镜像，加速研发和使用人员对物理信道的了解，让原来受物理条件限制、必须依赖于真实信道而无法完成的工作成为触手可及的工具，探索出一条新途径来优化无线通信系统的设计、研制、测试、运维等环节。

2. 更全面的感知

无论是设计、研制、测试还是运维，都需要精确地感知物理信道参数的多维属性和状态，以实现精准的分析用以支撑无线通信。数字孪生信道可借助物联网、大数据、云计算等技术，通过采集有限的信道观测传感器的直接数据，并借助大样本库，采用机器学习、智能计算等技术，实现对当前信道状态的评估及对未来趋势的精确预测，得到一些原本无法直接测量的信道特性，用以支撑无线通信性能的分析，提供全面的决策支持。

3. 经验的数字化

数字孪生信道通过数字化的手段，将无线信道传感器的历史数据、专家经验进行数字化，通过人工智能方法训练出针对不同现象的数字化特征模型，并提供复制、编辑和转移的功能，形成对未来信道状态精准判决的依据，并可有针对性地进行信道特征库的丰富和更新，最终形成自治化的智能诊断和判决。

8.5.4　行业现场网

行业现场网是行业现场端侧设备网络接入技术的统称，连接行业现场末端的各类终端、机器、传感器和系统，满足行业现场对传感、数据、定位、控制和管理等多样化的需求。常见的行业现场网技术包括工业以太网、现场总线、Wi-Fi、蓝牙等短距离通信技术，NB-IoT、远距离无线电（Long Range Radio，LoRa）等低功耗广域网通信技术，以及 5G、TSN、毫米波、无源射频标识（Radio Frequency Identification，RFID）、超宽带（Ultra Wide Band，UWB）等通信技术。随着网络技术发展，终端联网数量激增，联网方式多种多样，面对这种情况，行业现场组网方案和配置方案定制化程度高，用户网络感知意愿强。网络作为数字化的基座，用户对故障的处理和恢复所需要的时间的容忍度较低，传统运维以网络设备为中心，各类设备管理系统各自独立、数据隔离，故障排查和定位困难，且自动化运维手段和工具不足，运维过程人工参与环节多，现场排查周期长。

数字孪生不但可以助力行业数智化转型，而且也将在现场网全生命周期管理中发挥价

值。首先，可视化能力可解决用户需要直观、实时、立体地展现网络性能指标和运行状态的问题；其次，网络规划及仿真能力可解决行业现场组网和配置复杂且多样化，导致组网方案定制化程度高、成本高的问题；最后，智能化运维能力可解决传统被动式故障恢复模式无法快速响应需求、现场排查周期长、难以满足故障快速恢复的问题。

根据上述背景，行业现场网数字孪生平台的构建实现了设备可视化管理、网络规划仿真、网络实时监控、网络智能运维等功能，对行业现场网的全生命周期过程进行管理，提供以网络数字化为核心的低成本试错和高质量行业服务。行业现场网数字孪生平台的功能架构如图 8-9 所示。

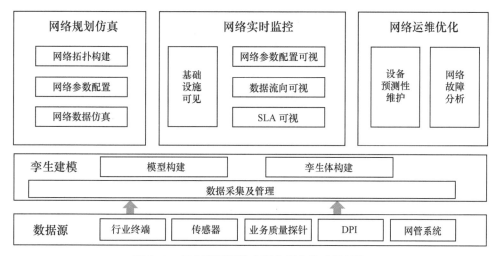

图 8-9　行业现场网数字孪生平台的功能架构

行业现场网核心技术包括数据采集（探针监测分析平台+探针）、数字孪生建模、智慧运维等。行业现场网数字孪生平台的核心技术示意如图 8-10 所示。数据采集和分析是网络运维与管理的核心内容，基于 5G 端侧业务质量探针进行端侧数据采集，有效弥补了端侧信息的缺失，进一步开展有效的业务传输保障，保证行业用户的使用感知。

在行业现场网中，数字孪生建模是将人（网络运维人员）、机（网元设备）、网（5G 网络和现场网络）、法（运维手册、操作指导等网络知识）、环（现场环境）等物理实体映射到虚拟空间的原子数字模型，并根据网络拓扑关系和业务需求对原子模型进行编排组合，支撑行业现场网智能化的可视、可管、可控的要求。

行业终端设备通过 Wi-Fi、ZigBee 等网络连接至 5G 边缘网关，5G 边缘网关通过 5G 网络与 5G 基站相连，共同构成现场网的网络系统。行业终端、5G 网关、基站等网元设备的性能及这些网元之间的网络状态是影响行业业务运行及行业用户网络体验的主要因素，是现场网智能运维的关键对象。基于故障出现的位置，可以将行业现场网中典型的故障分为 5G 专网故障和现场网故障两类。基于现场网网络的特点，通过对现场网中运维对象、典型故障等进行综合分析，形成面向现场网+5G 专网的行业现场网智能运维方案。

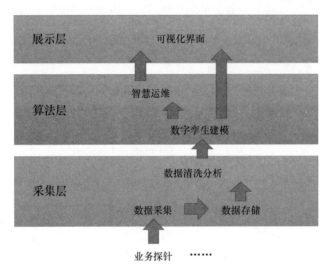

图 8-10　行业现场网数字孪生平台的核心技术示意

面向智能制造的行业现场网络不仅需要考虑多样化的无线接入技术，以满足工业现场多网并存的行业网络的运维和管理需求，还要考虑如何高效汇聚 5G 蜂窝网络，以解决物联网现场连接"最后 100 米"的问题。行业现场网数字孪生平台基于数字孪生的网络服务，定义支持自优化能力的完整工业网络和流程，包括无线连接、工厂网络及 5G 网络之间的交互，提供工业现场网的信息建模、标识解析、基于模型驱动智能化网络运维，实现网络可视、可管、可控，极大地降低驻场运维成本，提升行业现场网的服务效率。

8.5.5　数据中心

数据中心的生命周期与工业产品相比有自己的特点，它是建筑和 IT 的结合。IT 设备真正部署运行才是数据中心产生价值的真正开始。因此，数字孪生技术在不同阶段有不同的表现形式。

数据中心设计阶段的数字孪生技术主要表现为 3D 建模和仿真，通过 CAD 软件、BIM 软件、CFD 软件等工具实现设计阶段的数字孪生模型。这个阶段采用数字孪生技术能够在虚拟环境中验证不同场景下设计方案的适应性、合理性，能够提高设计效率，优化设计方案。设计阶段采用数字孪生模型付出的成本和代价最低，而获益最大。

运维阶段数字孪生技术不仅用到了 3D 仿真技术，还涉及了 IoT 技术、AI 技术和数据分析技术。不同技术的应用程度将产生不同的价值，例如，数据中心的容量利用率取决于其空间、承重、电力、冷却和气流 5 个利用率，而通常在数据缺乏的情况下，不能确定短板到底在哪里，但数字孪生模型通过分析，可以明确短板所在。利用数字孪生技术可以有效减少容量损失。

8.6　面临的挑战与发展趋势

数字孪生是未来网络的一个重要用例，随着通信信息技术的发展，数字孪生将在不久的将来完全商业化，但目前仍存在诸多问题亟待各界共同解决。

8.6.1　面临挑战

1. 数据相关挑战

数字孪生的核心是模型和数据，建立完善的数字模型是第一步，而加入更多的数据才是关键。要想充分发挥数字孪生技术的潜能，需在数据存储、数据的准确性、数据一致性和数据传输的稳定性上取得更大的进步。同时，将数字孪生应用于工业互联网平台时，还面临数据分享的挑战。在数字孪生工具和平台建设方面，当前的工具和平台大多侧重某些特定的方面，缺乏系统性考量，跨平台的模型难以交互；相关平台大多形成针对自身产品的封闭软件生态，系统的开放性不足；不同的数字孪生应用场景由不同的机理和决策模型构成，在多维模型的配合与集成上缺乏对集成工具和平台的关注。

2. 基础知识库挑战

从数据中挖掘知识，以知识驱动生产管控的自动化、智能化，是数字孪生技术应用研究的核心思想，例如，数据挖掘技术可应用于故障诊断、流程改善和资源配置优化等。数字孪生技术的关键内容包括挖掘得到的模型、经验等知识封装，并集成管理。知识资源可由实体资源直接提取获得，也可以间接通过数据处理、信息挖掘分析后获得。在实际应用中，数字孪生技术所需的基础知识库发展仍面临众多问题，其挑战主要来自以下 3 个方面。

① 系统层级方面，主要存在层级的自身基础知识库匮乏、层级之间的基础知识库互

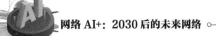

联互通障碍、标准化的知识图谱体系还需探索等问题。

② 生命周期方面，知识库的数据结构和模型没有统一的标准，而生命周期各阶段往往由不同单位实施，数据传承性差。同时，非结构数据需转化为结构化数据。

③ 价值链方面，实际问题和知识库的应用价值关联不足，知识管理从商业视角、知识协同视角和技术流程视角等多角度出发，不能进行统一的表达、组织、传播和利用。

3. 安全相关挑战

数字孪生技术实现了数字空间与物理空间的深度交互与融合，其连接关系建立在网络数据传输的基础之上。数字孪生的应用使企业原有的封闭系统逐渐转变为开放系统，在其与互联网加速融合的过程中势必面临网络安全挑战。当前，数字孪生在安全相关的挑战主要有以下两个方面。

（1）数据传输与存储安全

实现数字孪生技术的应用涉及数据传输与存储。数据传输过程中会存在数据丢失和网络攻击等问题，具体表现为：供应商与制造商之间的模型交付过程；制造商与用户之间的模型交付过程；数字孪生本身的虚实交互过程。在数据存储中，云端、生产终端和服务器等任何一个存储形式的安全问题都可能带来数据泄密的风险。

（2）制造系统控制安全

在数字孪生制造系统中，往往需要实现资源自组织和工艺自决策。需要注意的是，由于虚拟控制系统本身可能存在各种未知安全漏洞，易受外部攻击，导致系统紊乱，致使向物理制造空间下达错误的指令。

4. 商业模式相关挑战

为了促进新一代信息技术与制造业深度融合，数字孪生以实现制造物理世界与信息世界交互与共融的需要应运而生，实现制造工业全要素、全产业链、全价值链互联互通。数字孪生在工业现实场景中已经具有了实现和推广应用的巨大潜力，但经产业要素重构融合而形成的商业模式形态并不完善，其面临的挑战包括数字孪生多技术融合、数字孪生多领域应用、数字孪生多场景应用、数字孪生产业链待形成。

5. 多系统融合挑战

数字孪生融合物理世界与数字世界，是一个多维系统的融合。首先面临的是物理世界的多系统挑战。据不完全统计，制造业现在的设备数字化率约为 47%，局域联网率只有 40%，可接入公网的只有 20% 左右，底层 OT 跟 IT 的融合仍然是核心的基础性问题。企业管理及其架构也是制约因素。企业内部业务全面集成管控水平不高，跨企业协同难度较大，上云以后无法进行资源综合优化配置，进一步制约了数字孪生技术的深入应用。

6. 人才相关挑战

数字孪生技术发展潜力巨大，吸引了全球许多企业与机构参与，美国和德国等发达国家成为数字孪生应用的领跑者。美国和德国等发达国家凭借其在工业软件、仿真系统方面的技术优势，以及在传统工控网络、通信等方面标准的话语权，掌握了大量数字孪生的主导力量。当前，各个行业的大量软硬件系统由国外企业提供，核心软件技术由国外人才主导，使国内企业存在通信协议及标准不统一、不开放、数据采集难、系统集成差等问题，为数字孪生技术的推广与应用造成一定困扰。

8.6.2　发展趋势

自数字孪生概念提出以来，该技术在不断快速演化，无论是对通信网络的建设、优化，工业产品的设计、制造还是服务，以及智慧城市、智慧医疗等领域都产生了巨大的推动作用。未来，在 2030 年+的数字时代，数字孪生将完全改变我们发现、认知和改造世界的方式。

1. 技术发展趋势

数字孪生需要进一步突破基础理论及关键核心技术瓶颈，以算法为核心，以数据和硬件为基础，以大规模知识库、模型库、算法库的构建与应用为导向，实施重大关键技术攻关工程，制定数字孪生共性技术开发路线图，重点提升信息建模、信息同步、信息强化、信息分析、智能决策、信息访问界面、信息安全等多种数字孪生关键技术，形成开放兼容、稳定成熟的技术体系。同时，梳理和细化标准化需求，以达到技术突破带动核心技术标准突破的目的。

AI、大数据、云计算、AR/VR/MR 等技术在构建数字孪生和应用数字孪生时均具有重要意义。然而，数字孪生自动化构建和智能化应用仍处于发展初期，整体发展速度依然有限。期待在数字孪生方向上投入资源的企业、高校和相关研究院加速推动相关的基础理论、集成融合技术及方法学，从而支撑数字孪生相关技术的落地与应用。

2. 标准化趋势

数字孪生技术已得到 ISO、IEC、ITU-T、IEEE 等标准化组织的关注，各组织力求从各自的领域出发，探索相关标准化工作。目前，智慧城市、能源、建筑等领域的数字孪生国际、国内标准化工作已进入探索阶段。

2020 年，ISO/IEC JTC1/SC41（物联网及相关技术分技术委员会）成立 WG 6（数字孪生工作组），开展数字孪生相关技术研究。《数字孪生 概念和术语》（*Digital twin - Concepts and terminology*）（提案号：ISO/IEC AWI 30173）、《数字孪生应用案例》（*Digital twin - Use cases*）（提案号：ISO/IEC AWI 30172）等国际标准项目也于 2020 年年底正式立项。

2020 年 9 月，全国信息技术标准化技术委员会物联网分委会下设数字孪生工作组，对口的是 ISO/IEC JTC1/SC41 WG6 开展数字孪生技术相关标准研制工作。2021 年 3 月，全国信息技术标准化技术委员会智慧城市工作组成立了城市数字孪生专题组，负责开展城市数字孪生标准体系研究、城市数字孪生关键标准研究，并推动标准试验验证与应用示范工作。2022 年年初，由全国信标委智慧城市标准工作组组织编制的《城市数字孪生标准化白皮书（2022 版）》正式发布。该白皮书构建了城市数字孪生标准化路线图，为后续相关标准研制、应用实施指明了方向。

8.7　总结与展望

目前，数字孪生技术正处于起步阶段，但其未来表现值得我们期待。标准化工作是数字孪生技术与产业发展的基础和前提，充分整合领域优质"产、学、研"资源，探索建立以企业为主体、"产、学、研"相结合的技术创新和标准制定体系，科学谋划、适度超前布局数字孪生标准化工作，营造开放合作的标准化工作氛围是发展数字孪生技术的一个关键点。在数字孪生技术开发和应用上，加强数字孪生核心关键技术支持与突破，以算法为核心，以数据和硬件为基础，以大规模知识库、模型库、算法库的构建与应用为导向，重点提升信息建模、信息同步、信息强化、信息分析、智能决策、信息访问界面、信息安全等多种数字孪生关键技术，形成开放兼容、稳定成熟的技术体系。

同时，数字孪生网络作为新兴的网络技术，实现物理空间和虚拟空间的协同进化，在2030 年后，对通信网络的全生命周期产生颠覆性的影响，帮助人们进一步提升生活质量，提升整个社会生产和治理的效率，实现"智能泛在""重塑世界"的美好愿景。

参考文献

1. 中国电子技术标准化研究院. 数字孪生应用白皮书（2020 版）[R]. 2020.

2. 中国电子信息产业发展研究院. 数字孪生白皮书（2019 年）[R]. 2019.

3. 中国移动研究院. 行业现场网数字孪生白皮书[R]. 2021.

4. 中国移动有限公司，亚信科技控股有限公司，华为技术有限公司，等. 数字孪生网络（DTN）白皮书[R]. 2021.

5. 陈根. 数字孪生[M]. 北京: 电子工业出版社，2020.

6. 中国电信研究院. 数字孪生技术体系综述[EB/OL].

7. 数字孪生技术的产生与演化[EB/OL].

8. 陶飞，戚庆林，张萌，等. 数字孪生的特征和价值[EB/OL].

9. 王继祥. 基于数字孪生技术的智慧物流仓[EB/OL].

10. H. X. Nguyen, R. Trestian, D. To and M. Tatipamula, "Digital Twin for 5G and Beyond, " in IEEE Communications Magazine，vol. 59，no. 2, pp. 10-15, February 2021.

11. Y. Wu，K. Zhang and Y. Zhang, "Digital Twin Networks: A Survey，" in IEEE Internet of Things Journal，vol. 8，no. 18，pp. 13789-13804，15 Sept.15，2021.

12. 刘大同，郭凯，王本宽，等. 数字孪生技术综述与展望[J]. 仪器仪表学报，2018，39（11）: 1-10.

13. 徐辉. 基于"数字孪生"的智慧城市发展建设思路[J]. 人民论坛·学术前沿，2020，（08）: 94-99.

14. 高志华. 基于数字孪生的智慧城市建设发展研究[J]. 中国信息化，2021，（2）: 99-100.

15. 王健，杨闯，闫宁宁. 面向 B5G 和 6G 通信的数字孪生信道研究[J]. 电波科学学报，2021，36（3）: 340-348+385.

16. 陶飞，张贺，戚庆林，等. 数字孪生十问: 分析与思考[J]. 计算机集成制造系统，2020，26（1）: 1-17.

17. 张霖. 关于数字孪生的冷思考及其背后的建模和仿真技术[J]. 系统仿真学报，2020，32（4）: 1-10.

第 9 章　量子通信

9.1　量子通信概述

9.1.1　量子通信的发展背景

量子是构成物质的基本单元，是不可分割的微观粒子（例如，光子和电子等）的统称。量子力学研究和描述微观世界基本粒子的结构、性质及其相互作用，量子力学与相对论一起构成现代物理学的两大理论基础，为人类认识和改造自然提供了全新的视角和工具。

20 世纪中期，随着量子力学的蓬勃发展，人类开始认识和掌握微观物质世界的物理规律并加以应用，以现代光学、电子学和凝聚态物理为代表的量子科技革命第一次浪潮兴起，其中，诞生了激光器、半导体和原子能等具有划时代意义的重大科技突破，为现代信息社会的形成和发展奠定了基础。受限于对微观物理系统的观测与操控能力不足，这一阶段的主要技术特征是认识和利用微观物理学的规律，例如，能级跃迁、受激辐射和链式反应，但对于物理介质的观测和操控仍然停留在宏观层面。

进入21世纪，随着激光原子冷却、单光子探测和单量子系统操控等微观调控技术的突破和发展，以精确观测和调控微观粒子系统，利用叠加态和纠缠态等独特量子力学特性为主要技术特征的量子科技革命第二次浪潮来临。量子科技的革命性发展将极大地改变和提升人类获取、传输和处理信息的方式和能力，为未来信息社会的演进和发展提供强劲的动力。量子科技与通信、计算和传感测量等信息学科相融合，形成全新的量子信息技术领域，量子科技浪潮与信息技术的发展演进示意如图 9-1 所示。

第一次量子科技浪潮（Quantum 1.0）
量子力学为信息技术奠基

第二次量子科技浪潮（Quantum 2.0）
量子科技为信息技术赋能

特征	认识和掌握微观物理规律：能级跃迁、受激辐射、光电效应……	探索和利用微观粒子特性：量子叠加、量子纠缠、量子遂穿……
方法	调控和观测宏观物理量：电流、电压、光强……	调控和观测微观粒子：光子、电子、冷原子……
成果	半导体、激光器、计算机、光通信……	量子计算机、量子互联网、量子传感器……
技术影响	提供信息获取、存储、处理和传输的基础介质和技术手段，构成现代信息社会的物理层使能技术	突破经典技术在计算能力、信息安全和测量极限等方面的瓶颈，为信息通信技术演进注入新动能

图 9-1　量子科技浪潮与信息技术的发展演进示意

9.1.2　量子通信定义

量子通信是利用量子纠缠效应进行信息传递的一种新型通信技术，其核心原理是利用量子状态的不确定性产生随机密钥，如果通信被窃听，则会改变量子的状态，窃听就会被察觉，进而使密钥无法被破解，实现了通信的保密性。

量子通信在数个通信节点间利用量子密钥分发进行安全通信，各节点间产生的随机量子密钥可以对语音、图像以及数字多媒体等信息进行加密和解密，进而实现安全的信息交互。

量子通信的主要应用包括量子密钥分发（Quantum Key Distribution，QKD）、量子安全直接通信、量子秘密共享和量子密集编码等方向。目前，QKD 是量子通信研究与应用发展的重点方向。基于 QKD 的量子保密通信是已经初步实用化的应用方向，应用和产业探索逐步展开。

9.2　量子通信的关键技术

9.2.1　高性能量子密钥分发技术

1. 量子密钥分发技术

QKD 是一种基于量子力学原理实现的密钥生成技术，通过量子态的制备、传输和测量，在收发双方之间生成无法被窃取的共享随机密钥。目前，实用化程度最高的 QKD 协议为 BB84 协议。BB84 协议利用单光子的量子态作为信息载体进行编码、传递、检测等实现量子秘钥分发。按照 BB84 协议，每一个光子随机选择调制的基矢，接收端也采用随机的基矢进行监测。以偏振编码为例，采用了单光子的 4 个偏振态，即水平偏振态 0°、垂直偏振态 90°、+45°偏振态和−45°偏振态。其中，0°和 90°构成水平垂直基（base0），±45°构成斜对角基（base1）。事先约定单光子的水平偏振态 0°或−45°偏振态代表经典二进制码 0，垂直偏振态 90°或+45°偏振态代表经典二进制码 1。

发送方 Alice 随机使用两组基矢，将随机数 0、1 编码到单光子的相应偏振状态，通过量子信道发给合法用户 Bob。Bob 接收到光子后，随机使用两组基矢的检偏器测量偏振态。如果制备基矢和检测基矢兼容，则收发随机数完全一致，否则，接收随机数与发送可能不同。为了提取一致信息，Alice 和 Bob 在经典协商信道上进行制备基和测量基基矢比对，两端都保留基矢一致部分的信息，收发双方拥有完全一致的随机数序列密钥。QKD BB84 协议原理示意如图 9-2 所示。

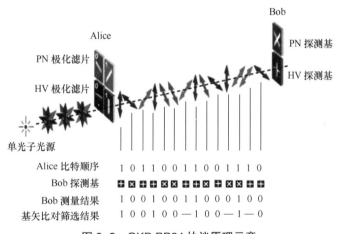

图 9-2　QKD BB84 协议原理示意

如果存在窃听，则量子不可克隆定理，确保窃听者无法克隆正确的量子比特序列，因此，窃听者须采取截获光子测量后再重发的策略，按照量子力学的假定，测量会有 25%的概率得到错误的测量结果，并且会干扰量子态，导致误码率增加，根据误码率评估决定密钥是否被保留。保留的密钥通过纠错和保密增强最终获得安全密钥。

2. 量子信道的波分复用技术

波分复用是提升系统能够传输速率的有效手段，并在经典光通信中广泛应用。在波分复用过程中，额外的插入损耗是限制系统最终性能的重要指标。使用波长通道数越多，插入损耗就越大。在经典通信过程中，通过提高激光发射功率，能够有效避免该效应，因此，经典通信中复用的波长通道数量高达 80 以上。量子通信具有明显差异。为了保证通信安全，量子通信要求出射光脉冲强度为单光子量级，不能通过提高发射功率抵消波分复用器的插入损耗，系统的密钥成码率将受此影响有所下降。例如，对于两波长量子光信号波分复用的情形，如果不考虑插入损耗，则复用之后系统密钥速率提升一倍。但现实的两通道波分复用器件约有 1dB 插损，因此，复用之后的系统密钥速率只有单链路的 1.6 倍左右。随着复用的波数增加，波分复用器的插损也将逐步增加，系统密钥生成率的提升效果越来越不明显。新增波道的插损大到一定程度时，该波道上整个链路的损耗将超过量子密钥分发系统能够容忍的极限，从而不能成码，因此，无法达到通过波分复用扩容的目的。

目前，业界已研发出低插损波分复用/解复用器件，能够有效控制插入损耗，提升系统的性能：在 8 路波长通道量子光信号波分复用的条件下，分波合波器件的插损低于 2dB，从而能有效实现系统扩容；理论上，在链路插损相同时，8 路合波的总成码率应能达到单波成码率的 5 倍以上。

9.2.2 量子密钥分发组网技术

QKD 本质上是一种点对点技术，通过构建 QKD 网络才能实现多用户间的保密通信。目前，将点对点 QKD 扩展为多用户 QKD 网络的方案可以分为三类：基于无源光器件、可信中继、量子中继。

1. 基于无源光器件的 QKD 网络技术

在 QKD 研究的早期，有学者提出，基于无源光网络实现多用户间的 QKD，并针对各种网络拓扑，例如，星形和环形网络拓扑进行研究。其基本思想是通过分束器、光开关、波分复用器等光器件，将多路量子信道复用传输以实现多用户通信。在同一时隙内，网络中只有一对用户建立量子链路，即可通过点对点 QKD 技术生成密钥。需要注意的是，这种网络架构不具备可扩展性。与点对点 QKD 类似，其最大的密钥分发距离仍受限于量子信道的损耗。

通过无源光器件和主动光交换设备连接不同的 QKD 设备可以实现组网。东芝的量子接入网是利用无源光器件组网的案例之一，东芝量子接入网的实验原理如图 9-3 所示，多路发射端通过一个 "$1 \times N$" 的无源分光器件连接到探测接收端。每一路发射端发射量子信号的周期为 $1/N$ GHz，通过调节不同发射端发射信号的时延，使 N 路发射端的信号耦合后正好形成 1GHz 的脉冲信号，可以由门控频率为 1GHz 的单光子探测器探测。不同发射端发射的量子信号根据时间位置区分，因此，可以分别按时间位置探测，完成相应的密钥处理过程，从而实现 1 对 N 的量子密钥分发。

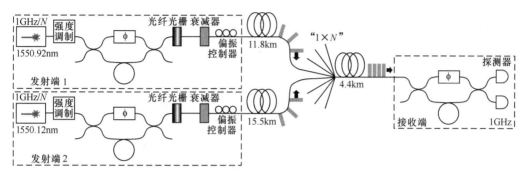

图 9-3 东芝量子接入网的实验原理

2. 基于可信中继的 QKD 网络技术

远距离通信需要克服传输介质损耗对信号的影响。在经典通信中，可采用放大器增强信号。但在量子网络中，由于量子不可克隆定理，所以无法使用放大器。基于量子纠缠交换，可以实现量子纠缠的中继，进而实现远距离量子通信。但量子中继技术难度很大，还不实用。目前，为构建远距离量子密钥分发基础设施采用的过渡方案是可信中继器，可信中继原理示意如图 9-4 所示。考虑两个端节点 A 和 B，及其之间的可信中继器 R。A 和 R 通过量子密钥分发生成密钥 K_{AR}。类似地，R 和 B 通过量子密钥分发生成密钥 K_{RB}。A 和 B 则通过 R 产生共享会话密钥 K_{AB}（A 将 K_{AB} 通过 K_{AR} 以一次性密码本加密后发送至 R，解密得到 K_{AB}），R 使用密钥 K_{RB} 重新加密 K_{AB}，并将其发送给 B。B 解密后获得 K_{AB}。A 和 B 通过共享密钥 K_{AB} 进行加密通信。

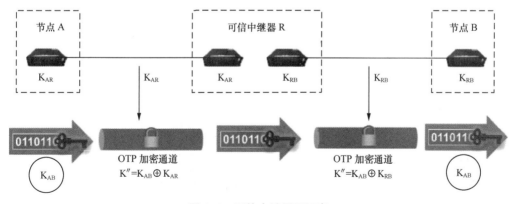

图 9-4 可信中继原理示意

这种将密钥以一次一密的方式从 A 传递至 B, 可以实现信息论安全的密钥分发, 理论上可防止任意的外部窃听者攻击, 但这种方案要求任何一个中继节点的存储区必须是安全可信的。

另外, 克服 QKD 距离受限的另一种思路是通过自由空间信道而不是光纤来发送信号, 因为信号在空气介质中的传播损耗比通过光纤介质的传播损耗要小得多。因此, 基于卫星系统的 QKD 方案不仅可以接收从地面到卫星几百千米的点对点量子信号, 还可以将这些卫星作为可信中继节点组成 QKD 网络, 构成全球范围的 QKD 网络, 这也是目前可信中继方案极具价值的一种应用场景。

3. 基于量子中继器的 QKD 网络技术

受到经典网络中继器概念的启发, 量子中继器很早就被提出, 并用于实现任意距离的 QKD。不同于经典中继器的信号放大、转发过程, 量子中继器将基于量子纠缠原理来实现, 通过使用纠缠交换和纠缠纯化来实现量子纠缠效应的远距离中继延伸。其基本思路为: 假设 Charles 位于 Alice 和 Bob 之间, Alice 和 Charles 间的距离较短, 可以建立它们之间的纠缠; Bob 和 Charles 同理也可建立纠缠。一旦 Charles 与 Alice 分享一个量子纠缠 (Einstein Podolsky Rosen, EPR) 对 E1, 并与 Bob 分享另一个 EPR 对 E2。Charles 就可以对手中的两个半对进行 Bell 测量, 并广播测量结果。根据 Charles 的测量结果, Alice 和 Bob 可通过执行本地操作将两个光子转换成 EPR 对。这样通过牺牲一个 EPR 对, 就可以在 Alice 和 Bob 之间建立远距离的纠缠。通过迭代使用该方案, 就可以在任意距离上建立可用于生成安全密钥的纠缠。需要注意的是, 在这个方案中, Charles 没有任何关于最终密钥的信息, 因此, 其不必是可信节点。

量子中继器引起了研究者的关注, 目前, 已有多种技术方案, 但距离实用还较远, 因为实际可行的量子中继器涉及非常精细的量子操作和量子存储器, 现有的技术还很难实现。

9.2.3 支持灵活组网的密钥中继路由技术

密钥中继路由技术是支撑量子通信网络灵活组网的关键。量子通信网络一般使用密钥生成速率、密钥缓存量和密钥中继消耗速率等参数描述链路的状态, 并评价链路的质量。所有链路的状态、连接关系、质量等构成一个动态的网络拓扑数据库。量子通信网络中的中继路由表根据这个数据库, 按照距离优先、链路质量优先或者综合评定等策略来决策并动态给出密钥中继路由。网络中各个节点实时更新网络拓扑数据库, 共同维护路由表或者委托核心节点/网络来维护路由表。对于大规模的量子通信网络, 一般通过分域和分层管理

来降低维护路由表的难度，提高路由收敛的速度，从而实现灵活组网，提高网络的兼容性和可扩展性。

9.2.4 量子密钥分发与经典光通信共纤传输技术

量子信道与经典光信道复用光纤传输可有效节省量子通信网络部署所需的纤芯管道资源，利用现有光通信网络资源，实现经济、高效建网的目标。该技术主要解决的是功率较强的经典通信光信号的功率谱噪声和拉曼散射、四波混频等非线性噪声对量子通信的干扰问题。共纤传输技术的方案包括波分复用、时分复用、空分复用等。其中，波分复用方案和现网的光通信系统最容易融合，但主要的困难在于难以滤除长距离和强经典光功率条件下拉曼散射的噪声。

基于波分复用的共纤传输技术将量子光信号、同步光信号和协商光信号分别安置在不同的波长上，通过窄带滤波和波分复用器合成一路进行传输。目前，量子/经典共纤传输波分复用方案已经具备实用化能力，并得到了实验验证和现网验证，下一步需要提高技术的成熟度，延长共纤传输的距离。

9.3 全球量子通信的发展情况

9.3.1 美国

美国对量子通信的理论和实验研究起步较早，20 世纪末，美国政府就将量子信息列为"保持国家竞争力"计划的重点支持课题，隶属于政府的美国国家标准与技术研究所（National Institute of Standards and Technology，NIST）将量子信息作为 3 个重点研究方向之一。在政府的支持下，美国量子通信产业化的发展也较为迅速。1989 年，IBM 公司在实验室中以 10bit/s 的传输速率成功实现了世界上第一个量子信息传输实验，虽然传输距离只有 32m，但却拉开了量子通信实验的序幕。2003 年，美国国防部高级研究计划署在 BBN 实验室、哈佛大学和波士顿大学之间建立了美国国防高级研究计划局（Defense Advanced Research Projects Agency，DARPA）量子通信网络，这是世界上首个量子密码通信网络。该网络最初由 6 个 QKD 节点扩充至 10 个 QKD 节点，最远通信距离达 29km。2006 年，Los Alamos 国家实验室基于诱骗态方案实现了安全传输距离达 107km 的光纤量子通信实验。

2009 年，美国政府发布的《信息科学白皮书》中明确要求，各科研机构协作开展量子信息技术研究。2009 年，美国国防部高级研究署和 Los Alamos 国家实验室分别建成了多节点的城域量子通信网络。2014 年，美国国家航空航天局（National Aonautics and Space Administoraction，NASA）正式提出，在其总部与喷气推进实验室之间建立一个直线距离 600km、光纤皮长 1000km 左右的包含 10 个骨干节点的远距离光纤量子通信干线计划，并计划拓展到星地量子通信。2009 年，全球最大的独立科技研发机构美国 Battelle 公司也提出了商业化的广域量子通信网络计划，计划建造环美国的万千米级量子通信骨干网络，为谷歌、IBM、微软、亚马逊等公司的数据中心之间提供量子通信服务。

2016 年 4 月，美国国家科学基金会（National Science Foundation，NSF）将"量子跃迁——下一代量子革命"列为六大科研前沿之一。2016 年 8 月，NSF 对 6 个跨学科研究团队给予了 1200 万美元资助，用于进一步推动量子安全通信技术的发展。2016 年 9 月，NSF 发布 2017 年研究与创新新兴前沿项目的招标文件，着重解决基础工程问题，开发芯片级设备和系统，为实用化的量子存储和中继器的研制做准备。其目标是实现可扩展的广域量子通信和应用。

2017 年 6 月，美国国家光子学倡议组织（National Photonics Initiative，NPI）（由工业、学术界和政府组成的合作联盟）联合发起关于"国家量子计划"的呼吁。2018 年 4 月，NPI 进一步发布了"国家量子行动计划倡议"，该行动计划包含对用于海量数据分析的量子计算、用于新材料和分子设计的量子模拟、量子通信、量子传感和测量四大领域。2018 年 6 月，美国众议院科学、空间和科技委员会正式通过了"国家量子计划法案"。

在"国家量子计划法案"的推动下，2020 年 2 月，美国发布了《量子网络战略愿景》，该文件提出聚焦量子互联网的基础发展。2020 年 7 月，美国再次发布《量子互联网国家战略蓝图》，该文件明确建设与现有互联网并行的第二互联网——量子互联网。

2020 年 9 月，美国众议院提出《量子网络基础设施法案》，要求联邦政府在 2021—2025 年向能源部科学办公室拨款 1 亿美元，以推进国家量子网络基础设施建设并加速量子技术的广泛实施。

9.3.2 欧盟

早在 20 世纪 90 年代，欧洲就意识到量子信息处理和通信技术的巨大潜力，充分肯定其长期应用前景，从欧盟第五研发框架计划开始，就持续对泛欧洲乃至全球的量子通信研究给予重点支持。1997 年，瑞士日内瓦大学 Nicolas Gisin 小组成功实现了即插即用系统的

量子密钥分发方案。2002 年，欧洲研究小组在自由空间中实现了距离 23km 的量子密钥分发实验。2007 年，来自德国、奥地利、荷兰、新加坡和英国的联合团队在大西洋中两个海岛间，实现了距离 144km 的基于诱骗态自由空间量子密钥分发及基于量子纠缠的量子密钥分发实验。这个实验的成功为最终实现星地间量子通信奠定了重要的技术基础。2008 年，欧盟发布了《量子信息处理与通信战略报告》。该报告提出，欧洲在未来 5 年和 10 年的量子通信发展目标。该目标包括实现地面量子通信网络、星地量子通信、"空-地"一体的量子通信网络等。2008 年 9 月，欧盟发布了关于量子密码的商业白皮书，启动量子通信技术标准化研究，并联合了来自 12 个欧盟国家的 41 个伙伴小组成立"基于量子密码的安全通信"工程。这是继欧洲核子中心和国际空间站后又一个大规模的国际科技合作。2012 年，维也纳大学和奥地利科学院的物理学家实现了 143km 的量子隐形传态。

2017 年 9 月 27 日，欧盟发布其量子旗舰计划的最终报告。该计划涵盖量子通信、量子计算、量子模拟、量子测量与传感四大领域。该报告将量子通信界定为基于量子随机数发生器（Quantum Random Numbers Generator，QRNG）和 QKD 技术，应用于保密通信、长期安全存储、云计算等领域，未来可用于分发纠缠的量子态的"量子网"。

2019 年，在量子技术旗舰计划的支持下，欧洲全力推进建设量子通信基础设施（Quantum Communication Infrastructure，QCI），希望通过建立地面和空间量子通信设施以显著提升欧洲在网络安全和通信方面的能力。2019 年 9 月，开放式欧洲量子密钥分发测试平台项目启动，正在 12 个欧洲国家开展基于 QCI 的用例测试。目前，QCI 已被纳入数字欧洲计划，予以支持。

2020 年 3 月 3 日，量子旗舰计划战略咨询委员会正式向欧盟委员会提交了《量子旗舰计划战略工作计划》报告。该报告明确发展远距离光纤量子通信网络和卫星量子通信网络，最终实现量子互联网。

9.3.3　英国

英国也是量子信息技术的先行者。早在 1993 年，英国国防部就在光纤中实现了基于 BB84 协议的相位编码量子密钥分发实验，传输距离达 10km，并于 1995 年将该传输距离提升到 30km。2013 年秋季，英国宣布设立为期 5 年、投资 2.7 亿英镑（约为人民币 22.45 亿元）的国家量子技术计划（全球最早的国家量子计划），同时成立量子技术战略顾问委员会，旨在促进量子技术研究向应用领域转化，并积极推进量子通信、量子计算等新兴产业的形成。在该计划下，2014 年 12 月，英国又宣布投资 1.2 亿英镑（约为人民币 9.98 亿元），成立以量子通信等为核心的 4 个量子技术中心，推动具有商业可行性的新量子技术。

2015 年以来，英国先后发布了《量子技术国家战略》《量子技术：时代机会》《量子技术简报》，将量子技术发展提升至影响国家创新力和国际竞争力的重要战略地位，提出了开发和实现量子技术商业化的系列举措。英国计划用 5～10 年建成实用的量子通信国家网络，用 10～20 年建成国际量子通信网络。

2018 年 11 月，英国在国家量子技术计划第一阶段成功实施的基础上启动第二阶段资助计划（2018 年 11 月），涉及资金 2.35 亿英镑（约为人民币 19.54 亿元）。在该计划的支持下，英国国家量子通信网络已经建成连接 Bristol、Cambridge、Southampton 和 UCL 的干线网络，并于 2018 年 6 月扩展到英国国家物理实验室和英国电信公司 Adastral Park 研发中心。

9.3.4　日本

日本对量子通信技术的研究晚于美国和欧盟，但发展速度较快。在国家科技政策和战略计划的支持和引导下，日本科研机构投入了大量研发资金，积极参与和承担量子通信技术的研究工作，推动量子通信技术的研发和产业化。2000 年，日本邮政省将量子通信技术作为一项国家级高新技术列入开发计划，预备 10 年内投资约 400 亿日元（约为人民币 21.58 亿元），致力于研究光量子密码及光量子信息传输技术，并专门定制了跨度为 10 年的中长期定向研究目标，计划到 2020 年使保密通信网络和量子通信网络技术达到实用化水平，最终建成全国性高速量子通信网。

2004 年，日本研究人员成功用量子密码技术实现加密通信，传输距离达 87km。2004 年，NEC 公司改进了单光子探测器信噪比，使量子密码传输距离达到 150km。2010 年，日本情报通信研究机构（National Institute of Information and Communications Technology，NICT）牵头，多家日本公司与 Toshiba 欧洲研究中心、瑞士 ID Quantique 公司、奥地利 All Vienna 研究组合作建成了 6 节点东京城域量子通信网络。该量子通信网络集中了当时欧洲和日本在量子通信领域的最新技术，并在全网演示了基于量子加密安全的视频通话和网络监控功能，实现了商用基因数据的长期安全性保密传输。

日本总务省量子信息和通信研究促进会提出以新一代量子信息通信技术为对象的长期研究战略，计划在 2020—2030 年建成利用量子加密技术的绝对安全和高速的量子信息通信网。日本邮政省把量子通信作为 21 世纪的战略项目，以 10 年的中长期目标进行研究。

9.3.5　中国

近年来，我国在基于光纤网络的量子通信技术和星地量子密钥分发技术方面开展了系统性的研究，在量子通信技术实用化和应用方面取得了丰硕成果，总体上处于国际领先地位。特别是在国家发展和改革委员会前瞻部署的"量子通信'京沪干线'技术验证及应用示范项目"和中国科学院空间科学战略先导专项部署的"墨子号"量子卫星项目的牵引和带动下，我国不仅掌握了城域、城际以及自由空间的量子通信关键技术，更培育和集聚了一批覆盖核心器件研发、产品设备制造、业务应用开发等各环节的企业，并在金融、电力等相关行业领域成功开展了应用示范，制订了一批结合用户业务的解决方案，为相关领域和行业应用推广打下了坚实的基础。

我国量子通信技术得益于国家的提前布局和支持。早在 2013 年，我国就前瞻性地部署了世界首条远距离量子通信"京沪干线"，率先开展了相关技术的应用示范并取得了宝贵经验。2015 年，"十三五"规划建议的说明中提出，要在量子通信等领域部署体现国家战略意图的重大科技项目。在随后发布的创新驱动发展战略纲要、科技创新规划、信息化规划、技术创新工程规划等十余项重要国家政策中均明确要求推进量子通信的发展，国家发展和改革委员会、工业和信息化部、科学技术部、中共中央网络安全和信息化委员会办公室等也纷纷出台政策给予支持。各地区政府则以政府文件的形式，直接支持量子技术发展和开展量子通信网络的建设。特别是长三角地区城市群量子保密城际干线建设被列入"十三五"规划。

9.4　量子通信标准化进展

ETSI 早在 2008 年就启动量子密钥分发标准化工作。近年来，世界三大国际标准化组织（ITU、ISO、IEC）以及 IETF、IEEE、CCSA 等专业性标准化组织均启动了量子通信相关标准化工作。

9.4.1　ITU-T

ITU-T 是负责全球 ICT 事务标准化的联合国官方机构。2018 年以来，ITU-T 立项制定 QKD 网络框架及功能架构、安全总体要求、密钥管理技术及安全要求、QKD 密钥加密要求、QRNG 架构等 18 项国际标准。

目前，ITU-T 聚焦在 QKD 网络标准化方面，具体工作涉及 ITU 的多个工作组，主要力量来自中国、日本、韩国、美国、欧洲，包括国科量子、科大国盾、韩国 SK Telecom、瑞士 IDQ、日本 NICT 等。

另外，我国在 2018 年向 ITU 提出设立"面向网络的量子信息技术"焦点组，于 2019 年 9 月正式成立。该焦点组由中国、美国、俄罗斯 3 个国家的专家担任联合主席，希望构建全球量子标准化统一平台，联合 ITU 内外部专家力量，加速、高效地开展量子信息技术的标准化工作。目前，焦点组正在起草量子通信相关的用例、协议、传输、术语、标准化路线 5 项研究报告。

9.4.2　ISO/IEC

ISO/IEC 第一联合技术委员会第 27 子委员会（JTC1 SC27）是国际信息安全领域的权威标准化组织。

2019 年 2 月，我国在 ISO/IEC JTC1 SC27 WG3 提出的《量子密钥分发的安全要求、测试和评估方法》通过立项申请，正式开展标准制定工作，包括 ISO/IEC 23837-1《量子密钥分发的安全要求、测试和评估方法　第 1 部分：要求》、ISO/IEC 23837-2《量子密钥分发的安全要求、测试和评估方法　第 2 部分：测试和评估方法》两个部分。

另外，2018 年，ISO/IEC JTC1 设立 SG2 开展量子计算研究，ISO/IEC JTC1 SC7 负责研究量子计算的影响，ISO TC229 负责制定量子技术的术语标准，IEC TC65 负责研究 QKD 对工控系统的影响及应用。

9.4.3　ETSI

ETSI 是全球电信领域极具影响力的区域性标准化组织。2008 年，ETSI 发起 QKD 行业规范组，到 2018 年共发布 QKD 用例、应用接口、收发机特性等 6 项规范。2019 年，ETSI 加速标准化工作，年初发布了 QKD 术语、部署参数、密钥传递接口 3 项规范，同时也立项 QKD 网络架构和 QKD 安全评测两项新标准，共计开展了 14 项标准项目。

9.4.4　IETF

IETF 是互联网领域权威的国际专业标准化组织。2009 年，日本向 IETF 提交"IKE for IPsec with QKD"草案但未形成标准；2018 年，IETF 成立"量子互联网研究组（Quantum Internet Research Group，QIRG）"，研究从基于可信中继的 QKD 网络向由量子中继、量子计算、量子存储组成的量子互联网的演进。目前，IETF 在编制两项草案：量子互联网的架构原则、量子互联网的应用及案例。这两项草案将量子通信作为量子互联网的应用场景之一。另外，QIRG 还发布了量子互联网软件模拟器用于协议研究和安全评估，组织了针对量子互联网的"黑客马拉松"活动。

9.4.5　IEEE

IEEE 是电子电气工程领域的国际专业标准化组织。2016 年，由 GE 公司在 IEEE 发起成立 P1913 软件定义量子通信（Software Defined Quantum Communication，SDQC）项目组，其主要目标是定义面向量子通信设备的可编程网络接口协议，使量子通信设备可以实现灵活的重配置，以支持各种类型的通信协议与测量手段。该标准针对基于 SDN 的 QKD 网络，设计协议明确量子设备的调用、配置接口协议，通过该接口协议，可以动态地创建、修改或删除量子协议或应用。

9.4.6　CCSA

为推动量子通信关键技术研发、应用推广和产业化，在中国科学院的推动下，CCSA 于 2017 年 6 月成立了量子通信与信息技术特设任务组（The 7th Special Task group，ST7），其目标是建立我国自主知识产权的量子通信标准体系，支撑量子通信网络的建设及应用，推动 QKD 相关国际标准化进展。ST7 下设量子通信工作组（WG1）和量子信息处理工作组（WG2）两个子工作组，该组织已汇聚国内量子通信产业链的主要企业及科研院所，包括国科量子网络、科大国盾量子、中国电信、中国移动、中国联通、中国信息通信研究院、中国通建、华为、中兴、烽火、阿里巴巴等 50 余家会员单位。

目前，ST7 已制定完整的量子通信标准体系，包括名词术语标准以及业务和系统类、网络技术类、量子通用器件类、量子安全类、量子信息处理类五大类标准。CCSA ST7 量子通信标准体系如图 9-5 所示。

目前，国家标准《量子通信应用场景与需求》已进入报批阶段；《量子密钥分发（QKD）系统技术要求》《量子密钥分发（QKD）系统测试方法》《基于 BB84 协议的量子密钥分发（QKD）用关键器件和模块　第 3 部分：量子随机数发生器（QRNG）》3 项行标已经正式发布。另外，ST7 已完成 8 项研究报告，包括《量子通信网络架构研究》《量子密钥分发安全性研究》《量子通信系统测试评估研究》《量子密钥分发与经典光通信系统共纤传输研究》《量子随机数制备和检测技术研究》等，明确了 QKD 网络架构参考模型、量子通信系统基本测试方法、量子密钥分发安全性攻防技术、量子与经典光通信共纤传输技术等内容。

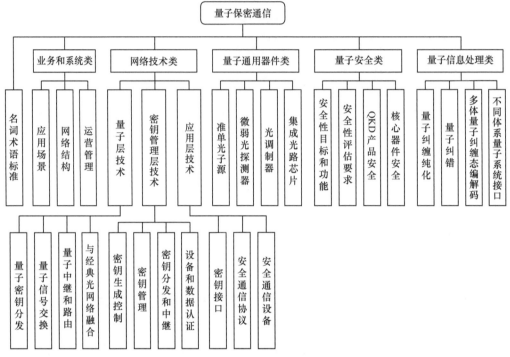

图 9-5 CCSA ST7 量子通信标准体系

9.5　量子通信应用及产业化进展

9.5.1　我国量子通信网络部署进展

围绕构建全球量子通信网络的愿景目标，我国学术界、产业界按照三步走的策略：基于现有光纤的城域网、基于可信中继的城际网、基于卫星中转的洲际网，开展一系列量子通信网络部署试验及行业应用示范。

1. 多地开展 QKD 城域网建设

自 2004 年开始，我国 QKD 研发团队在北京、合肥、芜湖、济南、上海、武汉等地陆续部署了一系列 QKD 城域试验网，推动 QKD 网络技术在多用户组网、与实际应用结合、与现有光网络融合等方面的不断发展。

2. "京沪干线"等 QKD 骨干网部署

城际骨干网构建远距离、大尺度的 QKD 网络，对于验证广域 QKD 网络的大规模组网能力、激活行业用户的应用需求具有重要意义。我国先后开展了"京沪干线""武合干线""宁苏干线"等 QKD 骨干网络建设。"京沪干线"总长超过 2000km，覆盖 4 省 3 市共 32 个节点，是世界上最远距离的基于可信中继方案的量子安全密钥分发干线。该工程验证了基于异或中继方案的多节点量子密钥安全中继技术、远距离量子通信产品的可靠性、大规模量子通信网络的管理能力。

3. "墨子号"卫星连通洲际 QKD 网络

我们通过装载量子信号处理装置的卫星和地面站，有望实现空间大尺度的量子通信，组成覆盖全球的洲际 QKD 网络，实用价值明显，一直是各国科学家追逐的方向。我国科学家在该领域深耕多年，2016 年 8 月 16 日，世界首颗量子科学实验卫星"墨子号"在我国酒泉卫星发射中心成功发射。它升空之后，配合多个地面站（已开通河北兴隆、乌鲁木齐南山、青海德令哈、云南丽江、西藏阿里、奥地利格拉茨 6 个地面站），在国际上率先实现星地高速量子密钥分发、星地双向量子纠缠分发及空间尺度量子非定域性检验、星地量子隐形传态。

2017 年 2 月，"墨子号"卫星与"京沪干线"成功对接，并率先开展了洲际广域 QKD 网络的应用演示。2017 年 9 月 29 日，在"京沪干线"开通仪式上，中国科学院白春礼院长和奥地利科学院院长安东·塞林格通过奥地利地面站——"墨子号"量子卫星——兴隆地面站——"京沪干线"建立的洲际量子通信链路进行了 75 分钟的量子加密视频会议，展示了国际量子通信的应用前景。

9.5.2　量子通信应用进展

依托于"京沪干线"及沿线城域网，我国已经具备了为多行业、多领域提供量子保密应用服务的能力。

在金融领域，通过与中国人民银行和中国银监会合作，工商银行、交通银行等 10 多家银行以及证券、期货、基金等一批其他金融机构率先开展了数据中心异地灾备、企业网银实时转账等应用；在云服务领域，与阿里云合作，融合量子和云技术，在云上实现了网商银行商业数据的加密传输；在电力领域，通过与国家电网合作，实现了电力领域重要业务数据信息利用量子通信技术在京沪两地灾备中心之间的加密传输，并复用"京沪干线"沿线量子城域网开展基于量子通信技术的内部办公和对外业务的安全防护；在行业应用领域，最高人民法院与安徽省高级人民法院之间正在开展量子视频试点业务。

9.5.3 量子通信产业化进展

我国的量子通信技术走在世界前列，初步形成一条探索型产业链，大致分为 4 个环节，我国量子通信产业化的发展情况如图 9-6 所示。

① 基础研究环节，科研机构持续提供国际领先的基础研究成果支撑产业链发展。

② 设备研发环节，技术型企业提供核心器件/部件、量子通信设备、网络融合设备 3 个层面的开发支撑。

③ 建设运维环节，电信运营商、集成商等提供大规模网络建设、运维管理支撑。

④ 安全应用环节，各行业用户牵引、参与和主导应用开发并开展应用示范，逐步推动规模化应用。

图 9-6　我国量子通信产业化的发展情况

1. 量子通信基础技术研究

量子通信的核心是量子密钥分发，其基础技术包括系统方案设计、量子态编码、量子态解码和微弱能量测量等。2005 年，我国与加拿大学者分别提出的诱骗态方案解决了单量子光源不理想的瓶颈问题，提升了安全距离，为量子通信的产业化扫清了关键障碍，并由中国科学技术大学团队于 2008 年、2010 年分别打破当时 100km 和 200km 光纤量子密钥分发的世界纪录。

目前，欧洲、美国、日本持有的代表性世界纪录有：144km 自由空间量子密钥分发（欧洲，2007 年）；307km 相干单向协议（Coherent One Way，COW）光纤量子密钥分发（美国 NIST 和马里兰大学，2014 年）；240km BB84 协议光纤量子密钥分发（东芝欧洲实验室，2017 年）。我国持有的纪录有：200km 诱骗态 BB84 协议光纤量子密钥分发（中国科学技术大学，2010 年）；免疫探测器漏洞的 404km 测量设备无关光纤量子密钥分发（中国科学技术大学、清华大学、济南量子技术研究院，2016 年）；150km 光纤连续变量量子密钥分发（上海交通大学，2016 年）；量子科学试验卫星实现 1200km 自由空间量子密钥分发（中国科学技术大学、中国科学院，2017 年）；大气层内 53km 白天自由空间量子密钥分发（中国科学技术大学，2018 年）等。

2. 量子通信核心部件与设备研制

在核心部件研制方面，主要包括高性能单光子探测器、高速光学调制器件、高速高精度数字/模拟转换电路等，依托于尖端工艺/工业基础实现。长期以来，高端的单光子雪崩器件、探测阵列、模数芯片、光学集成芯片、半导体量子点光源/探测器等相关核心部件和技术主要在美国和日本。但近年来，前沿科技牵引和在重点领域提前布局攻关，我国已基本实现量子通信核心部件的全面自主供给，部分指标已达到先进水平。代表性的成果有红外单光子雪崩二极管、超导单光子探测芯片、频率上转换波导、光学集成芯片等核心元件，在此基础上，依托于调制技术和集成工艺的突破，我国在单光子探测器、量子随机数发生器等关键部件方面也达到世界先进水平。

在 QKD 系统设备方面，稳定性、可靠性、易用性、经济性等是关键指标，我国目前处于国际领先地位。在面向市场的成熟产品中，我国产品有着明显的性能、种类、集成化、成体系等优势。例如，量子密钥分发终端设备综合性能普遍优于国外同类商用产品，并有适应不同信道衰减、扰动环境的多种规格；在光纤信道融合方面实现了量子密钥分发和经典通信（80×100Gbit/s）的共纤传输，可支持量子通信网络在经典通信光网络上的便捷部署，有效节约光纤资源并降低部署成本；规模化组网方面开发了光量子交换机、集控站等相关软硬件产品，可支撑多路接入、交换、路由和网络的灵活组织与拓展。

3. 量子通信网络基础设施的建设与运营

QKD 网络类似于传统电信网络，需要由网络建设和运营方部署光纤、机房等基础网络资源，利用设备商提供的商用 QKD 设备，通过施工、集成建成完整的 QKD 网络，为产业链下游的行业用户提供量子通信服务。QKD 网络不同于传统通信网，从网络的部署方案、组网技术以及提供的服务来看，QKD 网络是一种全新的网络形式，其建设和运营势必面临各种挑战。中国作为率先部署大规模 QKD 网络的国家，为了推动 QKD 网络的进一步发展和产业链成熟，正在尝试建立完整的网络运营模式，由专业的 QKD 网络运营商构建广域 QKD 网络基础设施，为各行业的用户提供稳定、可靠、标准化的量子安全服务。

为此，中国科学院控股有限公司联合中国科学技术大学在 2016 年年底成立了国科量子通信网络有限公司，以探索明确 QKD 网络的建设和运营模式。该公司承接了国家发展和改革委员会正式启动的国家广域量子通信骨干网络项目，以量子通信"京沪干线"和"墨子号"量子科学实验卫星为前期基础，进一步建设完善星地一体化广域 QKD 网络，同时构建 QKD 网络运营服务体系，推进其在多领域的行业应用。

另外，在基础设施提供、网络建设和运营方面，电信运营商无疑具有得天独厚的优势，利用其现有光纤资源，可快速构建 QKD 网络，为其用户或自身网络提供更安全的通信增值服务。目前，中国有线支撑了量子通信"京沪干线"的全线建设；中国电信、中国联通参与部分城域 QKD 网络建设，并积极推动共纤传输等新技术试验。

4. 量子通信应用技术与产品开发

在应用技术与产品开发方面，国内外都处于起步阶段，目前，量子通信应用技术主要的应用方式是通过加密机、加密路由器等与网络各层结合实现加密传输。我国已在多家通信厂商的参与下开发了加密路由器、加密 VPN、金融加密机、网络加密机等产品，在相关软硬件支撑下能够开展业务通信、数据灾备、视频会议等业务，近期，进一步开发了移动场景拓展应用系统。央行、银保监会、工行等金融行业用户，国家电网等基础设施行业用户，阿里云、腾讯云等互联网企业也在逐步参与量子通信网络的应用研究。

9.6 总结与展望

量子通信的近期应用主要集中在利用 QKD 链路加密的数据中心防护、量子随机数发生器，并延伸到政务、国防等特殊领域的安全应用。未来，随着 QKD 组网技术的成熟，终端设备趋于小型化、移动化，QKD 还将扩展到通信网、企业网、个人与家庭、云存储等更广阔的应用领域。从长远来看，随着量子卫星、量子中继、量子计算、量子传感等技术取得突破，通过量子通信网络将分布式的量子计算机和量子传感器连接，还将产生量子云计算、量子传感网等一系列全新的应用。

综合来看，量子通信的下一阶段发展面临着以下 3 个递进层面上的挑战。

1. 底层技术突破层面

量子通信的核心——量子密钥分发技术操控处理的是单量子级别的微观物理对象，高量子效率的单光子探测、高精度的物理信号处理、高信噪比的信息调制、保持和提取等技术是量子密钥分发能力进一步突破的"拦路虎"。光学/光电集成、深度制冷集成、高速高精度专用集成电路等技术是量子通信设备小型化、高可靠、低成本发展方向上必须迈过的"门槛"。这些底层技术的突破在较大程度上依赖于新材料、新工艺、新方法的研究和微纳加工集成领域的支撑，有较高的技术难度和不确定性，还面对高投入、高风险、国际技术竞争和技术限禁等不利局面。

2. 产业链建设层面

量子通信作为新兴尖端技术，其形成产业、发展壮大所需的"产、学、研"支撑目前还不够均衡、力量不够饱满，工业界参与量子通信底层核心技术研究的力量不足；掌握产品研发核心技术的企业数量较少，供应能力有限；部分核心元器件的国产供应还不全面、选择较少甚至处于空白状态；产品和应用缺少全面、体系化的解决方案，应用领域的联合研究和基础设施的建设才刚刚起步，产业链存在明显薄弱环节。这些产业链环节的建设和培育需要多个方向的协同和积淀，包括量子通信行业上下游队伍的壮大、与现有通信网络的融合、产品体系逐步丰富等。

3. 市场生态培育层面

目前，量子通信技术在用户层面仍然具有一定的"神秘感"，一方面，有安全需求的行业用户对于应用量子通信的方法和保障程度还缺乏充分认识；另一方面，行业标准、资质、测评、认证等体系基本处于空白状态，亟须建设。总体来说，量子通信的市场生态还处于比较脆弱的新生阶段。类似于计算机、互联网等行业的发展初期，量子通信需要时间通过应用、推广、认证、监管来形成市场互动，推动产业不断升级。

参考文献

1. 王向斌. 量子通信的前沿、理论与实践[J]. 中国工程科学，2018，20（6）:87-92.

2. 张翼燕. 世界各国的量子技术研究[J]. 科技中国，2016（8）:4.

3. 刘玉琢，柏亮. 量子通信产业化之路探索[J]. 网络空间安全，2018，9（3）:26-29.

4. 赖俊森，吴冰冰，汤瑞，等. 量子通信应用现状及发展分析[J]. 电信科学，2016, 32
（3）:123-129.

5. 王健全. 量子保密通信网络及应用[M]. 北京：人民邮电出版社，2019.

6. 尹浩. 量子保密通信原理与技术[M]. 北京：电子工业出版社，2013.

7. 中国通信学会. 量子保密通信技术发展及应用前沿报告（2020 年）[R]. 2020.

8. 中国信息通信研究院. 量子信息技术发展与应用研究报告（2020 年）[R]. 2020.

9. 中国通信标准化协会. 量子保密通信技术白皮书（2018 年）[R]. 2018.

10. 程广明，郭邦红. 量子保密通信标准体系建设[J].信息安全与通信保密，2021
（2）:54-62.

11. 郭光灿. 量子信息技术研究现状与未来[J].中国科学:信息科学，2020，50
（9）:1395-1406.

第 10 章　网络安全

我们梳理了 2030 年后未来网络的网络安全的 9 个关键词：零信任、软件定义安全、拟态防御、内生安全、可信计算、隐私计算、数据安全、云原生安全和智慧城市安全。本章通过阐述这 9 个关键词，对未来网络安全进行概要性展望。

10.1　零信任

零信任是一个安全框架，它要求所有用户在被授予或保留对应用程序和数据的访问权限之前，必须对安全配置和状态进行身份验证、授权和持续验证，从而将网络的不确定性降至最低。

零信任框架没有传统网络里网络边界的概念。软件定义边界（Software Defined Perimeter，SDP）是由国际云安全联盟于 2013 年提出的基于零信任理念的新一代网络安全技术架构。众所周知，传统的网络安全是基于防火墙的物理边界防御，即内网。随着云计算、大数据、移动互联网、物联网、AI 等技术的不断兴起，传统安全边界在瓦解，企业 IT 架构正在从"有边界"向"无边界"转变。过去，服务器资源和办公设备都在"内网"，现在，随着迁移上云、移动办公、物联网等应用的普及，网络边界越来越模糊，业务应用场景越来越复杂，传统物理边界安全已经无法满足企业数字化转型的需求。因此，更加灵活、更加安全的 SDP 技术架构应运而生。SDP 是围绕某个应用或某一组应用创建的基于身份和上下文的逻辑访问边界。应用是隐藏的，无法被发现，并且通过信任代理限制一组指定实体访问。在允许访问之前，代理会验证指定访问者的身份、上下文和策略合规性。这个机制把应用资源从公共视野中消除，从而显著减少可攻击面。SDP 可以帮助用户在公有云上构建可信的、软件定义的虚拟内网，只对授权用户可见，做到业务系统隐身，减少

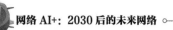

系统暴露面，免受攻击威胁，保证只有身份及设备验证合法的授权用户才能正常访问业务系统，从而保证系统安全。

零信任网络可以是本地的，可以是云中的，也可以是与任何位置的资源以及任何位置的工作人员的组合。

实施零信任技术有以下 4 项原则。

① 重新检查所有默认访问控制。

② 采用涉及身份、端点、数据和应用程序访问的各种预防技术。

③ 启用实时监控，识别和停止恶意活动。

④ 与更广泛的安全策略保持一致。

在具体应用场景上，零信任广泛应用于东西向安全访问控制、分支机构访问总部、应用数据安全调用、统一身份与业务集中管控、全球链路加速访问、物联网业务场景中。

企业只有了解零信任建设的能力目标，根据能力视图、业务优先级规划建设场景路径，才能更好地分场景、分阶段完成零信任体系的建设。未来，企业内部建立零信任网络时要包括以下 5 个步骤。

1. 数据识别与切割

数据识别与切割是建立零信任网络中最复杂的一步。这一步要求企业确定哪些数据是需要严格保护的敏感数据。少部分高度监管环境中的企业因为其自身监管制度，可能已经确定敏感数据的构成；而大部分非高度监管环境中的企业如果想对信息数据进行识别与切割，则需要审核公司内每一个活动凭证，及时删除超期没有使用的陈旧账户，并检查与评估所有权限的风险和影响，确保在安全架构中最关键的信息数据被提供最高级别的保护。

2. 创建自动发现工具

数据在企业网络内流动，用户每天对这些数据访问和操作，这时就需要自动发现工具，帮助管理者对数据流进行判别，包括数据流产生的原因、目的、用途、内容、出自哪里，以及去向何处。自动发现工具的应用可以加深企业管理者对数据流的理解与管控，严格实施零信任网络。

3. 设计网络架构和过滤政策

企业管理者拥有自动发现工具之后，可以继续设计网络架构和过滤策略，只允许合法的数据流进行流通。

4. 流量监控

企业管理者需要对整个基础设施的流量进行实时监控，找出网络内可能存在的问题并及时解决问题。

5. 建立策略引擎

整个零信任网络需要建立策略引擎，即整个网络策略背后的中央"大脑"，帮助管理者进行大量决策管理的计算。

10.2　软件定义安全

软件定义安全（Software Defined Security，SDS）是一种安全模型，网络和信息安全由安全软件管理和控制。网络安全设备的功能（例如，防火墙、入侵检测、访问控制和网络分段）从硬件设备提取到软件层，因此，软件彻底脱离了硬件，用于控制和管理资源，保护逻辑策略，不与任何安全设备绑定。

企业在业务上云的过程中会出现的问题包括云上用户及信息资源的高度集中、访问人员身份复杂、公网访问应用暴露面广、上云应用安全级别不可控、网络复杂、终端分散、设备杂乱、多云访问及无统一边界等。

SDS 的设计思路为模块化设计，具有可伸缩和安全的特点。SDS 体系结构将安全数据和控制面分开，从而利用标准化的控制消息自动检测和保护。SDS 从下到上分为以下 3 层。

① 物理层：也称为数据层或基础层，包含硬件转发设备，例如，交换机、路由器、虚拟交换机和访问点。

② 控制层：SDS 的"大脑"或核心，处理所有控制和管理操作。所有安全机制均从安全设备中提取，并在控制层的控制器内部进行设置。控制层中实施的安全解决方案包括防病毒系统、防火墙、反垃圾邮件和入侵防御系统等。

③ 应用层：所有应用程序位于该层，可以将网络安全技术部署为该层中的应用程序。为了使应用程序高效运行，必须将安全性内置到体系架构中，并且必须保护信息的可用性、完整性和私密性。

10.3　拟态防御

类似于生物界的拟态防御，网络空间的拟态防御在对网络服务对象的功能与性能保持不变的前提下，网络内部的架构、核心资源、运行算法等都会做策略性的时空变化。这些变化会打乱攻击者的攻击节奏，降低攻击者的成功率。

拟态防御的防御范围又称为拟态防御界，简称拟态界。拟态界内包含若干组定义规范、协议严谨的服务功能。在拟态防御界以外的任何安全问题都不属于拟态防御的范围。任何攻击者成功攻击进入拟态界之内时，则被称为拟态逃逸。由于拟态防御的机制是变化的，所以由攻击者攻击产生的一次拟态逃逸现象并不意味着拟态防御的失败。

拟态计算能根据不同任务、不同时段、不同负载情况、不同效能要求、不同资源占用状况等条件或参数，动态选择构成与之相适应的计算环境，以基于主动认知的动态变结构计算提升系统的处理效能。拟态防御则充分挖掘了变结构计算中机理上的内生抗攻击属性。由于具有动态性和随机性的外在表象，在攻击者眼里，拟态计算系统似乎以规律不定的方式在多样化环境间实施基于时空维度上的主动跳变或快速迁移，表现出很强的动态性、异构性、随机性等特点，难以观察和做出预测，所以增加了构建基于漏洞和后门等的攻击链难度。拟态计算和拟态防御本质上都是一种功能等价条件下的变结构计算和处理架构，拟态计算通过变结构计算提高处理效能，拟态防御通过变结构计算提供主动防御能力。

拟态防御可以划分为以下 3 个等级。

1. 完全屏蔽级

如果在给定的拟态防御界内受到来自外部的入侵或内部的攻击，所保护的功能、服务或信息未受到任何影响，并且攻击者无法对攻击的有效性做出任何评估，犹如落入"信息黑洞"，则称为完全屏蔽级。该级属于拟态防御的最高级别。

2. 不可维持级

给定的拟态防御界内如果受到来自内外部的攻击，所保护的功能或信息可能会出现概率不确定、持续时间不确定的"先错后更正"或自愈情形。对攻击者来说，即使达成突破也难以维持或保持攻击效果，或者不能为后续攻击操作给出任何有意义的铺垫，这种情况称为不可维持级。

3. 难以重现级

给定的拟态防御界内如果受到来自内外部的攻击，所保护的功能或信息可能会出现不超过一定时段的"失控情形"，但是重复这样的攻击很难再现完全相同的情景。换句话说，相对于攻击者而言，达成突破的攻击场景或经验不具备可继承性，缺乏时间维度上可规划利用的价值，这种情况称为难以重现级。

10.4 内生安全

内生安全是使用具有动态、异构和冗余属性的内在安全结构来实现内在安全的方法，主要特征是动态选择执行程序。由异构执行者和冗余执行者组成的集合，可以实现系统的预期功能并使其结构更加不确定。该机制不仅保证了系统的可靠性，而且使攻击者对系统的结构和运行机制存在认知上的困境，使其难以进行有效的攻击。因此，内生安全理论不仅可以用来抵抗已知的安全威胁，更重要的是，它还可以抵抗未知的安全威胁和针对未知安全威胁的未知攻击。近年来，该理论在原理探索、技术进步、系统开发等方面取得了重要的成就。受内源安全性的启发，无线内源安全性研究正在逐步发展。与传统的内在安全性不同，无线信道具有动态、异构和冗余的内在安全性属性，因此，将内生安全应用到无线信道中是非常合适的。

内生安全的技术架构功能具有以下特点。

① 能够把内生安全架构内个体对未知漏洞的隐蔽性攻击转化为拟态界内的攻击不确定性事件。

② 能够把这些不确定事件归为具有概率属性的广义不确定扰动问题。

③ 基于多维动态重构负反馈机制和拟态裁决的策略调度产生的"测不准"防御迷雾，可以瓦解产生隐蔽性攻击的先决条件。

④ 在不依赖于发动隐蔽性攻击者的特征信息情况下，具有高可信度的敌我识别功能。

⑤ 能将非传统安全威胁归类为广义的鲁棒控制问题，并实现一体化的处理。

10.5 可信计算

可信计算通常也称为机密计算，是一种由可信计算组织开发和推广的技术。借助可信计算，计算机将始终以预期方式运行，而这些行为将由计算机硬件和软件强制执行，并通过使用系统其余部分无法访问的唯一加密密钥加载硬件来实现此行为。

实施可信计算的核心步骤如下。

1. 签注密钥

签注密钥是一个 2048 位的 RSA 加密算法（RSA 是由 Ron Rivest、Adi Shamir、Leonard Adleman 3 人一起提出的算法，RSA 就是他们 3 人姓氏开头字母的缩写）公钥和私钥对，

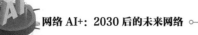

制造时，在芯片上随机创建，不能更改。私钥永远不会离开芯片，而公钥用于证明和加密发送到芯片的敏感数据。

2. 安全输入/输出

在当前的计算机环境下，恶意攻击者有多种途径截取用户数据。安全输入/输出功能为受硬件和软件保护和验证的信道，通过采用校验值验证攻击者是否恶意攻击了输入/输出软件。

3. 内存屏蔽

内存屏蔽扩展了常见的内存保护技术，提供内存敏感区域的完全隔离。

4. 密封存储

密封存储通过将隐私信息绑定到平台配置信息（包括正在使用的软件和硬件）来保护隐私信息，这意味着数据只能发布到特定的软件和硬件组合。

5. 远程证明

远程证明允许授权方检测用户对计算机的更改。例如，软件公司可以识别未经授权的软件更改，包括用户篡改其软件以规避技术保护措施。它的工作原理是让硬件生成一个证书，说明当前正在运行什么软件，然后，计算机可以将此证书提供给远程方，以表明当前正在执行未经授权的软件更改。

10.6 隐私计算

随着移动互联网、5G、大数据、云计算等新一代信息技术的迅猛发展，数据应用与隐私保护的矛盾日益突出，隐私计算被认为是解决这一矛盾的有效技术手段。

隐私计算是面向隐私信息全生命周期保护的计算理论和方法，是隐私信息的所有权、管理权和使用权分离时，隐私度量、隐私泄漏代价、隐私保护与隐私分析复杂性的可计算模型与公理化系统。《中国隐私计算产业发展报告（2021）》提出，隐私计算是指带有隐私机密保护的计算系统与技术（硬件或软件解决方案），能够在不泄露原始数据的前提下，对数据进行采集加工分析处理，包括数据的生产、存储、计算、应用等数据处理流程，强调能够在保证数据所有者权益、保护用户隐私和商业秘密的同时，充分发挥数据价值。

隐私计算并不是一个单一的技术，它是一套包含人工智能、密码学、数据科学等众多领域交叉融合的跨学科技术体系，实现数据"可用不可见"。通过数据价值的流通，隐私计算促进企业数据的合法合规应用，激发数据要素价值释放，进一步培育数据要素市场。

对于个人而言，隐私计算应用有助于保障个人信息安全；对于企业而言，隐私计算是数据协作过程中履行数据保护义务的关键路径；对于政府而言，隐私计算是实现数据价值和社会福利最大化的重要支撑。宏观层面，隐私计算将成为新一代信息技术领域基础性、支撑性环节，很大程度上完善了各类软件应用及平台安全性、合规性，促进了大数据、人工智能产业的健康、可持续、高质量发展；微观层面，隐私计算使企业在数据合规要求的前提下，充分调动数据资源拥有方、使用方、运营方、监管方等各方主体积极性，实现数据资源海量汇聚、交易和流通，进一步盘活了第三方机构数据资源价值，促进数据要素的市场化配置。隐私计算将成为防范数据泄露的突破口，助力数据要素市场化配置，促进多方数据安全合规协作，推动大数据进入发展新阶段。

隐私计算的关键技术分为三大类：一是基于协议规则的技术，包括多方安全计算、联邦学习、可证去标识；二是基于算法的差分隐私；三是基于硬件环境的机密计算。隐私计算的关键技术如图 10-1 所示。

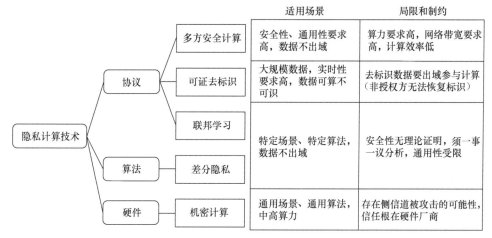

图 10-1　隐私计算的关键技术

1. 多方安全计算

多方安全计算是指参与者在不泄露各自隐私数据的情况下，利用隐私数据参与保密计算，共同完成某项计算任务。该技术能够满足人们利用隐私数据进行保密计算的需求，有效解决数据"保密性"和"共享性"之间的矛盾。多方安全计算包括秘密分享、不经意传输、混淆电路、同态加密、零知识证明等多项关键技术。

2. 可证去标识

可证去标识是一种面向大数据（百亿级）离线挖掘以及高性能实时决策场景，基于可证明去标识技术的多方隐私计算方案。可证去标识技术的主要特点是将隐私安全能力植入大数据计算、存储引擎等基础设施，构建一个大规模可信数据环境，各方数据在域内，提升多方数据融合计算过程中的隐私安全水平，实现数据融合计算过程中的可算不可识，且不改变业务原有技术栈和使用习惯，同时最小化改变数据内容，业务算法模型精度不折损。可信去标识和可证无身份关联等技术联合使用（称为隐私标识计算）可以一方面提供充分的隐私保护能力，另一方面保留数据原始颗粒度并支持高性能实时的计算和分析。

3. 联邦学习

联邦学习的本质是一种机器学习框架，即分布式机器学习技术。联邦学习以一个中央服务器为中心节点，通过与多个参与训练的本地服务器（以下简称"参与方"）交换网络信息来实现人工智能模型的更新迭代，即中央服务器首先生成一个通用神经网络模型，各个参与方将这个通用模型下载至本地，并利用本地数据训练模型，将训练后的模型更新的内容上传至中央服务器，通过将多个参与方的更新内容进行融合均分来优化初始通用模型，再由各个参与方下载更新后的通用模型进行上述处理。这个过程不断重复直至达到某个既定标准。在整个联邦学习的过程中，各参与方的数据始终保存在本地服务器，降低了数据泄露的风险。

4. 差分隐私

差分隐私是基于信息论和概率论的一门学科，旨在提供一种从统计数据库查询时，最大化数据查询的准确性，且最大限度减少识别查询记录的方法。

差分隐私的隐私保护程度较高，满足差分隐私的数据集能够抵抗任何对隐私数据的攻击，即攻击者根据获取到的部分数据信息并不能推测出全部数据信息。基于差分隐私保护的数据发布是差分隐私研究中的核心内容。传统的差分隐私，即"中心化"差分隐私，将各方的原始数据集中到一个可信的数据中心，对计算结果添加噪声。由于可信的数据中心很难实现，因此，出现了本地差分隐私。本地差分隐私为了消除可信数据中心，直接在用户的数据集上做差分隐私，再传输到数据中心进行聚合计算，数据中心也无法推测原始数据，从而保护数据隐私。

5. 机密计算

机密计算是一种通用高效的隐私计算技术，通过隔离、可信、加密等技术，可对数据加密处理，保障使用中数据的机密性和完整性。可信执行环境（Trusted Execution Environment，TEE）作为机密计算的支撑技术，一般需实现如下 4 个技术目标中的一个或多个：隔离执行、远程证明、内存加密和数据封印。隔离执行是通过软硬结合的隔离技术将 TEE 和非 TEE 系统隔离开来，使可信应用的可信计算基（Trusted Computing Base，TCB）

仅包含应用自身和实现 TEE 的基础软硬件,而其他软件甚至是操作系统内核的特权软件可能是不可信的甚至是恶意的;远程证明支持对 TEE 中的代码进行度量,并向远程系统证明的确是符合期望的代码运行在合法的 TEE 中;内存加密用于保证在 TEE 中代码和数据在内存中计算时是处于加密形态的,以防止特权软件甚至硬件的窥探;数据封印可用于从 TEE 将数据安全地写入外部的永久存储介质,且该数据仅能被相关 TEE 再次读入。

隐私计算的关键技术由于特点不同,适用于不同场景。基于密码学的多方安全计算及同态加密等方法适用于数据量适中但保密性要求较高的重要数据应用;联邦学习更适用于保密性要求不高但数据量大的模型训练;差分隐私能够减少计算结果对隐私的泄露,但会降低结果的准确性,一般与其他技术结合使用;机密计算则因为性能优势而更适用于复杂、数据量大的通用场景和通用算法,例如,大数据协作、人工智能框架数据保护、关键基础设施保护等,但是目前的安全性受限于硬件的设计与实现;可证去标识同样适用于数据量大、实时性要求高、数据出域的应用场景。

10.7　数据安全

数据安全首先是指数据本身的安全,主要通过现代密码算法对数据进行主动保护;其次是数据防护的安全,主要采用现代信息存储手段对数据进行主动保护。

数据安全的特点如下。

① 机密性:是指个人或团体的信息不为其他不应获得者获得。

② 完整性:是指在传输、存储数据的过程中,确保数据不被未授权者篡改或在篡改后能够迅速被发现。

③ 可用性:是指以使用者为中心的设计概念,可用性设计重点在于产品的设计能够符合使用者的习惯与需求。

身份认证是数据安全的一个关键应用,要求参与安全通信的双方在通信前,必须相互鉴别对方的身份,从而保证数据只能被有权限的人访问,未经授权的人则无法访问数据。身份认证是网络安全的第一道防线,也是最重要的一道防线。

公共网络上的认证从安全角度分为两类:一类是请求认证者的秘密信息,例如,在网上传送的口令认证方式;另一类是使用不对称加密算法,例如,不需要在网上传送秘密信息的数字签名认证方式。

在企业管理系统中,身份认证要密切结合企业的业务流程,阻止对重要资源的非法访

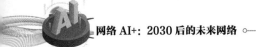

问。身份认证技术可以解决访问者的物理身份和数字身份的一致性问题，给其他安全技术提供权限管理的依据。身份认证是信息安全体系的基础。

10.8　云原生安全

云原生安全是指云平台安全原生化和云安全产品原生化。云原生安全作为一种新兴的安全理念，不仅解决云计算普及带来的安全问题，还强调以原生的思维构建云上安全建设、部署与应用，推动安全与云计算深度融合。

云原生安全的特点是：采用内嵌的方式而无须外挂部署；充分利用云平台原生的资源和数据优势；可以与用户云资源有效联动；能够解决云计算面临的特有安全问题。

在企业上云的全程融入安全能力，或直接选择安全性更强的云平台，有助于解决传统安全建设理念存在的弊端。云原生安全理念将安全能力内置于云平台中，实现云化部署、数据连通、产品联动，可以充分利用安全资源，降低安全解决方案使用成本，实现真正意义上的普惠安全。

依托云原生安全思路，企业级用户能够构建全面完善的云上安全体系。云原生计算环境安全产品能满足云上主机、容器、应急响应和取证等计算环境新安全需求，通过数据安全分类治理、数据安全审计、敏感数据处理、密钥管理系统、凭据管理系统等云原生数据安全产品保障云上数据安全可靠，通过 DDoS 防护、云防火墙、Web 应用防火墙等云原生网络安全产品有效抵御云上网络威胁，通过原生托管安全服务等云原生安全服务缓解云上安全运营痛点，通过云原生安全管理产品应对云上安全管理的新挑战。

10.9　智慧城市安全

安全是智慧城市成功的一个重要因素。智慧城市由于涉及许多技术以及不同网络和组件的互联，所以对安全性是一个挑战。智慧城市经常遇到不同类型的网络攻击，包括网络钓鱼、恶意代码、网站入侵等。攻击者可能会对交通信号灯系统、食品配送系统、医院系统和交通系统造成致命的伤害。

为了保护智慧城市，工程师和建筑师必须从概念阶段开始引入安全性。在开发生命周期的每个步骤中，安全性都是必不可少的，必须在各个层面解决漏洞，以减轻可能使整个智慧城市面临风险的严重后果。

建设智慧城市安全，一是需要构建智慧城市纵深安全防御体系，二是需要构建智慧城市基础设施安全体系。

1. 构建智慧城市纵深安全防御体系

垂直于接入层、网络层、数据层和应用层等多层级的安全防御，深入终端安全、物联网安全、网络基础设施安全、云计算安全、身份管理和隐私保护、威胁情报和态势感知，以及智能决策等运维安全，智慧城市纵深安全防御体系支撑保障智慧政务、安防、财政、医疗、教育、环保、生活等各领域子系统安全。

构建智慧城市纵深安全防御体系需从技术、人员、运维 3 个方面入手。在技术方面，必须建设安全的网络，研发安全产品和平台，实现系统架构的安全；在人员方面，设立安全专家服务团队，为用户提供端到端的行业解决方案、威胁情报和事件应急响应服务、安全咨询服务等；在运维方面，建立网络安全运营团队，制订安全策略，开展风险评估，修复安全漏洞，降低安全风险。

2. 构建智慧城市基础设施安全体系

智慧城市的海量数据信息集中在数据层和应用层，云安全的保障成为信息安全的关键所在。城市云平台需要考虑众多业务场景，以安全合规、维护方便、弹性伸缩、节约成本为原则，以多种云计算形态构建敏捷性的云解决方案，满足智慧城市发展的灵活性要求。

对云的设计要求合规、安全可靠，保障云自身系统安全，自下而上考虑云的基础设施安全，涵盖物理设施安全、虚拟化平台安全、数据安全、业务安全，有效保障云上信息系统安全，并且在灾备方面提供云灾备规划、云灾备演练等整体服务，提高灾害响应和处理速度。

10.10　总结与展望

网络安全关乎国家安全。当今世界正在经历百年未有之大变局，无论现在还是未来，网络安全都是重塑国际格局、争夺发展主动权、抢占竞争制高点的战略要素。

业界产业链上下游需要共同努力，强化网络安全谋篇布局，完善网络安全法规政策，增强网络安全综合实力，全面构建良好的网络空间安全生态。

参考文献

1. 中国信息通信研究院，阿里巴巴（中国）有限公司，北京数牍科技有限公司. 隐私

保护计算技术研究报告[R]. 2020.

2. 中国信息通信研究院. 隐私保护计算与合规应用研究报告[R]. 2021.

3. 国家工业信息安全发展研究中心，中国电子商会数据资源服务创新专业委员会，蚂蚁科技集团股份有限公司，翼健（上海）信息科技有限公司，华控清交信息科技（北京）有限公司. 中国隐私计算产业发展报告[R]. 2021.

4. 腾讯公司. 腾讯隐私计算白皮书[R]. 2021.

5. 腾讯云计算（北京）有限责任公司，中国信息通信研究院，深信服科技股份有限公司，天融信科技集团，绿盟科技集团股份有限公司. "云"原生安全白皮书[R]. 2020.

6. Scott Rose Oliver, Borchert Stu, Mitchell Sean Connelly. Zero Trust Architecture[R]. U.S. Department of Commerce, 2020.

7. 于旭，梅文. 物联网信息安全[M]. 西安：西安电子科技大学出版社，2014.

8. 邬江兴. 网络空间拟态防御研究[J]. 信息安全学报，2016（4）:1-10.

9. 李凤华，李晖，贾焰，等. 隐私计算研究范畴及发展趋势[J]. 通信学报，2016（4）:1-11.

10. 江伟玉，刘冰洋，王闯. 内生安全网络架构[J]. 电信科学，2019（9）:20-28.

11. 李洋，谢晴，邱菁萍，等. 智慧城市信息安全保障体系研究[J]. 信息技术与网络安全，2018（7）:18-21.

12. 董仕. 软件定义网络安全问题研究综述[J]. 计算机科学，2021（3）:295-306.

13. 王永杰. 网络动态防御技术发展概况研究[J]. 保密科学技术，2020（6）:9-14.

14. L. Jin et al., Introduction to Wireless Endogenous Security and Safety: Problems, Attributes，Structures and Functions[J]. 中国通信:英文版，2021（9）:88-99.

15. Jeannie Warner. What is zero trust security[DB/OL]. 2021.

16. Avishi Wool. Five practical steps to implement a zero-trust network[DB/OL]. 2021.

17. Oliviah Nelson. Smart City Security[DB/OL].2019.

18. Cloud Native Security: How to build Secure Cloud-Native Applications [DB/OL]. 2020.

19. Trusted Computing[DB/OL].

20. 栗蔚. 云原生安全理念助力云上安全建设变革[Z]. 2020.

21. 魏亮，田慧蓉. 网络安全发展综述[J]. 信息通信技术与政策，2021，47（8）:17-23.

缩略语

缩写	英文全称	中文名称
2D	2 Dimension	二维
2G	The 2nd Generation	第二代移动通信技术
3D	3 Dimension	三维
3G	The 3rd Generation	第三代移动通信技术
3GPP	3rd Generation Partnership Project	第三代合作伙伴计划
4G	The 4th Generation	第四代移动通信技术
5G	The 5th Generation	第五代移动通信技术
5G NR-U	5G NR in Unlicensed Spectrum	工作于非授权频谱的 5G NR
6G	The 6th Generation	第六代移动通信技术
AFRL	Air Force Research Laboratory	（美国）空军研究实验室
AGV	Automated Guided Vehicle	自动导航车辆
AI	Artificial Intelligence	人工智能
AI&DA	AI and Data Analytics	人工智能与数据分析
AN	Autonomous Network	自动驾驶网络
ANN	Artificial Neural Network	人工神经网络
API	Application Programming Interface	应用程序编程接口
App	Application	手机软件
AR	Augmented Reality	增强现实
ARP	Address Resolution Protocol	地址解析协议
AS	Autonomous System	自治系统
ASIC	Application Specific Integrated Circuit	专用集成电路
ASON	Automatically Switched Optical Network	自动交互光网络
AT&T	American Telephone & Telegraph Company	美国电话电报公司
ATM	Asynchronous Transfer Mode	异步传输模式
B2B	Business to Business	企业与企业之间
B5G	Beyond Fifth Generation	后 5G 时代
BaaS	Blockchain as a Service	区块链即服务

续表

缩写	英文全称	中文名称
BBF	Broad Band Forum	宽带论坛
BBU	Base Band Unit	基带处理单元
BE	Best Effort	尽力而为
BFT	Byzantine Fault Tolerance	拜占庭容错
BGP	Border Gateway Protocol	边界网关协议
BGP-LS	BGP - Link State	BGP 链路状态
BRAS	Broadband Remote Access Server	宽带接入服务器
BSN	Blockchain-based Service Network	区块链服务网络
BSS	Business Support System	业务支撑系统
BT	British Telecom	英国电信公司
C-V2X	Cellular-V2X	蜂窝车联网
C2B	Customer to Business	消费者到企业
CA	Certificate Authority	证书颁发机构
CAPEX	Capital Expenditure	资本性支出
CCSA	China Communications Standards Association	中国通信标准化协会
CDMA	Code Division Multiple Access	码分多址
CDN	Content Delivery Network	内容分发网络
CFN	Computing First Networking	计算优先网络
CFT	Crash Fault Tolerance	故障容错
CHF	Charging Function	计费功能
CMBaaS	China Mobile Blockchain as a Service	中国移动区块链服务平台
CN2-DCI	Chinatelecom Next Carrier Network & Data Center Interconnection	中国电信下一代承载网
CNCF	Cloud Native Computing Foundation	云原生计算基金会
CNTT	Cloud iNfrastructure Telco Task force	云基础设施电信工作组
COW	Coherent One Way	相干单向协议
CP	Content Provider	内容提供商
CPaaS	Computing Power as a Service	算力即服务
CPE	Customer Premises Equipment	用户驻地设备
CPS	Cyber Physical Systems	信息物理系统
CPU	Central Processing Unit	中央处理器
CQF	Cyclic Queuing and Forwarding	循环排队转发

缩写	英文全称	中文名称
CSI	Channel State Information	信道状态信息
CT	Communications Technology	通信技术
CFT	Crash Fault Tolerance	故障容错
CU/DU	Centralized Unit/Distributed Unit	集中单元/分布式单元
DApp	Decentralized Application	去中心化应用
DAPS	Dual Active Protocol Stack	双激活协议栈
DC	Data Center	数据中心
DCI	Data Center Inter-connect	数据中心互联网络
DDoS	Distributed Denial of Service	分布式拒绝服务攻击
DetNet	Deterministic Networking	确定性网络
DevOps	Development and Operation	研发运营一体化
DHT	Distributed Hash Table	分布式哈希表
DIF	Decentralized identity foundation	"去中心化"身份基金会
DII	Decentralized Internet Infrastructure	"去中心化"互联网基础设施
DIP	Deterministic IP	确定性 IP
DLT	Distributed Ledger Technology	分布式账本技术
DN	Deterministic Networking	确定性网络
DNN	Deep Neural Network	深度神经网络
DNS	Domain Name System	域名系统
DPoS	Delegated Proof of Stake	股份授权证明
DTN	Digital Twin Network	数字孪生网络
DTWN	Digital Twin Wireless Networks	数字孪生无线网络
EBGP	External Border Gateway Protocol	外部边界网关路由协议
ECS	Elastic Compute Service	云服务器
EFLOPS	ExaFLOPS	每秒百亿亿次浮点运算
eMBB	enhanced Mobile Broad Band	增强移动宽带
eMTC	enhanced Machine Type Communication	增强型机器类型通信
eNA	Study of Enablers for Network Automation for 5G	5G 网络自动化的推动因素研究
ENI	Experiential Networked Intelligence	体验网络智能工作组
ENI ISG	Experiential Networked Intelligence Industry Specification Group	体验式网络智能行业规范小组

续表

缩写	英文全称	中文名称
EPC	Evolved Packet Core	演进的分组核心网
EPR	Einstein Podolsky Rosen	量子纠缠
ERP	Enterprise Resource Planning	企业资源计划
ETH	Ethereum	以太坊
ETSI	European Telecommunications Standards Institute	欧洲电信标准化协会
EVM	Ethereum Virtual Machine	以太坊虚拟机
FaaS	Function as a Service	功能即服务
FC	Fibre Channel	光纤通道
FCC	Federal Communications Commission	联邦通信委员会
FDD	Frequency Division Duplexing	频分双工
FLOPS	Floating-point Operations Per Second	每秒浮点运算次数
FPGA	Field Programmable Gate Array	现场可编程门阵列
FRR	Fast Re-Route	快速重路由
GFLOPS	GigaFLOPS	每秒十亿次浮点运算
GMPLS	Generalized Multiprotocol Label Switching	通用多协议标签交换协议
GPT-3	General Pre-trained Transformer-3	第三代通用预训练转换器
GPU	Graphics Processing Unit	图形处理器
GSMA	Global System for Mobile Communications Association	全球移动通信系统协会
GTI	Global TD-LTE Initiative	TD-LTE 全球发展倡议组织
HD	High Definition	高清
IaaS	Infrastructure as a Service	基础设施即服务
IAB	Integrated Access and Backhaul	集成无线接入和回传
IBN	Intent Based Network	基于意图的网络
ICT	Information and Communications Technology	信息通信技术
ID	Identity Document	身份标识
IDC	Internet Data Center	互联网数据中心
IEC	International Electrotechnical Commission	国际电工委员会
IEEE	Institute of Electrical and Electronics Engineers	电气与电子工程师协会
IETF	Internet Engineering Task Force	互联网工程任务组

缩写	英文全称	中文名称
iFIT	insitu Flow Information Telemetry	随流检测方案
IGP	Interior Gateway Protocol	内部网关协议
IMS	IP Multimedia Subsystem	IP 多媒体子系统
IMT	International Mobile Telecommunications	国际移动通信
iOAM	intelligence Operation Administration and Maintenance	智能操作维护
IOPS	Input/Output Operations Per Second	每秒进行读写操作的次数
IoT	Internet of Things	物联网
IOWN	Innovative Optical & Wireless Network	创新光学无线网络
IP	Internet Protocol	网际互联协议
IP RAN	IP Radio Access Network	无线接入网 IP 化
IPFS	Inter Planetary File System	星际文件系统
IPsec	Internet Protocol Security	互联网安全协议
IRTF	Internet Research Task Force	互联网研究任务组
ISO	International Organization for Standardization	国际标准化组织
IT	Information Technology	信息技术
ITU	International Telecommunication Union	国际电信联盟
ITU-T	ITU-Telecommunication Standardization Sector	国际电信联盟电信标准分局
KPI	Key Performance Indicator	关键性能指标
LAA	Licensed Assisted Access	授权频谱辅助接入
LaaS	Link as a Service	连接即服务
LDN	Large-scale Deterministic Networking	大规模确定性网络
LDPC	Low Density Parity Check	低密度奇偶校验
LoRa	Long Range Radio	远距离无线电
LTE	Long Term Evolution	长期演进
M2M	Machine to Machine	机器对机器通信
MAC	Media Access Control	媒体访问控制
MBSE	Model Based Systems Engineering	基于模型的系统工程
MDAF	Management Data Analytics Function	管理数据分析功能
MDT	Minimization of Drive Test	最小化路测
MEC	Multi-access Edge Computing	多接入边缘计算

续表

缩写	英文全称	中文名称
MFLOPS	MegaFLOPS	每秒百万次浮点运算
MIMO	Multiple-Input Multiple-Output	多输入多输出
MIPS	Million Instructions Per Second	每秒处理百万次机器语言指令数
mMTC	Massive Machine Type Communication	大规模机器类型通信
MPLS	Multi-Protocol Label Switching	多协议标签交换
MSTP	Multi-Service Transport Platform	多业务传送平台
MR	Mixed Reality	混合现实
Multi-SIM	Multi-Subscriber Identity Module	多用户识别
NaaS	Network as a Service	网络即服务
NASA	National Aeronauticsand Space Administration	美国国家航空航天局
NB-IoT	Narrow Band-Internet of Things	窄带物联网
NEF	Network Exposure Function	网络开放功能
NFV	Network Functions Virtualization	网络功能虚拟化
NICT	National Institute of Information and Communications Technology	日本情报通信研究机构
NIST	National Institute of Standards and Technology	美国国家标准与技术研究所
NOMA	Non-Orthogonal Multiple Access	非正交多址接入
NPI	National Photonics Initiative	美国国家光子学倡议组织
NPN	Non-Public Network	非公共网络
NPS	Net Promoter Score	净推荐值
NPU	Neural-network Processing Unit	神经网络处理器
NSA	Non-Standalone	非独立组网
NSF	National Science Foundation	美国国家科学基金会
NTN	Non-Terrestrial Network	非地面网络
NTT	Nippon Telegraph & Telephone	日本电报电话公司
NVO3	Network Virtualization Over Layer 3	基于三层网络虚拟化
NWDAF	Network Data Analytics Function	网络数据分析功能
OCR	Optical Character Recognition	光学字符识别
ODU	Optical Data Unit	光数据单元
OFDM	Orthogonal Frequency Division Multiplexing	正交频分复用

缩写	英文全称	中文名称
OLT-U	Optical Line Terminal-User	光线路终端用户面
OLTP	On-Line Transaction Processing	联机事务处理
ONAP	Open Network Automation Platform	开放网络自动化平台
OPEX	Operating Expense	运营成本
OSI	Open System Interconnection reference model	开放系统互联参考模型
OSPF	Open Shortest Path First	开放式最短路径优先
OSS	Operation Support Systems	运营支撑系统
OTN	Optical Transport Network	光传送网
OTT	Over The Top	第三方互联网应用服务
OTU	Optical Transport Unit	光传送单元
OWAMP	One-Way Active Measurement Protocol	单向主动测量协议
P2P	Peer to Peer	点对点
PaaS	Platform as a Service	平台即服务
PBFT	Practical Byzantine Fault Tolerance	实用拜占庭容错
PCEP	Path Computation Element communication Protocol	路径计算单元通信协议
PCF	Policy Control Function	策略控制功能
PCI-e SSD	Peripheral Component Interconnect-express Solid State Disk	高速串行计算机扩展总线标准固态硬盘
PDCP	Packet Data Convergence Protocol	分组数据汇聚协议
PFLOPS	PetaFLOPS	每秒千万亿次浮点运算
PKI	Public Key Infrastructure	公钥基础设施
PLC	Programmable Logic Controller	可编程逻辑控制器
PON	Passive Optical Network	无源光网络
PoS	Proof of Stock	权益证明
PoW	Proof of Work	工作量证明
PPLNS	Pay Per Last N Share	根据过去的N个股份来支付收益
PPS	Pay Per Share	每股支付
PTC	Parametric Technology Corporation	参数技术公司
PTS	Periodic Time Sensitive	周期时延敏感流
PTN	Packet Transport Network	分组传送网
QCI	Quantum Communication Infrastructure	量子通信基础设施

缩写	英文全称	中文名称
QIRG	Quantum Internet Research Group	量子互联网研究组
QKD	Quantum Key Distribution	量子密钥分发
QoE	Quality of Experience	体验质量
QoS	Quality of Service	服务质量
QoT	Quality of Transmission	传输质量
QRNG	Quantum Random Numbers Generator	量子随机数发生器
RAN	Radio Access Network	无线接入网
RF	Radio Frequency	射频
RFID	Radio Frequency Identification	射频标识
ROA	Route Origin Authorization	路由起源认证
RSVP	Resource Reservation Protocol	资源预留协议
SA	Standalone	独立组网
SaaS	Software as a Service	软件即服务
SAN	Storage Area Network	存储区域网络
SATA	Serial Advanced Technology Attachment interface	串行先进技术总线附属接口
SD-WAN	Software Defined-Wide Area Network	软件定义广域网
SDH	Synchronous Digital Hierarchy	同步数字体系
SDK	Software Development Kit	软件开发工具包
SDN	Software Defined Networking	软件定义网络
SDON	Software Defined Optical Network	软件定义光网络
SDP	Software Defined Perimeter	软件定义边界
SDQC	Software Defined Quantum Communication	软件定义量子通信
SDS	Software Defined Security	软件定义安全
SE	Secure Element	安全元件
SID	Segment ID	分段标识
SINR	Signal to Interference plus Noise Ratio	信号与干扰加噪声比
SLA	Service Level Agreement	服务等级协议
SON	Self-Organizing Networks	自组织网络
SPV	Simplified Payment Verification	简单支付验证
SR	Segment Routing	分段路由

缩写	英文全称	中文名称
SRH	Segment Routing Header	分段路由扩展头
SRv6	Segment Routing IPv6	基于 IPv6 的分段路由
STS	Sporadic Time Sensitive	非周期/零星时延敏感流
TAS	Time Aware Shaper	时间感知整形器
TBC	Trusted Block Chain	可信区块链
TCB	Trusted Computing Base	可信计算基
TCP	Transmission Control Protocol	传输控制协议
TDD	Time Division Duplexing	时分双工
TDM	Time Division Multiplexing	时分复用
TE	Traffic Engineering	流量工程
TEE	Trusted Execution Environment	可信执行环境
TFLOPS	TeraFLOPS	每秒万亿次浮点运算
TI	Tactile Internet	触觉互联网
TLS	Transport Layer Security	传输层安全性协议
TMF	Telecommunication Management Forum	电信管理论坛
TOPS	Tera Operations Per Second	每秒万亿次操作
TPS	Transactions Per Second	每秒事务处理次数
TPU	Tensor Processing Unit	张量处理器
TSN	Time Sensitive Networking	时间敏感网络
TTE	Time Triggered Ethernet	时间触发以太网
TWAMP	Two Way Active Measurement Protocol	双向主动测量协议
UDP	User Datagram Protocol	用户数据报协议
UE	User Equipment	用户终端
UPF	User Plane Function	用户面功能
uRLLC	ultra-Reliable and Low Latency Communications	超可靠低时延通信
UWB	Ultra Wide Band	超宽带
V2I	Vehicle-to-Infrastructure	车辆与道路基础设施
V2N	Vehicle-to-Network	车辆与网络
V2P	Vehicle-to-Pedestrian	车辆与行人

续表

缩写	英文全称	中文名称
V2V	Vehicle-to-Vehicle	车辆与车辆
V2X	Vehicle-to-Everything	车辆对外界的信息交换
vCPE	virtual Customer Premise Equipment	虚拟用户端设备
vDC	virtual Data Center	虚拟数据中心
VLAN	Virtual Local Area Network	虚拟局域网
VoLTE	Voice over Long Term Evolution	基于 LTE 的语音业务
VPC	Virtual Private Cloud	虚拟私有云
VPLS	Virtual Private Lan Service	虚拟专用局域网业务
VPN	Virtual Private Network	虚拟专用网络
VR	Virtual Reality	虚拟现实
VRF	Virtual Routing Forwarding	虚拟路由转发
VR	Virtual Router	虚拟路由器
VS	Virtual Switch	虚拟交换机
VTEP	VxLAN Tunnel End Point	VxLAN 隧道端点
VxLAN	Virtual extensible Local Area Network	虚拟扩展局域网
WG	Work Group	工作组
WRC	World Radio comunication Conferences	世界无线电通信大会
XR	Extended Reality	扩展现实